Beiträge zur Wirtschaftsinformatik

Band 1: Lore Alkier
Zukunftsweisende Konzepte für die EDV-Ausbildung
1992, VIII / 207 Seiten, Brosch. DM 75,-
ISBN 3-7908-0568-8

Band 2: Ulrich Ludwig Küsters
Entwicklung von regelbasierten Expertensystemen in APL2
1992, VIII/238 Seiten, Brosch. DM 79,-
ISBN 3-7908-0589-0

Band 3: Rolf J. N. Hildebrand
Betriebswirtschaftliche Schwachstellen-diagnosen im Fertigungsbereich mit wissensbasierten Systemen
1992, X/163 Seiten, Brosch. DM 65,-
ISBN 3-7908-0594-7

Band 4: Gerhard Walpoth
Computergestützte Informationsbedarfsanalyse
1993, X/233 Seiten, Brosch. DM 75,-
ISBN 3-7908-0648-X

Band 5: Gerhard A. Kainz
Computergestütze Distribuierung von Informations- und Kommunikationssystemen
1993, XII/241 Seiten, Brosch. DM 85,-
ISBN 3-7908-0664-1

Band 6: Dieter Steinmann
Einsatzmöglichkeiten von Expertensystemen in integrierten Systemen der Produktionsplanung und -steuerung (PPS)
1993, XI/217 Seiten, Brosch. DM 78,-
ISBN 3-7908-0665-X

Band 7: Johannes Walther
Rechnergestützte Qualitätssicherung und CIM
1993, X/281 Seiten, Brosch. DM 90,-
ISBN 3-7908-0684-6

Band 8:
Otto Petrovic
Workgroup Computing – Computergestützte Teamarbeit
1993, XVI/272 Seiten, Brosch. DM 90,-
ISBN 3-7908-0705-2

Band 9: Gustaf Neumann
Datenmodellierung mit deduktiven Techniken
1994, VII/223 Seiten, Brosch. DM 75,-
ISBN 3-7908-0717-6

Band 10: Hubert Schüle
DV-Unterstützung beim Planen und Einführen von CIM-Lösungen
1994, IX/216 Seiten, Brosch. DM 75,-
ISBN 3-7908-0741-9

Band 11: Otto Ch. Krickl (Hrsg.)
Geschäftsprozeßmanagement
1994, VI/302 Seiten, Brosch. DM 90,-
ISBN 3-7908-0782-6

Band 12: Thomas Myrach
Konzeption und Stand des Einsatzes von Data Dictionaries
1995, XV/330 Seiten. Brosch. DM 98,-
ISBN 3-7908-0822-9

Band 13: Joachim Schmalzl
Architekturmodelle zur Planung der Informationsverarbeitung von Kreditinstituten
1995, VIII/298 Seiten. Brosch. DM 98,-
ISBN 3-7908-0840-7

Band 14: Dirk Schreiber
Objektorientierte Entwicklung betrieblicher Informationssysteme
1995, XVIII/174 Seiten. Brosch. DM 75,-
ISBN 3-7908-0846-6

Bärbel Reuter

Direkte und indirekte Wirkungen rechnerunterstützter Fertigungssysteme

Formalisierte Netzstrukturen zur Darstellung und Analyse der Unternehmung

Mit 33 Abbildungen

Physica-Verlag

Ein Unternehmen des
Springer-Verlags

Reihenherausgeber
Werner A. Müller
Peter Schuster

Autor
Dr. Bärbel Reuter
Bergische Universität Wuppertal
FB6 Wirtschaftswissenschaft
Gaußstraße 20
D-42097 Wuppertal

ISBN-13: 978-3-7908-0850-6

Die Deutsche Bibliothek – CIP-Einheitsaufnahme
Reuter, Bärbel:
Direkte und indirekte Wirkungen rechnerunterstützter Fertigungssysteme : formalisierte Netzstrukturen zur Darstellung und Analyse der Unternehmung / Bärbel Reuter. Mit Vorw. von C. A. Petri und W. Matthes. - Heidelberg : Physica-Verl., 1995
(Beiträge zur Wirtschaftsinformatik ; Bd. 15)
ISBN-13: 978-3-7908-0850-6 e-ISBN-13: 978-3-642-46971-8
DOI: 10.1007/978-3-642-46971-8
NE: GT

2201/2202-543210 - Gedruckt auf säurefreiem Papier

Erstes Vorwort

In diesem Buch werden "Petri-Netze" zur Darstellung und Analyse von Unternehmungsstrukturen und -abläufen benutzt. Vielleicht ist es für den Leser von Vorteil, wenn der Urheber der Theorie der Netze einige Erläuterungen zu deren Hintergrund und Anwendung gibt.

Netztheorie ist ein mathematischer Ansatz zur Behandlung allgemeiner Strukturprobleme von Systemen und den dort ablaufenden Prozessen. Bei ihrer Entstehung war die vollständige Darstellbarkeit von Problemen aus Informatik, Natur- und Wirtschaftswissenschaften ein wichtiges Kriterium. Fertigungs-Netze gehören zu den frühesten Beispielen, die zur Einführung der Theorie benutzt worden sind. Die etwas abstrakteren Netze aus Instanzen (Funktionseinheiten zur Verarbeitung) und Kanälen (Funktionseinheiten zur Darstellung von Objekten, z.B. Nachrichten) sind in den DIN-Normen beschrieben. Daher gibt es heute mehr als 1000 Schriften, in denen Gegenstände aus den Wirtschaftswissenschaften durch Netze dargestellt werden. Der Gebrauch von Netzen zur bloßen Beschreibung ist jedoch noch kein Gebrauch der Netztheorie - es werden keine neuen strukturellen Einsichten gewonnen, die über das Sichtbare hinausreichen. Das vorliegende Buch ist darin eine der seltenen Ausnahmen.

Ein Netz entsteht durch die gedankliche Zerlegung eines realen Gegenstandes in zwei Grundmengen: die Elemente der ersten Grundmenge S (Stellen) bezeichnen die Zustände und Orte des Systems, die Elemente der zweiten Grundmenge T (Transitionen) bezeichnen die Übergänge zwischen Zuständen oder Orten. Die Elemente von S und T werden durch Richtungspfeile verbunden, die für jede Transition besagen, von wo und wohin sie führt. Hier ist zu beachten, daß (im Unterschied zu anderen Ansätzen) viele Pfeile zu einer Transition oder Stelle hin und von ihr weg führen können, denn es soll nicht nur eine einzelne Kausalkette beschrieben werden, sondern gerade die Vernetzung vieler Kausalketten.

Die allgemeine Theorie dieser Netze gründet sich auf acht sehr einfachen Regeln: Vier der Regeln sind der mathematische Ausdruck der gerade in Worte gefaßten Definition von "Netz". Vier weitere mathematische Regeln für elementare Netzsysteme, d.h. für die feinste mögliche Zerlegung, kommen hinzu:

- Die "Transitionsregel" besagt, daß beim Eintreten eines Übergangs sämtliche Vorbedingungen durch die "Nachbedingungen" abgelöst (substituiert) werden.
- Die "Abbildungsregel" besagt, daß nur stetige Abbildungen zu Umformungen oder Vergröberungen heranzuziehen sind, d.h. der Kausalzusammenhang darf nicht zerissen werden.

- Die "Meßregel" definiert, wie Meßprozesse für kontinuierliche Variablen im Endlichen darzustellen sind.
- Die "Steuerregel" definiert, wie zweiwertige Veränderliche miteinander in kausale Beziehung zu setzen sind.

Alle acht Regeln können bildlich dargestellt werden und sind so auch dem Nicht-Mathematiker zugänglich. Die Regeln (Axiome) schaffen ein einfaches, verläßliches System von Grundbegriffen; zu diesen gehören schon auf der "elementaren" Ebene Begriffe wie Konflikt, Entscheidung, Unabhängigkeit, Sicherheit u.v.a. Die Theorie der Netze gestattet nun die Ableitung "höherer" Begriffe (z.B. die verschiedenen Bedeutungen von "Information") und leitet Strukturgesetze sowie Konstruktionsverfahren ab (z.B. Konstruktion sicherer Netze); am wichtigsten aber sind die Einsichten in die Struktur realer Systeme, die sich erst in der Anwendung ergeben. Beispiele sind in dem vorliegenden Buch der Ursprung zeitlicher Ordnung in der kausalen Halbordnung, sowie das Abwechseln von Transportschritten mit Produktionsschritten: die Theorie sieht hierin einen Spezialfall des Gesetzes, daß sich jeder Regelkreis auf einen zweistelligen Kausalzyklus zusammenfalten läßt.

C.A. Petri

Zweites Vorwort

Ein Kernproblem betriebswirtschaftlicher Steuerung von Unternehmungsprozessen ist die zureichende bzw. hinreichend plausible Prognose der Wirkungen von Steuerungsalternativen in Hinblick auf realistische Bündel von Steuerungszielen. Die Entwicklung komplexer Wirkungsspektren unter Berücksichtigung vielfältiger realistischer Zielkriterien, Randbedingungen und Steuerungsalternativen erfordert nach intensiven empirischen Problemanalysen i.a. umfassende Prozeßmodelle, die für gegebene bzw. erwartete Szenarien Simulationen vernetzter Prozeßabläufe mit ihren Wirkungen und Wechselwirkungen erlauben. Eine derartige mehrdimensionale Prognosestruktur wird in der Arbeit von Bärbel Reuter für ein typisiertes realistisches Szenario rechnerunterstützter bzw. flexibler Fertigungssysteme (RFS) entwickelt und getestet, um im konkreten Anwendungsfall eine intensive transparente Prognose- und Bewertungshilfe bieten zu können.

Im Mittelpunkt der Arbeit stehen Konstruktion und Anwendung eines realistischen Prozeß- und Wirkungsmodells auf der Basis höherer Petri-Netze, das hier auf RFS-Szenarien projiziert wird, jedoch durchaus auf beliebige Parameter- oder Bedingungsänderungen angewandt werden kann. Insoweit hat der Netz-Ansatz allgemeine Bedeutung.

Kern des Prozeßmodells ist dabei das Konzept des R-Zyklus, das eine intensive, aber zugleich besonders kompakte Abbildung wiederholter Vorbereitungs-/Rüst-, Transformations- und Transitionsprozesse gestattet. Zusammen mit der Option der Darstellung alternierender/disjunktiver Prozesse sowie den übrigen Restriktionsstrukturen des Petri-Netz-Ansatzes (Zeit und Kapazitätsbedingungen) hat die Autorin ein komplexes Denkwerkzeug für die Unternehmungsabbildung und Analyse aufgearbeitet und weiterentwickelt. Die Ableitung von Meßoperatoren aus Prozeßsimulationen bildet die Basis für die Entwicklung eines komplexen Wirkungs- und Bewertungsmodells prozessualer Parameter und Bedingungen.

Die aufwendigen Entwicklungsarbeiten der Autorin zeigen die Anwendungsfähigkeit des Petri-Netz-Ansatzes und zukunftsweisende Ergebnisse, die zugleich die betriebswirtschaftliche Forschung bei der Analyse realer komplexer Unternehmungssysteme innovativ unterstützen können. Hier wird deutlich, wie die einfachen betriebswirtschaftlichen Input-Output-Analysen, wie sie den traditionellen Kosten- und Leistungsanalysen zugrunde liegen, im Rahmen voll dynamisierter, darüber hinaus auch evolutionärer Prozeßmodelle in- und extensiviert werden können, um realistischere Wirkungsurteile und Prozeßbewertungen zu entwickeln.

Nicht nur die empirische Untersuchung der Anwendung des Ansatzes in einem Betrieb des feinmechanischen und meßtechnischen Apparatebaues durch die Autorin selbst, sondern auch erste Urteile von Experten der Unternehmungspraxis bestätigen die praktische Brauchbarkeit des Ansatzes und damit schließlich auch eindrucksvoll seine wissenschaftliche Fruchtbarkeit, wenn man dafür Praktikabilität - wie komplex auch immer definiert - als anwendungsbezogenes Kriterium wissenschaftlichen Fortschritts heranzieht. Die Autorin demonstriert damit eindrucksvoll einen zwar aufwendigen, aber bei entsprechend hohem Intensitätsanspruch notwendigen und hilfreichen Weg zu realitätsnäheren Prozeßanalysen und Wirkungsprognosen.

Die Arbeit markiert zugleich einen wichtigen, weil realistischen Baustein innerhalb der Konzeption des partizipativen bzw. verteilten Controlling in heterogenen EDV-gestützten Steuerungsnetzen und verdient eine diskussionsreiche Verbreitung.

W. Matthes

Inhaltsübersicht

Inhaltsverzeichnis

I. Einleitung

Aktion und Reaktion sowie Ursache und Wirkung sind die beiden grundlegenden Begriffspaare dieser Arbeit. "Alle Veränderungen geschehen nach dem Gesetze der Verknüpfung der Ursache und Wirkung."[1] Dabei läßt sich jedes Geschehen als Wirkung auffassen, deren Ursache wiederum Wirkung einer weiteren Ursache ist, usw.[2]

Eine Aktion ist die Ursache für unterschiedliche Wirkungen. Die resultierende Wirkung als Reaktion auf die zugrundeliegende Aktion ist wiederum eine Aktion, die zu einer Wirkung führt. Aktion (Ursache) und Reaktion (Wirkung) bilden einen sich ständig wiederholenden, fortlaufenden Prozeß.

Der Fertigungsprozeß als Transformationsprozeß der betrieblichen Leistungserstellung umfaßt die Kombination der Produktionsfaktoren Betriebsmittel, menschliche Arbeitsleistung und Werkstoffe als Einsatzgüter zur Erzeugung von Gütern als Produktionsleistung.[3]

Struktur und Vorgänge in der Fertigung und umfassender in der Produktion beeinflussen alle angrenzenden Teilbereiche der Unternehmung, wie Beschaffung, Absatz, Finanzierung und Controlling und werden umgekehrt von diesen wiederum beeinflußt.[4]

Diese unternehmungsweit und darüber hinaus greifenden Beziehungen werden in neueren Ansätzen zur Gestaltung von Unternehmungen durch verstärkte Integrationsbemühungen berücksichtigt. Als Beispiele sind hier zu nennen:

- CIM-Ansätze (Computer Integrated Manufacturing), deren Schwerpunkt "die integrierte Informationsverarbeitung für betriebswirtschaftliche und technische Aufgaben"[5] ist, sowie
- JIT-Ansätze (Just-In-Time Production), deren Schwerpunkt die "Schaffung durchgängiger Material- und Informationsflüsse entlang der Wertschöpfungskette"[6] bilden.

---

1 Kant/Vernunft/226.

2 Vgl. o.V./Brockhaus/390.

3 Vgl. Heinen/Industriebetriebslehre/365ff. Siehe auch Abschnitt II.1.

4 Vgl. Wittmann/Ansätze/275.

5 Scheer/CIM/2.

6 Wildemann/JIT/15.

Die in Literatur und Praxis häufig genannten, mit den obigen Ansätzen verfolgten Ziele sind:
- Reduktion der Kosten,
- Reduktion der Durchlaufzeiten und
- Erhöhung der Flexibilität.[7]

Einen wichtigen Baustein zur Realisation einer derartigen, integrierten Unternehmungsstruktur, sowie zur Erfüllung der damit verbundenen Ziele, bildet die Umgestaltung des Fertigungsbereichs mit Rechnerunterstützten Fertigungssystemen[8], häufig auch Flexible Fertigungssysteme (FFS) genannt.

1. Problemstellung und Zielsetzung

In der Arbeit[*] werden unterschiedlich gestaltete "Rechnerunterstützte Fertigungssysteme" (RFS)[9] betrachtet. Ein RFS kann dabei die Aufgabe einer einzelnen Fertigungsmaschine oder mehrerer Fertigungsmaschinen einschließlich ihrer Peripherie, beispielsweise Qualitätssicherung, umfassen. Identifizierendes Merkmal aller RFS ist die Einbindung von Fertigungsanlagen in das ADV[10]-gestützte, unternehmungsübergreifende Informationssystem.

Voraussetzung für die Erfassung und Analyse der Wirkungen Rechnerunterstützter Fertigungssysteme ist die detaillierte Beschreibung der Unternehmung.

Eine Unternehmung ist eingebettet in unterschiedliche Märkte, die neben den staatlich festgelegten Rahmenbedingungen das Aktionsfeld der Unternehmung bestimmen und von ihr beeinflußt werden.[11] Innovative Aktionen, also ein Agieren am Markt, können der Unternehmung Chancen und einen Vorsprung vor den Konkurrenten (Mitbewerbern) eröffnen.[12] Über Erfolg oder Mißerfolg der Unternehmung entscheidet weiterhin ihre Fähigkeit zur Lösung von Kundenproblemen.[13] Ein entscheidender

---

7 Vgl. Wildemann/FFS/15f;
vgl. Manske/CIM/;
vgl. Rothey/Durchlaufzeit/305;
vgl. Köhl/Auswertung/9.

8 Vgl. Wildemann/FFS/14;
vgl. Wildemann/Wirkungen/211.

* Die Arbeit wurde von der Bergischen Universität / GHS Wuppertal als Dissertation angenommen.

9 Zur Ausgestaltung von Fertigungssystemen, insbesondere RFS Vgl. Abschnitt II.3.

10 Zum Begriff ADV vgl. Schmitz, Seibt/Informatik/passim;
vgl. Grochla/Ansätze/13f.

11 Hinterhuber/Wettbewerbsstrategie/17.

12 Vgl. Porter/National/68.

13 Vgl. Gälweiler/Determinanten/222.

Faktor zur Erhaltung der Wettbewerbsfähigkeit einer Produktionsunternehmung ist die Gestaltung des Fertigungsbereichs, da hier in der Produktionsunternehmung eine wesentliche Wertschöpfung vollzogen wird.

Das Beziehungsgeflecht der Prozesse der Unternehmung im Unternehmungsprozeßverbund[14] muß in seinen unterschiedlichen Facetten einer modellhaften Beschreibung und damit einer Analyse zugänglich gemacht werden. Es bedarf eines strukturierten, offenen[15] und evolutionären Modells der Unternehmung.

Auf dieser Modellbasis wird die Analyse von Wirkungen Rechnerunterstützter Fertigungssysteme, die die systematische und umfassende Identifizierung, Quantifizierung und Bewertung von direkten und indirekten, kurzfristigen und langfristigen sowie gewollten, ungewollten und ungewissen Auswirkungen technischer Entwicklungen[16] umfaßt, ermöglicht.

Wirkungen ergeben sich zum einen in einem "begrenzten Rahmen", unter anderem einem Arbeitsplatz oder einer Kostenstelle. Zum anderen jedoch, insbesondere bei der Betrachtung von Wirkungsketten, unternehmungsübergreifend. Daher müssen Unternehmungsbereiche mit ihren speziellen Zielsetzungen und Prozessen, aber auch der Unternehmungsprozeßverbund im Zusammenhang darstellbar und analysierbar sein. Dabei können unter anderem Zeit-, Mengen- und Qualitätsaspekte zusammenwirken. Alle Aspekte müssen im Zusammenhang unter Berücksichtigung ihrer Besonderheiten darstellbar und manipulierbar modelliert werden.

In dem entstehenden Planungsmodell[17] werden die Unternehmungsbereiche mit ihren komplexen Randbedingungen, gegenseitigen Beeinflussungen, Synergien und Divergenzen dargestellt.

---

14 Zum Prozeßbegriff und insbesondere zum Unternehmungsprozeßverbund vgl. Abschnitt II.1.

15 Vgl. Matthes/KOLLPROG/153.

16 Vgl. Zahn/Technology/798f;
vgl. Wicher/Technologierfolgenabschätzung/42;
Technology Assessment (TA) wird mit Technikfolgenabschätzung oder Technologiewirkungsanalyse übersetzt. TA wird gesehen als Instrument zur Verbesserung der erforderlichen Informationsgrundlagen.

17 Planungsmodelle einer Unternehmung sind simultane Planungsmodelle. Nur die Einbeziehungen der Synergien und Divergenzen zwischen den unterschiedlichen Teilbereichen der Unternehmung erlauben eine aussagekräftige Analyse des Unternehmungsgeschehens.

2. Vorgehensweise

Die Entwicklung und Erprobung eines Unternehmungsmodells, das die mehrdimensionale Komplexität des Unternehmungsprozeßverbundes erfaßbar macht, ist ein Schwerpunkt der Arbeit. Einen weiteren Schwerpunkt bildet die Darstellung und Analyse der Wirkungen Rechnerunterstützter Fertigungssysteme.

Ausgangspunkt der Überlegungen ist die Reduktion der komplexen Unternehmungsprozesse auf formalisierte Prozeßstrukturen. Die formalisierten Prozeßstrukturen sollen den Prozeßverlauf bestimmter Bereiche abbilden.

Die Festlegung der Bereiche kann dabei von einer kleinsten Einheit, beispielsweise einer Kostenstelle bis hin zum Beziehungsgeflecht Unternehmung und Umwelt führen. Bei der Modellierung muß gewährleistet werden, daß diese unterschiedlichen Bereiche über definierte Schnittstellen miteinander kommunizieren können.

Die Kommunikation muß auf einer Ebene, also zum Beispiel zwischen den Kostenstellen der Fertigung, aber auch zwischen unterschiedlichen Ebenen, also beispielsweise zwischen einer Kostenstelle und der Produktionsplanung ermöglicht werden. Eine Umsetzung erfolgt durch Vernetzung der einzelnen Bereiche.

Ausgehend von der Unternehmung als Prozeßverbund wird in Kapitel II die Komplexität der Realität in ihren Facetten am Beispiel der Modellunternehmung PRODU aufgezeigt. Basis von PRODU ist eine existierende Unternehmung.

Im theoretischen Kontext werden nach einer Beschreibung der Unternehmung aus aufbau- und ablauforganisatorischer Sicht, der Ziele als Leitlinien und einem Einblick in die Unternehmungsumwelt, der Produktionsbereich von PRODU und hier speziell Rechnerunterstützte Fertigungssysteme näher beleuchtet.

Nach der Beschreibung der komplexen Realität im Spannungsfeld Unternehmung und Umwelt am Beispiel der Modellunternehmung PRODU wird eine Methodik zur Erfassung und Analyse des Unternehmungsprozeßverbundes gesucht. Hierzu werden in Kapitel III als erstes ausgewählte Modelle dargestellt und auf ihre Anwendbarkeit überprüft. Es wird deutlich, daß die vorgestellten Methoden jeweils nur mehr oder weniger umfassende Aspekte und Sichtweisen des Unternehmungsprozeßverbundes darstellen und damit einer Analyse zugänglich machen. Die vorliegende Fragestellung nach den Wirkungen Rechnerunterstützter Fertigungssysteme bedingt jedoch ein Modell, in dem die unterschiedlichen Facetten der Realität in ihren Besonderheiten und umfassenden Verknüpfungen darstellbar und damit analysierbar werden.

Aus der Kritik der dargestellten Methoden wird eine eigene Methodik zur umfassenden Darstellung und Analyse einer Unternehmung entwickelt. Ausgangspunkt der Überlegungen ist die Abstraktion der vielfältigen Unternehmungsprozesse in formalisierten Prozessen. Im zweiten Schritt wird nach einer Methodik zur Beschreibung und Analyse dieser formalen Prozeßstrukturen gesucht. Gesucht wird nach einem formalen Beschreibungsmittel, das es erlaubt die Fülle der unterschiedlichen Verknüpfungen im Unternehmungsgefüge zu erfassen und das die Möglichkeit offenläßt, bisher unbekannte Verknüpfungen lokal, d.h. ohne Notwendigkeit der Anpassung des Gesamtmodells einzubauen.

Die Vielfalt der vorhandenen Verknüpfungen bedarf einer Darstellungsform in Netzen. Als Methoden hierzu werden die Netzplantechnik und Petri-Netze[18] untersucht. Grundlage der Petri-Netze ist die Allgemeine Netztheorie. Mit ihrem offeneren methodischen Ansatz sind Petri-Netze die adäquate Methode für den umfassenden Modellierungsanspruch.

Das Kapitel schließt mit der Beschreibung von Petri-Netzen. An einfach strukturierten Beispielen werden die Zustände (Schaltbarkeit, Kontakt, Konflikt und Konfusion) in einfachen Petri-Netzen sowie Prozesse in Petri-Netzen vorgestellt. Ein Schwerpunkt liegt dabei auf der Berücksichtigung des Zeitaspektes in Petri-Netz-Prozessen.

Die Umsetzung des entwickelten Unternehmungsmodells erfolgt mit einem rechnerunterstützten Instrumentarium zur Darstellung und Analyse von Petri-Netzen. Vorgestellt werden unterschiedliche Prozeßtypen, ihre rechnerunterstützte Darstellung und der Prozeßverlauf. Weiterhin werden die Möglichkeit der Modularisierung umfangreicher Modelle und der Zeitaspekt in der Modellierung mit Design/CPN (kurz: CPN)[19] dargestellt. Die Möglichkeiten und Grenzen der Rechnerunterstützung werden anhand zweier Modellierungsstrategien aufgezeigt.

In Kapitel V wird das modularisierte, rechnerunterstützte Unternehmungsmodell der Modellunternehmung PRODU beschrieben. Hier werden die Modellstrukturen, Eingangsdaten, Manipulationsmöglichkeiten der Eingangsdaten, die Einbeziehung von Entscheidungen zur Steuerung des Modellablaufs und damit der Beeinflussung der Ergebnisse aufgezeigt.

---

18 Anwendungsbeispiele mit Petri-Netzen
vgl. Hanisch/Petri-Netze/;
vgl. Rosenstengel/Entwicklung/;
vgl. Silva, Valette/Petri Nets/;

19 Design/CPN ist das benutzte Softwareprodukt der Firma Meta Software Corporation, Cambridge, Massachusetts. In der Arbeit wird durchweg die Abkürzung CPN verwandt.

Ein adäquates Modell zur Wirkungsanalyse steht damit bereit. Das Einsatzspektrum für Unternehmungen unterschiedlicher Branchen wird ansatzweise diskutiert.

Dieses, in den ersten Kapiteln entwickelte Unternehmungsmodell bildet die Grundlage für die Wirkungsanalyse der Umstellung des Fertigungsbereichs der Unternehmung PRODU auf Rechnerunterstützte Fertigungssysteme. Im Kapitel VI wird der Begriff der Wirkungen näher definiert. Daran anschließend wird das Modell der Wirkungsanalyse, mit seinen Elementen Aktivitätennetze, Zielsysteme, Wirkungen und Bewertungen, beschrieben.

Dieses Modell der Wirkungsanalyse wird in Kapitel VII einer praktischen Prüfung auf seine Anwendbarkeit und Robustheit bei der Beschreibung und Analyse der Wirkungen unterzogen. Das Unternehmungsmodell PRODU wird mit unterschiedlichen Szenarien simuliert. Über einen paarweisen Vergleich der Fertigung-alt und Fertigung-RFS wird eine Analyse der Wirkungen durchgeführt. Untersuchte Ziele sind dabei fertigungsbezogene Ziele der Durchlaufzeitreduzierung, Flexibilitätserhöhung und Verbesserung der Ressourcenauslastung. Neben einer Kosten- und Cash-flow-Betrachtung wird anschließend eine Wirtschaftlichkeitsbetrachtung auf der Basis einer dynamischen Investitionsrechnung durchgeführt. Zusammenfassend werden direkte Wirkungen und Wirkungsketten sowie indirekte Wirkungen der Rechnerunterstützten Fertigungssysteme bei PRODU zusammengestellt.

In Kapitel VIII wird die Erkenntnis, daß die häufig zu optimistische, isolierte Betrachtung Rechnerunterstützter Fertigungssysteme erst bei einer ganzheitlichen Betrachtung der RFS in ihrer Umwelt zu realistischen, in der Praxis nachvollziehbaren Bewertungen führt, weiter ausgeführt.

Im Schlußkapitel werden das Unternehmungsmodell und das Modell der Wirkungsanalyse in einem erweiterten Kontext einer kritischen Würdigung unterzogen.

Die Ermittlung und Analyse von Wirkungen Rechnerunterstützter Fertigungssysteme ist stark situationsgebunden. Generelle Wirkungen können dementsprechend nur Tendenzaussagen auf der Basis der Empirie einer oder mehrerer Unternehmungen sein. Die Gültigkeit der Tendenzaussagen muß in dem jeweiligen konkreten Fall situationsspezifisch verifiziert werden.

Die vorliegende Arbeit untersucht Wirkungen von Rechnerunterstützten Fertigungssystemen auf einer Datenbasis, die sich auf mehrere Unternehmungen stützt. Diese empirische Grundlage hat sowohl die Entwicklung des Unternehmungsmodells PRODU als auch die Auswahl der Komplexe zur Wirkungsanalyse beeinflußt.

Eine Wirkungsanalyse bedarf einer umfassenden, alle Facetten des Unternehmungsgeschehens berücksichtigenden Analyse der Unternehmungsprozesse. Die getroffene Auswahl ist sicherlich subjektiv, aber aus pragmatischen Gründen erforderlich, um den Rahmen der vorliegenden Arbeit nicht zu sprengen. Die ermittelten Effekte müssen jedoch unter dem Aspekt gesehen werden, daß das Unterdrücken eines winzigen Einflusses unter Umständen im Ergebnis stark durchschlägt.[20] Eine Verifizierung der Ergebnisse der Wirkungsanalyse kann daher nur durch weitere Untersuchungen in der Praxis erfolgen.

Die kritische Reflexion der vorliegenden Ergebnisse durch Experten der Praxis haben gezeigt, daß der aufgezeigte Weg zur Unternehmungsmodellierung und die darauf aufbauende Wirkungsanalyse von der Praxis angenommen wird. Die ermittelten Wirkungen Rechnerunterstützter Fertigungssysteme lassen sich durch Beobachtungen in der Realität nachvollziehen.

---

20 Vgl. Rötzer/Chaos/ZB2.

II. "PRODU" als Aktionsort Rechnerunterstützter Fertigungssysteme im theoretischen Kontext

In diesem Kapitel wird im Hinblick auf die Realisation des Unternehmungsmodells die Modellunternehmung PRODU vorgestellt, deren Hintergrund eine reale Produktionsunternehmung ist.[21] Bezogen auf Thematik und Umfang der Modellierung wurden in der realen Unternehmung Daten extrahiert und bereitgestellt. Mit den anonymisierten Daten entsteht die Unternehmung PRODU, deren Unternehmungsprozeßverbund und Rechnerunterstützte Fertigungssysteme in typisierter Form beschrieben werden.

Einordnend in die erforderlichen theoretischen Grundlagen werden bei PRODU beobachtete Gegebenheiten beschrieben. Die Beschreibung der speziellen Gegebenheiten erfolgt im Gesamtkontext aus dem Verständnis der Unternehmung als Prozeßverbund heraus.

Die Ziele der Unternehmung als Steuerungsgrößen müssen der evolutionären Umwelt ständig angepaßt werden.[22] Aus den zahlreichen Maßnahmen zur Zielerfüllung wird in dieser Arbeit der Maßnahmenkomplex der Umstellung der Fertigung auf Rechnerunterstützte Fertigungssysteme ausgewählt und sein Einfluß auf die Zielerfüllung untersucht.

Auf den Überblick der Gesamtunternehmung folgt die Beschreibung des Produktionsbereiches von PRODU. Ein eigenes Kapitel befaßt sich mit Rechnerunterstützten Fertigungssystemen als einem wichtigen Produktionsfaktor und Ausgangspunkt der Untersuchungen der vorliegenden Arbeit.

1. Die Modellunternehmung "PRODU"

Eine Unternehmung wird betrachtet als offenes soziales System, das u.a. aus Menschen besteht und den Zweck verfolgt, Leistungen für die menschliche Gesellschaft bereitzustellen.[23] Die Leistungserstellung kann als eine Ansammlung von Tätigkeiten beschrieben werden, durch die Produkte entworfen, hergestellt, vertrieben, ausgeliefert und unterstützt werden.[24]

---

[21] Die Daten der Unternehmung sind so verändert, daß kein Rückschluß auf eine bestimmte Unternehmung erfolgen kann. Die inhaltlichen Aussagen der Unternehmungsdarstellung und -analyse entsprechen den in der Praxis vorgefundenen Gegebenheiten.

[22] Vgl. Matthes/Phasen/284f.

[23] Vgl. Ulrich/Unternehmung/134.

[24] Vgl. Porter/Wettbewerbsvorteile/63.

Die Durchführung der betrieblichen Leistungserstellung bedingt ein produktives Zusammenwirken der drei Elementarfaktoren menschliche Arbeitsleistungen, Arbeits- und Betriebsmittel und Werkstoffe.[25]

Die menschliche Arbeitsleistung läßt sich gliedern in einen dispositiven Bestandteil, der sich mit der Leitung und Lenkung der betrieblichen Vorgänge befaßt, und eine objektbezogene Arbeitsleistung, die unmittelbar mit der Leistungserstellung, Leistungsverwertung und finanziellen Aufgaben in Zusammenhang stehen, ohne dispositiv-anordnender Natur zu sein. Arbeits- und Betriebsmittel sind alle Einrichtungen und Anlagen, die für die Leistungserstellung notwendig sind, also insbesondere Gebäude, Maschinen, Hilfs- und Betriebsstoffe. Werkstoffe sind alle Rohstoffe, Halb- und Fertigerzeugnisse, die als Ausgangs- und Grundstoffe für die Herstellung von Produkten dienen.[26]

Der vierte Faktor ist die Geschäfts- und Betriebsleitung, die bei PRODU durch die Unternehmungsleitung verkörpert wird. Ihre Aufgabe ist es, das gesamtbetriebliche Geschehen planend und gestaltend zu steuern.[27] Sie bestimmt die strategische Ausrichtung der Unternehmung.

"PRODU" ist eine mittelständische Unternehmung der Metallindustrie in Form einer Kapitalgesellschaft. Unternehmungsgegenstand ist die Fertigung und der Vertrieb hochwertiger High-Tech-Produkte.

Die Produktpalette besteht aus vier Produktgruppen, aus denen jeweils eine Produktvariante als typischer Vertreter der Gruppe in die Modellierung eingeht.

Der Hauptanteil der Produktion erfolgt in Serienfertigung, jedoch wird auch ca. ein Drittel der Produkte nach Kundenaufträgen in Sonderfertigung und ein geringer Anteil in Fremdfertigung produziert.

Art und Anwendungsgebiete der Produkte erfordern neben dem Einsatz spezifischer Materialien, eine hohe Material- und Fertigungsqualität.[28] Diese Anforderungen kön-

---

25 Vgl. Gutenberg/Produktion/5.

26 Vgl. Gutenberg/Produktion/3ff;
vgl. Tempelmeier/Material-Logistik/2f.

27 Vgl. Gutenberg/Produktion/6.

28 Unter dem Begriff Qualität werden die Eigenschaften eines Gutes zusammengefaßt, die einem vorgegebenen Standard genügen. Standards können exogen durch Normen, durch die Unternehmungsleitung oder vom Kunden gesetzt werden.
Vgl. Hammann/Qualitätskontrolle/3289;
vgl. Price, Chen/TQM/passim.

nen nur durch hoch spezialisierte Mitarbeiter und einen umfangreichen Maschinenpark mit einem hohen Anteil an Spezialmaschinen erfüllt werden.

Die Strukturierung der Organisation[29] in Unternehmungsbereiche, Bereiche und Teilbereiche bedarf einer breit gefächerten Leitungsstruktur von der Unternehmungsleitung bis hin zum Meister einer Kostenstellengruppe.

Die Unternehmungsstruktur ist ausschlaggebend für die Struktur der Prozeßverbünde der Unternehmung.

1.1. Die Unternehmung als Prozeßverbund

Die Unternehmung als Unternehmungsprozeßverbund[30] wird gegliedert in Unternehmungsbereichs-Prozeßverbünde, Bereichs-Prozeßverbünde bis hin zu Teilbereichs-Prozeßverbünden. Sie ist eingebunden in eine Umwelt, mit der sie in vielfältiger Weise in Beziehung steht.

Ein Teilbereichsprozeßverbund bei PRODU ist beispielsweise die Teilproduktfertigung als eine Komponente des Bereichs Fertigung. Die Fertigung bildet zusammen mit anderen Bereichen, beispielsweise der Produktionsplanung und -steuerung den Unternehmungsbereich Produktion. Eine unmittelbare Beziehung besteht zwischen der Teilproduktfertigung und dem Unternehmungsbereich Beschaffung.

Elemente eines Prozeßverbundes sind Prozesse[31], die wiederum in Teilprozesse gegliedert sein können. Ein (Teil-)Prozeß ist die Überführung eines Ausgangszustandes unter Beachtung bestimmter Bedingungen in einen Endzustand. Damit wird die Unternehmung als ein System aufeinander abgestimmter Prozesse verstanden.

Prozesse lassen sich nach unterschiedlichen Kriterien in Verbünde zusammenfassen und andererseits läßt sich jeder Prozeß als Prozeßverbund auffassen und in weitere Prozesse zerlegen.

---

29 Vgl. Horvath/Controlling/112ff.

30 Vgl. Matthes/Grundmodell/23.

31 Prozeß, lateinisch procedere = hervortreten, auftreten, vorwärtsbringen
Vgl. Sellien, Sellien/Wirtschaftslexikon/874,
beschreibt einen Verlauf, Ablauf, Hergang oder eine Entwicklung
Vgl. o.V./Duden/1832.

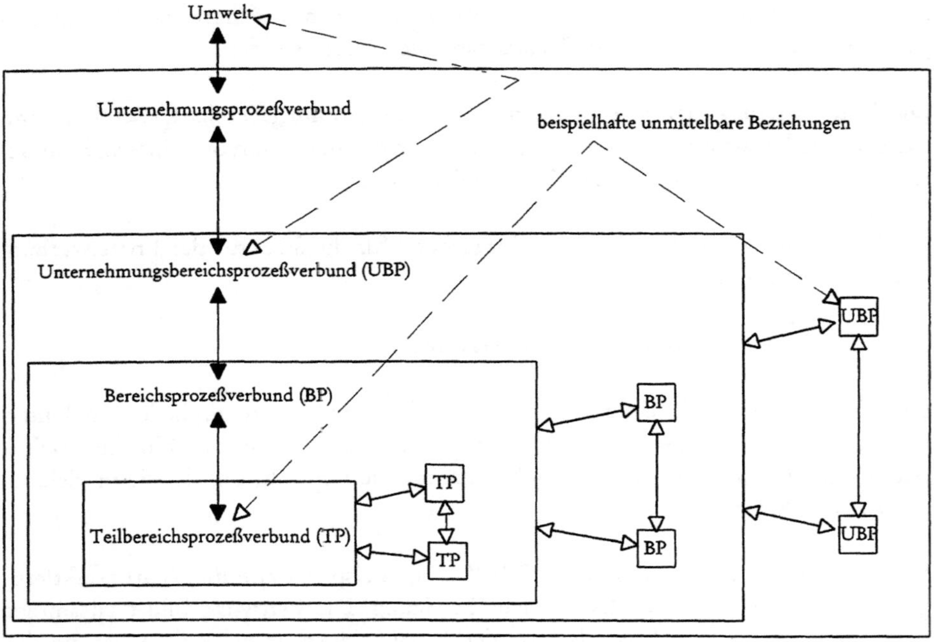

Abbildung 1: Unternehmung als Prozeßverbundsystem

Die Rahmenbedingungen eines Prozesses werden durch seine Umgebung festgelegt, mit der er im aktiven Austausch steht. Die Umgebung beeinflußt also den Prozeß, der wiederum auf die Umgebung einwirkt.

1.1.1. Parametrisierung eines Prozesses

Mit der Parametrisierung eines Prozesses wird eine Trennung zwischen den Umgebungseinflüssen eines Prozesses und der Aktivität des Prozesses erreicht. Die drei Parametertypen eines Prozesses sind:

- Aktionsparameter
- Reaktionsparameter
- Datenparameter.[32]

Datenparameter sind die durch die Umgebung festgelegten, zumindest kurzfristig weder direkt noch indirekt beeinflußbaren Randbedingungen[33] oder Prämissen eines

[32] Vgl. Wild/Grundlagen/50;
vgl. Matthes/KOLLPROG/Prozeßaxiom, 155.

[33] Vgl. Wild/Grundlagen/50.

Prozesses. Aktionsparameter sind die im Prozeß beeinflußten Größen. Reaktionsparameter beschreiben erwartete bzw. beobachtbare Resultate der Prozesse.

Beim Fertigungprozeß eines Produktes bilden die verfügbaren Ressourcen die Rahmenbedingungen des Prozesses. Sie gehören zu den Datenparametern. Demgegenüber werden die Ressourcenverwendung und der Ressourcenverbrauch vom Prozeß direkt bestimmt. Sie gehören damit zu den Aktionsparametern. Die gefertigten Produkte als Ergebnis des Prozesses zählen zu den Reaktionsparametern.

Die Zuordnung zu den einzelnen Parametertypen ist abhängig vom zugrundeliegenden Prozeß und der damit verbundenen Sichtweise. So zählt Material als Ressource des Fertigungsprozesses zu den Datenparametern, während Material im Beschaffungsprozeß den Reaktionsparametern zuzuordnen ist, da es hier das Ergebnis des Prozesses bildet.

1.1.2. Merkmale einer Aktivität

Die Aktivität, synonym Aktion oder Tätigkeit, als zentraler Bestandteil eines Prozesses kann durch folgende Merkmale beschrieben werden:[34]

- Aktivitätsziel
- Aktivitätsobjekt
- Aktivitätssubjekt
- Aktivitätsmittel
- Aktivitätsort
- Aktivitätsart
- Aktivitätsstruktur und
- Aktivitätszeit.

In Abwandlung zu Viefhues wird als zusätzliches Merkmal die Aktivitätsstruktur aufgenommen. Weiterhin ist das zeitliche Merkmal einer Aktivität auf die Dauer beschränkt. Aktionsfolgebeziehungen als zeitlich sequentielle Relationen und Aktionstermine entfallen, da sie sich aus den Kausalitäten der Aktionen ergeben.[35]

Aktivitätsziele auf der Unternehmungsebene sind die Unternehmungsziele, die den Unternehmungsprozeßverbund gestalten und steuern.[36]

---

[34] Vgl. Matthes/Grundmodell/8ff;
vgl. Viefhues/Projektplanung/153ff.

[35] Vgl. Abschnitt III.5.

[36] Vgl. Abschnitt II.1.3.

Objekte einer Aktivität sind Gegenstände, an denen sich betriebliches Handeln vollzieht und die qualitative und quantitative Veränderungen erfahren. Bei den Fertigungsaktivitäten zählen hierzu die Werkstücke. Bei den Kostenrechnungsaktivitäten sind Objekte beispielsweise die Kostenanalysen.

Die Veränderungsaktivität in der Fertigung erfolgt durch Mensch-Maschine-Kombinationen.[37] Hierbei ist der Mensch als Aktivitätssubjekt der Träger der Handlung, der lenkend und verändernd in das Geschehen eingreift. Zusammen mit den Maschinen als Aktivitätsmittel wird die Veränderung vorgenommen.

Der Aktivitätsort bezeichnet die lokale Determinate des Aktivitätsgefüges, also die lokale Zuordnung zu einem Arbeitsplatz. Mit der Bezeichnung des Aktivitätsmittels, also der Anlage, als Tupel der Kostenstelle und Belegungsgruppe, ist neben der Anlagenspezifikation auch die lokale Komponente der Handlung erfaßt.[38]

Die Art der Einwirkung auf das Aktivitätssobjekt kann in manuellen, also körperlichen und/oder geistigen Verrichtungen oder computerunterstützten Verrichtungen erfolgen.

Die Aktivitätsfolgebeziehungen werden durch die Aktivitätsstruktur erfaßt, die die Relationen der Aktivitäten beschreibt. Aktivitäten können aufeinanderfolgen, unabhängig voneinander ablaufen oder nebenläufig zueinander sein.

Die Aktivitätszeit beschreibt die Dauer als zeitlich-prozessuale Ausdehnung einer Aktivität.

Die zeitlichen Relationen und Termine ergeben sich aus den Kausalitäten der Aktivitäten.

Die Merkmale der Aktivitäten in Zusammenhang mit den Parametern von Prozessen bilden eine aussagekräftige Beschreibungsgrundlage für Prozeßverbünde.

In der vorliegenden Modellierung werden Aktions- und Datenparameter der Prozesse hauptsächlich in externen Dateien erfaßt. Ein Beispiel ist ein Fertigungsablaufplan, der die Struktur des Fertigungsablaufs eines Produktes als sequentielle Folge von Aktivitäten[39] enthält. Für die einzelnen Fertigungsstufen werden der Aktivitätsort

---

37 Zur Klassifikation von Mensch-Maschine-Kombinationen und zur Beschreibung von Strukturvarianten vgl. Gaitanides/Arbeitsorganistion/21ff.

38 Vgl. Fertigungsablaufpläne im Anhang X.2.2.

39 Zur sequentiellen Struktur von Aktivitäten vgl. Matthes/Grundmodell/49.

sowie die Aktivitätszeiten aus Rüstzeiten der Anlage und Fertigungszeiten je Werkstück angegeben. Aus den Aktivitätszeiten läßt sich im konkreten Fall die Aktivitätsdauer errechnen.

Mittel und Subjekt werden als Mensch-Maschine-Kombinationen angegeben. Das Tupel Kostenstelle und Belegungsgruppe spezifiziert dabei die Anlage. Über weitere Datenbanken können die benötigten Mitarbeiter zugeordnet werden.

Einige Aktionsparameter und die Reaktionsparameter der Unternehmungsprozesse ergeben sich aus dem Modellauf.

Maßgebliche Einflußfaktoren auf die Unternehmungsprozesse sind auch die organisatorische Gestaltung der Unternehmung und die eng damit verbundenen Abläufe, die im folgenden Kapitel beschrieben werden. Verknüpft mit der Beschreibung der Unternehmungsziele als Steuerungs- und Lenkungsvorgaben werden die Schnittstellen zwischen der Unternehmung und ihrer Umwelt aufgezeigt.

1.2. Die Unternehmung aus aufbau- und ablauforganisatorischer Sicht

Organisation als instrumenteller Organisationsbegriff umfaßt die Gestaltungshandlung, also die Tätigkeit des Organisierens. Der institutionelle Organisationsbegriff umfaßt das Ergebnis dieser Tätigkeit, das entstandene Gebilde mit seiner Struktur. Eine weitere Unterscheidung in Aufbau- und Ablauforganisation ist nur gedanklich zu vollziehen. Während bei der Aufbauorganisation die Bestandsphänomene - die organisatorischen Einheiten und ihr Beziehungszusammenhang - betrachtet werden, betont die ablauforganisatorische Analyse die raum-zeitlichen Bedingungen der Betriebsprozesse.[40]

Die Zusammenfassung[41] der analytisch gewonnenen Arbeitsteile[42] erfolgt nach personellen, zeitlichen und räumlichen Kriterien in der Arbeitsverteilung (personale Synthese), Arbeitsvereinigung (temporale Synthese) und Raumgestaltung (lokale Synthese).[43] Mit der Zuordnung dieses Aufgabenkomplexes zu einem Aufgabenträger oder einer Mehrheit von Aufgabenträgern[44] entsteht eine Stelle.

---

[40] Vgl.z.B. Grochla/Automatisierung/273;
vgl. Kosiol/Aufgabenanalyse/66ff;
Vgl. Gaitanides/Prozeßorganisation/1.

[41] Vgl. Kosiol/Aufgabenanalyse/78ff.

[42] Vgl. Taylor/Principles/61f.

[43] Vgl. Gaitanides/Prozeßorganisation/24ff.

[44] Grochla/Automatisierung/279.

Die Aufbauorganisation kann nach unterschiedlichen Prinzipien gestaltet sein.

Eine Organisation nach dem Verrichtungsprinzip oder auch funktionale Organisation geht von den Kerntätigkeitsfeldern (Verrrichtungen) aus. Hier werden Tätigkeiten aus Forschung und Entwicklung (F&E), Beschaffung, Produktion, Verwaltung, Transport und Lager zu Organisationseinheiten zusammengefaßt.

Die Objektorganisation geht von Kernprodukten oder -produktgruppen aus. Hier wird eine divisionale Organisationsstruktur in Sparten, Unternehmungs- oder Geschäftsbereichen erreicht. Bei einem Regionalmodell werden räumlich gebundene Aktivitäten zusammengefaßt.

In Industrieunternehmungen liegt der Schwerpunkt der Aufbauorganisation jedoch nicht bei eindimensionalen Organisationsformen, sondern hier sind mehrdimensionale Organisationsmodelle, beispielsweise Matrix- oder Tensororganisationen, vorherrschend.[45] Zudem werden die Prinzipien unterschiedlich gemischt eingesetzt.

In der aktuellen Diskussion gewinnt neben der Betrachtung von Geschäftsfeldern, die Betrachtung von Geschäftsprozessen eine immer stärkere Bedeutung bei der Findung einer Organisationsform.[46]

Einflußfelder der organisatorischen Gestaltung einer Unternehmung sind Marktstrukturen, Produkttechnologie, Produktions- und Informationstechnik. Bei den Markteinflüssen sind neben der Kunden-, Wettbewerbs- und Nachfragestrukturen auch die Produktlebenszyklen von Bedeutung. Bei der Produkttechnologie sind Produktart (Investitions-/Konsumgut), Produktvielfalt (Einheits-/Variantenprodukte) und Komplexität (Teil/Montagegruppen) zu beachten. Die Produktionstechnik beeinflußt neben der Fertigungsart (Serien-/Einzelfertigung; Wiederhol-/Einmalfertigung; Lager-/Auftragsfertigung; Linien-/Werkstattfertigung) auch den Automationsgrad. Bei der Informationstechnik sind Hard-/Software, integriertes System/Insellösung zu berücksichtigen.[47]

Beim Zusammenspiel der Stellen entstehen Interdependenzen. Zu unterscheiden sind Interdependenzen, die auf Leistungsverflechtung beruhen, und Ressourceninterdependenzen. Innerbetriebliche Leistungsverflechtungen zwischen zwei Stellen bzw. Prozessen liegen vor, wenn der Output eines Prozesses handlungsauslösend für einen anderen wirkt. Ressourceninterdependenz liegt vor, wenn bei Durchführung unter-

---

45 Vgl. Bleicher/Organisation/83ff.

46 Vgl. Walther/Orientierung/89;
vgl. Ferstl, Sinz/Geschäftsprozeßmodellierung/passim.

47 Vgl. Degenhardt/Auswirkungen/139.

schiedlicher Prozesse auf gemeinsame Ressourcen zurückgegriffen werden muß, beispielsweise gemeinsam zu nutzende Produktionsanlagen, Bildschirmgeräte oder Datenbanken. Dem verfügbaren Nutzungspotential einer Ressource (Kapital, Personen) steht also konkurrierende Nachfrage mehrerer organisatorischer Einheiten gegenüber, was Koordinationsprobleme zwischen Prozessen hervorruft.[48]

Sequentielle Interdependenz kann dadurch aufgelöst werden, daß die betreffenden Prozesse zu Stellenaufgaben zusammengefaßt und dezentral verteilt werden. Umgekehrt kann Ressourceninterdependenz aufgelöst werden, indem dezentralisierte, parallel angeordnete Prozesse in eine zentralisierte, arbeitsteilige Prozeßstruktur überführt werden.[49]

Eine Form der Ablauforganisation sind Vorgangsketten. Beispiele für Vorgangsketten sind eine geschlossene Auftragsbearbeitung von der Auftragsannahme über Materialwirtschaft, Produktion bis zum Versand oder die Entwicklung eines Produktes von der ersten Idee bis zur Übergabe des ausgetesteten Produktes an die Produktion.[50]

Der Unternehmungsprozeßverbund läßt sich jedoch nicht in isolierten Vorgangsketten abbilden. Vielmehr bestehen zwischen den einzelnen Vorgängen und Ketten vielfältige Beziehungen. Sie sind nur in einer Netzstruktur[51] faßbar und darstellbar. Netzbestandteile sind dabei einzelne Aktivitäten oder Prozesse[52], die in unterschiedlichen Relationen das Unternehmungsgefüge ergeben.

Eine Systematisierung der komplexen Prozesse kann in Anlehnung an die Wertkette von Porter vorgenommen werden.[53] Porter betrachtet vornehmlich den physischen Prozeß der Leistungserstellung und verfolgt dabei eine flußorientierte und unternehmensübergreifende Sichtweise.[54]

Er versteht unter Unternehmungsprozessen Tätigkeiten oder Aktivitäten innerhalb einer Unternehmung. Sie können in primäre Aktivitäten, die sich auf die Leistungserstellung beziehen, und unterstützende Aktivitäten, die eine unternehmungsübergrei-

---

48 Vgl. Gaitanides/Prozeßorganisation/160f;
vgl. Frese/Grundlagen/76ff.

49 Vgl. Gaitanides/Prozeßorganisation/164.

50 Vgl. Scheer/Informationssysteme/4;
vgl. Scheer/EDV-BWL/38ff.

51 Vgl. Matthes/Phasen/287;
vgl. Delfmann/Netzwerkprinzip/95ff.

52 Vgl. Matthes/Grundmodell/passim.

53 Porter/Wettbewerbsvorteile/62.

54 Vgl. Delfmann/Netzwerkprinzip/94.

fende unterstützende Funktion zur Leistungserstellung[55] haben, unterschieden werden.

Zu den primären Aktvitäten[56] gehören Eingangslogistik, Operationen (hier Produktion), Marketing und Vertrieb, Ausgangslogistik und Kundendienst. Die unterstützenden Aktivitäten[57] setzen sich zusammen aus Unternehmungsinfrastruktur, Personalwirtschaft, Technologieentwicklung, Beschaffung und Vertrieb.

Die Wertkette von Porter stellt nur ein grobes Strukturierungsraster dar. Jede Unternehmung muß seine spezifische Wertkette definieren, unter Berücksichtigung seiner strategisch und technologisch bedeutsamen Tätigkeiten.[58]

Der Schwerpunkt der Darstellung von PRODU liegt bei den primären Aktivitäten, den Operationen. Dabei werden die zentralen Bestimmungsgrößen eines Fertigungskonzeptes aus Technologie, Logistik als gesamter, räumlich-zeitlicher Produktionsablauf,[59] Informationsmanagement und Arbeitsorganisation erfaßt.

Die Fertigungskonzeption mit dem Einsatz von Rechnerunterstützten Fertigungssystemen muß in den Rahmen der Unternehmungsorganisation und der Gestaltung der Unternehmungsabläufe eingebettet sein. Ausgewählte Gestaltungsansätze bezogen auf die Produktion und unternehmungsübergreifende Ansätze werden im folgenden Kapitel dargestellt.

1.2.1. Ausgewählte Gestaltungsansätze

Nach der Vorstellung theoretischer Grundlagen werden Gestaltungsansätze, die zur Zeit in wissenschaftlicher und praktischer Diskussion und Anwendung sind, vorgestellt.

1.2.1.1. Vom Taylorismus zur Handlungstheorie

Im technozentrischen Produktionskonzept (Taylorismus)[60] werden die Möglichkeiten der Technik voll ausgeschöpft. In der extremsten Form werden menschliche Fähigkeiten von der Maschine nachgeahmt und der Mensch übernimmt Hilfs- und Kon-

---

55 Zum Begriff der Leistungserstellung vgl. Abschnitt II.1 Unternehmung als offenes, soziales System.

56 Vgl. Porter/Wettbewerbsvorteile/62,66f.

57 Vgl. Porter/Wettbewerbsvorteile/62.

58 Vgl. Meffert/Wertkette/263.

59 Vgl. Wiendahl/Fertigungssteuerung/16.

60 Vgl. Taylor/Principles/passim, insbesondere 49f.

trolltätigkeiten, wobei er an seine physischen und psychischen Grenzen herangeführt wird.[61]

Der sozio-technische Ansatz[62], die Handlungstheorie und der Human-Relations-Ansatz (anthropozentrisches Produktionskonzept)[63] vereinen das soziale und technische System einer Unternehmung. Die produktiven und kreativen Potentiale des Menschen sollen stärker zur Entfaltung kommen und die gegensätzlichen Eigenschaften von Mensch und Maschine werden produktiv vereinigt. Maschinen sind arbeitsunterstützend einzusetzen und entsprechend zu gestalten.

Im handlungstheoretischen Ansatz wird das aktive, planende, zielgerichtete und erfolgskontrollierte Handeln des Menschen betont.[64]

Der Grad der Verkopplung von Mensch und Maschine bezeichnet das Ausmaß, in dem der Mensch zur Erfüllung seiner Aufgabe an die Maschine gebunden ist. Vollständige Verkopplung liegt vor, wenn Arbeitsinhalt und -tempo von der Maschine bestimmt werden, z.B. Fließbandfertigung. Eine entkoppelte Beziehung im Sinne einer Unabhängigkeit von Mensch und Maschine liegt vor, wenn Teile von Prozessen oder vollständige Prozesse automatisch ablaufen und der Mensch vorwiegend prozeßunterstützende Funktionen (Vorbereitung, Überwachung usw.) wahrzunehmen hat, die er zeitlich mehr oder weniger unabhängig vom Maschinentakt ausführen kann.[65]

Mit zunehmender Komplexität sowohl der Produkte als auch der Fertigungstechnologien wird in der Praxis der Taylorismus ständig weiter zurückgedrängt. Die Maschine wird zur Unterstützung des Menschen eingesetzt. Damit einher gehen neue Ansätze zur Arbeitsorganisation.

1.2.1.2. Mitarbeiterbezogene Ansätze

Zu den mitarbeiterbezogenen Ansätzen der Arbeitsorganisation und -gestaltung gehören job enlargement, job enrichment[66] und job rotation[67] sowie Arbeitszeitgestaltungsmodelle z.B. job sharing. Für die gesamte Organisation ergeben sich zwei Wege

---

[61] Vgl. Taylor/Principles/47;
vgl. Heinen/Industriebetriebslehre/698 ff.

[62] Vgl. Steinmann, Heinrich/Arbeitsteilung/55.

[63] Vgl. Brödner/Fabrik/118.

[64] Vgl. Neuberger/Arbeit/60;
vgl. Fischbach, Nullmeier/Nutzen/65.

[65] Vgl. Alioth/Technik/195f.

[66] Vgl. Frese/Mitarbeiterführung/48ff.

[67] Vgl. Rosenstiel/Grundlagen/249.

der Implementierung. In der Top-Down Vorgehensweise sind Organisationsentwicklung (OE), Teamarbeit und Management by Objectives (MBO)[68] zu nennen. Bottom-Up sind Qualitätszirkel, Werkstattzirkel, Lernstatt und (teil)autonome Gruppe mögliche Vorgehensweisen.[69]

Mit Ausnahme des job enlargement ist allen Ansätzen und Vorgehensweisen gemeinsam, "daß der Handlungsspielraum der arbeitenden Menschen ausgeweitet werden soll; d.h. in vielen Fällen, daß die Überspezialisierung im Sinne des Taylorismus zurückgenommen werden soll. Handlungsspielraum besagt in diesem Zusammenhang, daß einerseits der Tätigkeitsspielraum des Menschen erweitert werden soll, andererseits aber auch der Entscheidungsspielraum für den Arbeitenden größer wird."[70]

Inwieweit die Technik zur Unterstützung des Menschen eingesetzt wird, soll hier nicht weiter untersucht werden.

1.2.1.3. Computer Integrated Manufacturing (CIM)

Ein unternehmungsübergreifender Gestaltungsansatz, dessen Schwerpunkt in einer technikorientierten Sicht liegt, ist der CIM-Gedanke.

Unter CIM (Computer Integrated Manufacturing) wird ein integrativer Ansatz verstanden, der die gesamte Produktionsunternehmung umfaßt. Unter dem Blickwinkel der ADV wird darunter die Integration von technischer und betriebswirtschaftlicher Datenverarbeitung im Bereich der Fertigung verstanden.[71] Eine integrierte Lösung der Produktionsplanung und -steuerung umfaßt einen Daten-, Entscheidungs- und Organisationszusammenhang.[72]

Dabei wird zwischen vertikaler und horizontaler DV-Durchdringung unterschieden. Bei der vertikalen DV-Durchdringung wird ein Produktbereich ganzheitlich über alle Funktionen mit ADV-Technologien ausgestattet und damit integriert. Z.B. wird über den Ausgangspunkt CAD (Computer Aided Design als rechnerunterstützte Konstruktion), die computerunterstützte Planung und die Fertigung eines Produktbereiches eingebunden. Bei der horizontalen DV-Durchdringung wird ein Funktionsbereich der Unternehmung über alle Produktgruppen mit neuen Produktionstechnologien ausgestattet und im zweiten Schritt mit anderen Bereichen ver-

---

[68] Vgl. Frese/Mitarbeiterführung/28ff.

[69] Vgl. Heeg/Verfahren/401;
vgl. auch Scholz/Personalmanagement/348f.

[70] Vgl. Rosenstiel/Grundlagen/246.

[71] Scheer/Architektur/11.

[72] Vgl. Scheer/Heft 30/1.

knüpft. Ausgangspunkt ist das Produktionsplanungs- und -steuerungssystem (PPS). Nachfolgend erfolgt die Koordination mit der Fertigung und den vor- und nachgelagerten Bereichen.[73]

1.2.1.4. Lean-Production

Lean-management, lean-production oder schlanke Organisation ist ein neues Schlagwort für eine bereits bekannte und existierende Organisationsform mit extrem kleinen Managementebenen, sehr flachen Führungspyramiden und kleinen Stäben. Den einzelnen Mitarbeitern und Bereichen der Unternehmung wird wesentlich mehr Entscheidungsfreiheit und Einzelverantwortung übertragen.[74]

Die Orientierung auf die Kundenwünsche muß alle Bereiche der Wertschöpfung, also Zulieferer, Fertigung, Qualität und Vertieb, von Anfang an einbinden.[75] Die schlanke Organisation muß ausgehend von den einzelnen Bereichen der Unternehmung auf die Gesamtunternehmung übertragen werden. Beispielsweise ist bei einer schlanken Fertigung die Verantwortung für ein Produkt auf der untersten Ebene angesiedelt. Nacharbeit und Fehler sind durch unmittelbare Qualitätskontrolle minimal zu halten. Kurze Rüstzeiten bei häufigem Produktwechsel und kleinen Losgrößen müssen die Regel sein.[76]

Grundlage ist die Ausrichtung der Geschäftsprozesse auf Kundenbedürfnisse. Damit sollen nicht wertschöpfungsrelevante Aspekte reduziert werden.[77] Gesteigert wird diese Sichtweise bei der JIT-Produktion, die die Lieferanten und deren Logistik in dieses Vorgehen voll einbezieht.

1.2.1.5. Just-In-Time Produktion

Anforderungen des Marktes nach preisgünstigen und kundenspezifischen Lieferungen sollen beispielsweise durch Reduzierung der Bestände und Beschleunigung der Auftragsabwicklung erreicht werden.[78]

Aus europäischer Sicht ermöglichen Bestände reibungslose Produktion, prompte Lieferung, Überbrückung von Störungen, wirtschaftliche Fertigung und konstante Aus-

---

73 Vgl. Wildemann/Einführung/46f.

74 Vgl. Bösenberg, Metzen/Lean Management/36.

75 Vgl. Peters/Lean Production/22.

76 Vgl. Wildemann/Lean Management/40.

77 o.V./Lean Welle/.

78 Vgl. Simon/JIT/649f.

lastung.[79] Aus japanischer Sicht verdecken Bestände störanfällige Prozesse, unabgestimmte Kapazitäten, mangelnde Flexibilität, Ausschuß und mangelhafte Liefertreue[80]. In der Überwindung der aus japanischer Sicht negativen Aufgaben von Beständen ist das Prinzip der KANBAN-Fertigung zu betrachten.

Bei Produktion nach dem KANBAN-Prinzip wird auf allen Fertigungsstufen eine "Produktion auf Abruf" (just-in-time-production) erreicht.[81] Ausgehend von der letzten Produktionsstufe werden Kapazitätsbedarfe an die jeweils vorherige Stufe weitergegeben. Dadurch entsteht eine Sogwirkung, die eine Beschleunigung des Materialflusses bewirkt.[82] KANBAN beruht auf dem Hol-Prinzip in vermaschten selbststeuernden Regelkreisen zwischen erzeugenden und verbrauchenden Bereichen mit einem speziellen Informationsträger, der KANBAN-Karte, die sowohl Bestellfunktion hat als auch Abhol-/Transportaktivitäten initiiert.

Auf dieser Grundlage findet eine Annäherung an die Philosophie der just-in-time-production mit "Wartezeit gleich Null" und "Lagermenge gleich Null" statt.[83]

JIT-Konzepte dienen also weniger der Reduzierung von Bearbeitungszeiten als vielmehr der Optminierung der Liege- und Übergangszeiten.[84]

1.2.2. Gestaltung der Abläufe bei PRODU

PRODU ist funktional organisiert. Die Unternehmungsleitung übernimmt strategische Planungsfunktionen zur Festlegung der Produkt- und Produktionsstrategien. Unternehmungsbereiche sind Verwaltung, Finanzen, Controlling, Personal- und Bildungswesen, Forschung und Entwicklung, Beschaffung, Produktion und Absatz. Die Produktion umfaßt die Bereiche Produktionsplanung und -steuerung, Arbeitsvorbereitung, Fertigung, Logistik und Qualitätssicherung.

Mit der Umstellung der Fertigung auf rechnerunterstützte Fertigungssysteme wird ein Schritt in Richtung einer integrierten Fabrik (CIM) vorgenommen. Durch die Umstellung auf eine erzeugnisorientierte Fertigungsstruktur wird ein Weg hin zur Losgröße 1, also just-in-time-production, beschritten.

---

79 Vgl. Bamberg/Lager/2424.

80 Vgl. Wiendahl/Fertigungssteuerung/18;
vgl. Wildemann/Werkstattsteuerung/27.

81 Vgl. Wildemann/Werkstattsteuerung/33.

82 Vgl. Wildemann/Werkstattsteuerung/94.

83 Vgl. Lefrancois u.a./Representation/271f.

84 Vgl. Wildemann/Einführungsstrategien/26.

Mit der Erzeugnisorientierung einher geht eine Veränderung der Arbeitsorganisation. Die Mitarbeiter werden nicht mehr nur einzelne, isolierte Fertigungsgschritte durchführen, sondern ganze Baugruppen der Produkte fertigen. Damit ist eine größere Sebstbestimmung der Mitarbeiter verbunden.

1.3. Ziele als Leitlinien des Unternehmungsprozeßverbundes

Die Steuerung der Prozesse und des Unternehmungs-Prozeßverbundes erfolgt auf der Basis der Unternehmungszielsysteme.

Ziele, verstanden als "handlungssteuernde Vorgaben"[85], bilden sowohl einen Rahmen als auch ein inhaltliches Werteschema für den Unternehmungsprozeßverbund.

Die Ermittlung des Zielsystems einer Unternehmung ist ein interaktiver und arbeitsteiliger Prozeß unterschiedlicher Gruppen und Einzelpersonen der Unternehmung.[86] Jede Person strebt zunächst nach der Erfüllung ihres individuellen Zielsystems.

1.3.1. Individualziele

Individualzielsysteme werden beeinflußt durch Instinkte, Triebe, Bedürfnisse, Motive, Werte, Einstellungen, Anspruchniveaus, Erwartungen und Qualifikationen. Bedürfnisse und Motive sind gegenüber den genbedingten, angeborenen Instinkten und Trieben mehr sozial ausgeformt und gestaltet.[87]

Aus den vielfältigen Klassifizierungversuchen, die vielfach u.a. wegen geringer Operationalität oder Eignung für gültige Verhaltensvorhersagen[88] kritisiert werden, soll hier die Grundstruktur der Klassifizierung von Maslow[89] erwähnt werden. Grundgedanke der in fünf Hauptbedürfnisklassen festgelegten Hierarchie ist, daß ein Individuum erst nach der Befriedigung in der Hierarchie niedriger anzuordnenden Bedürfnisse ein Verlangen nach Befriedigung höherer Bedürfnisse verspürt. Von den physiologischen Bedürfnissen (physiological needs) z.B. Hunger und Durst, die als Grundbedürfnisse zuerst befriedigt werden, über Sicherheitsbedürfnisse (safety needs), soziale Bedürfnisse (belongingness and love needs) und Geltungsbedürfnisse (esteem needs)

---

85 Hamel/Zielsysteme/2635.

86 Vgl. Staehle/Management/129f.

87 Vgl. Staehle/Management/171ff.

88 Vgl. Staehle/Management/178.

89 Vgl. Maslow/Motivation/35ff;
vgl. Baumgarten/Maslow/72ff;
vgl. Staehle/Management/177ff;
vgl. Rosenstiel/Grundlagen/274ff.

stellt Maslow als höchste und damit in der Befriedigungsreihenfolge zuletzt anstehende Bedürfnisklasse die Selbstverwirklichungsbedürfnisse (need for self-actualization) dar.

Das Handeln eines Individuums wird bestimmt durch seine Qualifikation, als Gesamtheit seiner individuellen Fähigkeiten, Fertigkeiten und Kenntnisse.[90]

Das individuelle Wertesystem und die Einstellungen eines Menschen prägen ganz entscheidend die Wahrnehmung seiner Umwelt, von Handlungsalternativen und von Handlungsfolgen, und somit sein Entscheidungsverhalten."[91] Es wird je nach Persönlichkeit, Ausbildung und Beruf unterschiedliche Ausprägungen aufweisen. Das individuelle Wertesystem wird eingepaßt in größere Wertesysteme, z.B. des sozialen Umfeldes in der Familie, der Unternehmung, des Staates. Wie alle Systeme unterliegt es dem ständigen Wandel, der sich in kontinuierlichen Anpassungen unter anderem an die persönliche Entwicklungen oder in ad-hoc-Veränderungen durch einschneidende Veränderungen in der persönlichen Umgebung, z.B. im Beruf ergeben.

Die Zielerwartungen, also das Ausmaß der Zielerreichung, das von einem Individuum als verbindlicher Anspruch[92] an das eigene Handeln erlebt wird, bezeichnet man als Anspruchsniveau. Je nach den Erwartungen über den Eintritt bestimmter Umweltzustände und die Folgen eigener Handlungen wird das Zielniveau bestimmt. Mit dem Erreichen des selbst gesetzten Ausmaßes ist ein Erfolgserlebnis (Bedürfnisbefriedigung) verbunden,[93] das in der Regel auch ohne externe Verstärkung zu einer Erhöhung zukünftiger Anspruchniveaufestlegungen führt.[94]

Individualzielsysteme beeinflussen die Gestaltung des Unternehmungszielsystems und werden daher implizit durch die am Zielbildungsprozeß beteiligten Personen berücksichtigt.

Werden Individualziele in den Zielbildungsprozeß der Unternehmung eingebunden, so werden daraus Ziele für die Unternehmung. Die Ziele, die verbindlich für die Un-

90 Zur Abgrenzung der Begriffe Fähigkeiten, Fertigkeiten und Kenntnisse vgl. Staehle/Management/199.

91 Staehle/Management/186.

92 Vgl. McClelland/Society/43.

93 Vgl. Lawler/Motivierung/61f.

94 Vgl. Staehle/Management/196f.

ternehmung festgelegt werden, sind die Ziele der Unternehmung[95], im folgenden Unternehmungsziele genannt.[96]

1.3.2. Unternehmungsziele

Die Unternehmungsziele sind die Grundlage für ein einheitliches, zielgerichtetes Handeln der Unternehmung als Ganzheit.[97]

Zu unterscheiden sind Sachziele und Formalziele. Sachziele beziehen sich auf reale Objekte und Aktivitäten des Unternehmungsprozesses, z.B. Herstellung einer bestimmten Anzahl eines neuen Produktes, Einführung einer neuen Fertigungstechnologie. Formalziele beziehen sich auf Erfolgs- und Liquiditätsaspekte von Handlungsalternativen, betreffen also nominale Aspekte des Unternehmungsprozesses, beispielsweise Erreichung eines bestimmten Umsatzes und/oder Rentabilität.[98]

Bei der Ermittlung des Zielsystems[99] muß die Intra-Ziel-Struktur und die Inter-Ziel-Struktur berücksichtigt werden.[100] Eine Möglichkeit der Lösung des Komplexitätsproblems sozio-technischer Systeme wird in der Erstellung vielstufiger Zielhierarchien gesehen, "in denen als Mittel zur Erreichung von übergeordneten Zielen jeweils für Teilprobleme Subziele definiert werden, deren Lösungen wiederum als übergeordnete Ziele für die daruntergelagerte Problemstufe Gültigkeit besitzen etc."[101].

1.3.3. Ziele im hierarchischen Ansatz

"Durch die Bildung derartiger Ziel-Mittel-Verkettungen wird die Möglichkeit geschaffen, hochkomplexe Problemstellungen, ausgehend vom Bestandsproblem der Unternehmung, durch sukzessives Herunterbrechen in Teilprobleme von geringerer Komplexität bis zu konkreten Maßnahmen-Entscheidungen zu überführen. Daher kann das inhärente Ziel-Mittel-Schema als ein fundamentales (heuristisches) Prinzip der Planung in Unternehmungen bezeichnet werden."[102]

---

95 Vgl. Staehle/Management/127.

96 Eine explizite Berücksichtigung der Individualziele und des Zielbildungsprozesses erfolgt in dieser Arbeit nicht. Die Wirkungsanalyse geht von einem gegebenen Zielsystem aus.

97 Vgl. Ulrich/Unternehmung/186.

98 Vgl. Horvath/Controlling/191.

99 Vgl. Seiwert/Zielsystem/.

100 Vgl. Hamel/Zielsysteme/2635.

101 Faßnacht/Ziel/2297 und die dort genannte Quelle.

102 Faßnacht/Ziel/2297.

Ein Zielsystem repräsentiert einen strukturierten Verbund von Zielen, deren Beziehungen durch Über-, Unter- oder Gleichordnungsrelationen dargestellt werden.[103] Nachdem das Oberziel allgemein formuliert wird, werden die Zielinhalte sukzessive verfeinert, d.h. präzisiert und vervollständigt. Damit entstehen Unterziele, die als repräsentativ für ihre jeweilig höhere Stufe und in letzter Instanz für das Oberziel angesehen werden. Die vorletzte Ebene gibt Maßstäbe an, mit deren Hilfe die Zielerfüllung gemessen werden soll. Auf der letzten Ebene wird das Ausmaß der Zielerreichung angegeben. Beim Optimierungsziel wird lediglich die Zielrichtung angegeben, während bei einem Muß- oder Restriktionsziel die Mindest- oder Höchstbedingungen zum Ausdruck gebracht werden.[104]

1.3.4. Vernetzung der Ziele

Die Ziele einer Stufe können sich untereinander komplementär, neutral, peripher konkurrierend oder alternativ konkurrierend verhalten.[105] Diese Zielbeziehungen zusammen mit dem hierarchischen Ansatz führen zu einem hierarchischen Zielnetz, in dem die Einzelziele in ihrem Verbund hierarchisch mit Intra-Ziel, Inter-Ziel-, Intra-Verbund-, Inter-Verbund- und Inter-Hierarchie-Beziehungen abgebildet werden.

1.3.5. Ausschnitt aus dem Zielsystem von PRODU

Die Pluralität[106] und die Vernetzung der Ziele ist bei PRODU nicht schriftlich fixiert. Ein Überblick über den explizit niedergelegten Zielausschnitt wird im Anhang X.1. vermittelt.

In der Literatur häufig betrachtete Ziele im Produktionsbereich sind die Durchlaufzeitminimierung, Minimierung der Terminüberschreitung, Minimierung der Personalkosten, optimale Losgröße und optimaler Werkzeugeinsatz.[107]

Schon Gutenberg hat erkannt, daß der Forderung nach Minimierung der Durchlaufzeit des Materials eine zweite Forderung gegenübersteht: die "Aufgabe nämlich, die Fertigungsaufträge zeitlich so zu verteilen, daß eine möglichst günstige Auslastung

---

[103] zu den Bedeutungen der Zielbeziehungen vgl. Szyperski, Winand/Grundbegriffe/51.

[104] Vgl. Nagel/Zielformulierung/2628.

[105] Vgl. Szyperski, Winand/Grundbegriffe/51.

[106] Vgl. Seiwert/Zielsystem/.

[107] Vgl. Gaitanides/Prozeßorganisation/37.

der Betriebsteile bzw. Betriebsmittel erreicht wird, die Maschinen nur Nutzungszeiten und keine arbeitsablaufbedingten Leer- oder Brachzeiten aufweisen."[108]

Die steigenden Anforderungen der Umwelt hinsichtlich Variantenvielfalt, kurzen Lieferzeiten, Liefertreue, hohe Produktqualität müssen unter Berücksichtigung kürzerer Produktlebenszyklen und schneller Entwicklung neuer Technologien erfüllt werden.

Zur Erreichung des Oberziels, der Sicherung der Überlebensfähigkeit[109] von PRODU am Markt müssen diverse interne und externe Ziele erfüllt werden, z.B. produktionswirtschaftliche, personalwirtschaftliche, finanzwirtschaftliche und marktbezogene Ziele. Die Entscheidungen über die zur Zielerfüllung erforderlichen Aktivitäten und Maßnahmen werden von den Führungs- und Steuerungsinstitutionen der jeweiligen Bereiche getroffen.[110]

1.4. Steuerungsinstitutionen und -prozesse der Unternehmung

Die Unternehmungssteuerung ist ein kollektiver Prozeß, der durch die Aktivitäten und Interaktivitäten mehrerer Beteiligter geprägt ist.[111] Die Steuerung, synonym Führung der Unternehmung, wird "als zielorientierte Gestaltung und Anpassung bzw. Entwicklung sozi-ökonomisch-technischer Systeme (Betriebe und Betriebsaggregate) definiert"[112].

Die Mitarbeiter an den einzelnen Arbeitsplätzen als Partner (Steuerungsinstitutionen) steuern die Prozesse ihres Aufgabenfeldes unter Verfolgung unterschiedlicher Zielsysteme.[113] Die zugrundeliegenden Entscheidungsprozesse unterliegen einer offenen und beschränkten Rationalität, die je nach "Durchschlagen" der Triebe bis hin zur Einbeziehung von Arationalitäten führen kann.[114] Die Unternehmungssteuerung basiert auf einer unvollständigen Informationsbasis und unvollständig explizierten Methoden und Regeln.[115]

Bei PRODU erfolgt die Unternehmungssteuerung unter starker Einbeziehung der Mitarbeiter "vor Ort" schon in frühen Phasen des Entscheidungsprozesses. So werden

---

[108] Gutenberg/Produktion/216.

[109] Vgl. Gälweiler/Unternehmenssicherung/363.

[110] Vgl. Matthes/Phasen/passim.

[111] Vgl. Kirsch/Führungssysteme/107.

[112] Matthes/Phasen/283.

[113] Vgl. Matthes/KOLLPROG/Institutionen- und Ziel-/Werteaxiom,154.

[114] Vgl. Matthes/KOLLPROG/Rationalitätsaxiom,154f.

[115] Vgl. Matthes/KOLLPROG/Informations- und Regelaxiom155.

zum einen wichtige Detailkenntnisse in die Entscheidungsfindung einbezogen, zum anderen werden so Akzeptanzschwierigkeiten vermindert und die Motivation[116] der Mitarbeiter erhöht.

Die Personalentwicklung ist eine der wichtigsten Aufgaben einer zeitgemäßen, auf Anpassung, Flexiblität und Innovation ausgerichteten Unternehmungsführung. Hierfür aufgewendete Kosten sind ihrem Charakter nach Investitionen in das "Humanvermögen" der Unternehmung.[117] Der Mitarbeiter, der selbst Ziele setzen und erreichen kann und dies nicht zuletzt auch im Interesse der Unternehmung, erreicht durch seine Entwicklung eine stärkere Identifikation mit den Prozessen der Unternehmung.

Die schnelle technische Weiter- und Neuentwicklung führt dazu, daß heute vorhandenes Wissen und erlernte Fähigkeiten in immer kürzeren Zeitabständen - in manchen Fachgebieten rechnet man bereits mit 10 Jahren und weniger - ihre Bedeutung verlieren.[118]

Eine mitarbeiterorientierte Unternehmungsführung, also die frühe Einbindung der Mitarbeiter in Unternehmungsentscheidungen, schafft die Möglichkeiten diesen rasanten Evolutionsprozeß sowohl für die Mitarbeiter als auch die Unternehmung handhabbar zu gestalten. Die ständige Beobachtung der Unternehmungsumwelt kann hierbei einen wichtigen Beitrag leisten.

1.5. Die Umwelt als Einflußfaktor und als Aktionspartner der Unternehmung

Zur Verfolgung ihrer Aktivitäten interagiert die Unternehmung mit ihrer Umwelt auf verschiedenen Märkten. Marktteilnehmer sind Lieferanten, Mitbewerber und Kunden. Das gesamte Marktgeschehen wird von (gesetzlichen) Rahmenbedingungen reglementiert.

Der Unternehmungszweck, die Unternehmungsgröße und nicht zuletzt die Unternehmungsstrategie bestimmen die Einflußmöglichkeiten der Unternehmung auf ihre Märkte. So kann ein Automobilhersteller mit seinen Großserien bei den Zulieferern eher vorteilhafte Konditionen, beispielsweise just-in-time-Anlieferung, durchsetzen als ein Unternehmen mit Kleinserien oder Auftragsfertigung.

Entscheidend für das Überleben einer Unternehmung ist jedoch der Einfluß auf die Absatzmärkte.

---

[116] Zum Begriff Motivation Vgl. Rosenstiel/Grundlagen/270, 300.

[117] Vgl. Grochla/Personalentwicklung/5.

[118] Vgl. Lenk u.a./Intelligenz/100.

"Marktführer ist jemand dann, wenn er in bezug auf Preis, Produktqualität, Lieferzeit, Stand der Technik und Kundendienst das Marktniveau bestimmt, dabei seine Anteile bis auf eine bestimmte, optimale Obergrenze bringt und dabei das höchste Ertragspotential sichert und auch die höchsten Gewinne erzielt."[119]

PRODU hält für den Großteil seiner Produkte die Marktführerschaft, unter anderem aufgrund seiner hohen Produktqualität. In den letzten Jahren sind bei den Kunden das Bewußtsein für kurze Lieferzeiten und Termintreue sowie das Preisbewußtsein deutlich gestiegen. Diese Entwicklung ist bei PRODU erst in jüngster Zeit nach steigenden Absatzeinbußen registriert worden. In der Zwischenzeit haben die Mitbewerber sowohl in Produktqualität als auch im Lieferservice beträchtlich aufgeholt bzw. in der Einhaltung von Lieferterminen einen Vorsprung erzielt.

Die ständige Marktbeobachtung und die Bereitschaft zum Aufbruch zu neuen Ufern, also zur Nutzung von Marktnischen und neuen Märkten ist ein Baustein auf dem Weg zum Marktführer.[120]

Durch Anpassungen in den Unternehmungsabläufen und mit der Bereitschaft Produkte auf die hohen Qualitätsanforderungen in neuen Märkten, beispielsweise in der Raumfahrt, anzupassen, hat PRODU auch in Zukunft gute Chancen neue Märkte zu erschließen und Marktanteile zu gewinnen oder zu sichern.[121] Mit anderen Worten: Die Suche nach besseren Lösungen von Kundenproblemen ist als eine Triebfeder für Veränderungen in der Unternehmung anzusehen.[122]

Eine zweite Triebfeder sind nach Porter die Wettbewerbskräfte, die gerade in Phasen stagnierender Märkte Einfluß auf die Unternehmung ausüben.[123]

Ansatzpunkt der Veränderungsbestrebungen zur Verbesserung der Unternehmungsabläufe bei PRODU ist der Produktionsbereich, der im folgenden Kapitel beschrieben wird.

---

119 Gälweiler/Unternehmensplanung/282.

120 Vgl. Porter/Wettbewerbsvorteile/283.

121 Vgl. Porter/National/68.

122 Vgl. Nieschlag/Marketing/884.
vgl. Gälweiler/Determinanten/221f.

123 Vgl. Nieschlag/Marketing/884ff;
vgl. Porter/National/57.

2. Detaillierte Betrachtung des Produktionsbereichs

Der Unternehmungsbereich Produktion umfaßt die Bereiche Produktionsplanung und -steuerung, Arbeitsvorbereitung, Logistik und Fertigung[124].

Rechnerunterstützung einzelner Bereiche sind bekannt unter den Kürzeln PPS (Computerunterstützte Produktionsplanung und -steuerung), CAP (Computerunterstützte Arbeitsplanung und/oder Programmierung) oder CAM (Computerunterstützte Systeme in Fertigung und/oder Montage).[125]

Im folgenden werden die Produktionsabläufe unter Berücksichtigung der angrenzenden Unternehmungsbereiche Konstruktion, Rechnungswesen, Beschaffung und Absatz aufgezeigt.

2.1. Gestaltung der Produktionsabläufe

Die Abläufe in der Produktion werden maßgeblich bestimmt durch die Vorgaben aus der Konstruktion. Die Konstruktion leistet die Vorarbeit für die Fertigung im Hinblick auf die Gestaltung der Produkte. Aufgaben der Konstruktion sind die Herstellung von technischen Zeichnungen, Arbeitsplänen, Stücklisten, NC-Steuerinformationen und Prüfplänen.[126]

Es ist bekannt, daß ein hoher Prozentsatz (ca. 70-80%) der Kosten der Erzeugnisse bereits bei der Konstruktion festgelegt wird.[127]

Die Produktionsplanung und -steuerung als Bindeglied der Fertigung zu Beschaffung und Absatz ermittelt das Produktionsprogramm der Enderzeugnisse. Die daraus erstellten Fertigungsaufträge werden über die Arbeitsvorbereitung an die Fertigung weitergegeben.

2.1.1. Produktionsplanung und -steuerung

Die Produktionsplanung befaßt sich mit der Produktionsgestaltung. Die Produktionssteuerung umfaßt alle Entscheidungen und Maßnahmen, die unmittelbar vor, während und nach der Durchführung eines vorgegebenen Produktionsplanes notwendig

---

[124] Die Fertigung als Produktion im engeren Sinne umfaßt alle mit der Produktfertigung befaßten Tätigkeiten, also Fertigung, Montage und Qualitätssicherung sowie die Werkstattsteuerung.

[125] Vgl. Hackstein/Einsatz/12;
vgl. Spur/Zeichnungserstellung/9.

[126] Vgl. Spur/Zeichnungserstellung/9.

[127] Vgl. Scheer/Heft 40/4f.

sind.[128] Hier sind u.a. Primärbedarfsplanung, Material- und Zeitwirtschaft zusammengefaßt.[129]

Die Festlegung des Produktionsprogramms für Enderzeugnisse erfolgt im Rahmen der Planung des Primärbedarfs, also dem "absatzbestimmten Bedarf an Fertigprodukten und Ersatzteilen"[130]. Die geplanten Produktionsmengen der Enderzeugnisse werden mit Hilfe von Stücklisten[131] in Fertigungsaufträge für Baugruppen[132] und Beschaffungsaufträge für Materialien aufgelöst.

Gemäß der zweistufigen Fertigung bei PRODU bestehen Strukturstücklisten aus zwei Hierarchiestufen, so daß Baukasten- und Strukturstücklisten bei PRODU identisch sind.[133] In den Stücklisten sind jeweils die Hauptbestandteile der Produkte, für die auch die Fertigungsablaufpläne vorliegen, enthalten. Unter TPxSONST[134] verbergen sich alle Kaufteile und geringfügige Kleinteile, die als Lagerware vorliegen. Die Baukästen der Produkte bei PRODU werden später im Modell als Teilprodukte identifiziert.

2.1.2. Arbeitsvorbereitung

Die Arbeitsvorbereitung übernimmt die Feinterminierung der von der Material- und Zeitwirtschaft der Produktionsplanung freigegebenen Fertigungsaufträge und die Zuordnung zu den betrieblichen Teilbereichen, also Kostenstellen. Zusätzliche Funktionen sind Zusammenstellung der Fertigungsunterlagen (z.B. Fertigungsablauf- und Arbeitsplan, NC-/CNC-Programme), Konstruktion von Betriebsmitteln, NC-Programmierung und Steuerung der Instandhaltung.[135] Das Ergebnis sind auftragsunab-

---

128 Wagner/Produktionssteuerung HdB

129 Vgl. Hackstein/Einführung/106ff;
vgl. Scheer/Planungssysteme/3ff;
vgl. Spur/Zeichnungserstellung/20ff
vgl. Scheer/Architektur/21ff.

130 Tempelmeier/Material-Logistik/7.

131 Zu den unterschiedlichen Arten und Verwendungen von Stücklisten
vgl. Tempelmeier/Material-Logistik/102ff;
vgl. Heinen/Industriebetriebslehre/406ff;
vgl. Spur/Zeichnungserstellung/20.

132 Zur Baugruppe
vgl. Heinen/Industriebetriebslehre/410.

133 Vgl. Baukastenstücklisten von PRODU im Anhang X.2.1.

134 Vgl. Baukastenstücklisten von PRODU im Anhang X.2.1

135 Vgl. Scheer/Architektur/21ff.

hängige Datenträger, aus denen eindeutig hervorgeht, woraus, wie, in welcher Folge, womit und in welcher Zeit ein Erzeugnis gefertigt werden soll.[136]

Die Fertigungsfolge jedes (Teil-)Produktes ist in Fertigungsablaufplänen[137] zusammengestellt, die "die wesentlichen technischen und wirtschaftlichen Daten über die Herstellung der Teile und Enderzeugnisse" enthalten[138]. Neben der Spezifikation der Fertigungsanlage sind hier der Fertigungsort und die einzelnen Fertigungszeiten zusammenfaßt.

Zwischen Arbeitsvorbereitung und Fertigung vollzieht sich der Informationsfluß "durch Austausch von technologischen und organisatorischen Daten zwischen der Arbeitsvorbereitung und dem Fertigungsprozeß. Entsprechend der Richtung des Informationsflusses ist zwischen Steuer- und Rückmeldedaten zu unterscheiden. Zu den technologischen Steuerdaten gehören Angaben zur Bearbeitung der Werkstücke. Rückgemeldete Daten umfassen Meß-, Prüf- und Überwachungsergebnisse. Sie geben Auskunft über die Qualität der gefertigten Teile und beschreiben den Zustand der Fertigungseinrichtungen. Organisatorische Vorgabedaten dienen der Steuerung des Prozeßablaufes. Die entsprechenden Rückmeldedaten werden zur Kontrolle von Vorgabezeiten, der Anzahl gefertigter Teile und der Verbrauchsmengen verwendet."[139]

Neben den Rückmeldedaten zum Fertigungsprozeß werden Daten zur Kostenermittlung zurückgemeldet. Hierzu gehören die Fertigungszeiten zur Ermittlung der Anlagekosten und die Arbeitszeiten der Mitarbeiter inclusive Angaben über die Art der Arbeitszeiten, beispielsweise Überstunden. Diese Rückmeldedaten bilden die Schnittstelle zwischen der Fertigung und der Kostenrechnung als Teilbereich des Rechnungswesens der Unternehmung. In der ADV-gestützten Informationswirtschaft erfolgt die möglichst kontinuierliche bzw. synchrone Erfassung mittels Einrichtungen der Betriebsdatenerfassung (BDE-Terminals).

---

136 Vgl. Spur/Zeichnungserstellung/23.

137 Vgl. Anhang X.2.2.
In der Literatur wird der Begriff Arbeitsplan statt Fertigungsablaufplan verwandt. In dieser Arbeit wird eine Unterscheidung zwischen den beiden Begriffen getroffen. Der Arbeitsplan enthält die fertigungsrelevanten Abläufe einer Fertigungsstufe. Demgegenüber enthält der Fertigungsablaufplan die Gesamtübersicht zur Fertigung eines Produktes, Teilproduktes etc.

138 Heinen/Industriebetriebslehre/388.

139 Spur u.a./Planung/22.

2.1.3. Logistik und Lagerung

Eng verbunden mit der Fertigung und in seiner Strukturierung von dieser abhängig ist der Logistikbereich der Unternehmung mit seinen Aufgaben Transport, Lagerung, Materialhandhabung und Verpackung.[140]

Die Materiallogistik beinhaltet alle Aktivitäten, die sich auf den räumlichen, zeitlichen und mengenmäßigen Transfer der in der Produktion eingesetzten Verbrauchsfaktoren beziehen, von den Lieferanten bis zur Verarbeitung in einem Produktionsprozeß bzw. bis zur Einlagerung im Fertigproduktlager einer Unternehmung. Zur Überbrückung der räumlichen, zeitlichen und mengenmäßigen Differenzen zwischen Nachfrage und Angebot sind die Verrichtungen der Lagerung, des Transports sowie der Materialhandhabung und Verpackung durchzuführen, die ebenfalls durch Prozesse der Informationsverarbeitung gesteuert und kontrolliert werden. Die Materiallogistik schließt in diesem eng auf logistische Probleme abstellenden Sinn die Aufgabenbereiche der physischen Beschaffung (physische Versorgung) und der innerbetrieblichen Logistik ein. Sie bildet zusammen mit der physischen Distribution[141], als physischer Produktfluß der absatzfähigen Erzeugnisse zu ihren unmittelbaren Abnehmern, das Logistiksystem einer Unternehmung.[142]

Die logistische Kette des Materialflusses, begleitet durch den Informationsfluß, verläuft vom Rohmateriallieferanten über den Produzenten zum Abnehmer und der Informationsfluß zusätzlich vom Abnehmer zum Lieferanten.[143]

Ein wichtiger Bestandteil von Logistiksystemen sind die Lager der Unternehmung, die der Überbrückung von Zeitdivergenzen sowohl im Fertigungsprozeß als auch bei der Befriedigung von Kundenwünschen dienen. Änderungen in der Produktionsstruktur haben Auswirkungen auf die Unternehmungslogistik und hier insbesondere auch auf die Unternehmungslager. Bei der Planung der Unternehmungslager müssen sowohl die Ein- und Ausgangslager, beispielsweise Material- und Produktlager als auch die Zwischenlager einbezogen werden.[144]

---

140 Vgl. Tempelmeier/Beschaffung/320ff.

141 Vgl. Nieschlag/Marketing/370f und 418ff.

142 Vgl. Tempelmeier/Material-Logistik/1ff.

143 Vgl. Wildemann/Produktion/99f.

144 Vgl. Heinen/Industriebetriebslehre/323ff.
Marketing, Beschaffungs- und Absatzmarketing werden hier nicht weiter untersucht, obwohl auch in diesen Bereichen Wirkungen Rechnerunterstützter Fertigungssysteme zu beobachten sind, beispielsweise bezogen auf Produktqualitäten.

2.1.4. Fertigung

Der Fertigungsbereich umfaßt alle mit der Produktfertigung befaßten Tätigkeiten, also Fertigung, Montage und Qualitätssicherung sowie die Werkstattsteuerung.

Die Werkstattsteuerung ist abhängig von der Erzeugnisstruktur und der organisatorischen Gestaltung des Fertigungsbereichs. Sie stellt den Übergang von der Planungsphase zur Realisierungsphase dar. Aufgrund der geplanten Fertigstellungstermine werden Aufträge nach einer Verfügbarkeitsprüfung der benötigten Materialien, Baugruppen und Werkzeuge zur Fertigung freigegeben und anschließend vor den Betriebsmittelgruppen in eine planerisch sinnvolle, nach entsprechenden Regeln zu ermittelnde Reihenfolge gebracht.[145]

2.1.4.1. Organisatorische Gestaltung

Die organisatorische Gestaltung der Fertigung kann nach dem Verrichtungs- oder Erzeugnisprinzip erfolgen.

Orientiert sie sich nach den Verrichtungen, so spricht man von einer Werkstattfertigung. Die Maschinen und Einrichtungen werden nach den technologischen Verfahren z.B. Drehen, Fräsen, Härten, Schleifen geordnet.

Beim Erzeugnisprinzip orientiert sich die Fertigungsstruktur an den Produkten. Die Anordnung der Maschinen und Einrichtungen erfolgt nach dem Fertigungsablaufplan. Zu unterscheiden sind hier die Reihen- und Fließfertigung. Bei der Reihenfertigung durchlaufen die Werkstücke die Fertigungsmaschine losweise. Anschließend werden die Maschinen für ein anderes Los umgerüstet. Bei der Fließfertigung handelt es sich um eine örtlich fortschreitende, zeitlich bestimmte und lückenlose Folge von Arbeitsgängen. Zu unterscheiden sind hier eine Handfließstraße (z.B. Montagebänder im Automobilbau) und Maschinenfließbänder (z.B. Transferstraßen).[146]

Die Steuerung des Materialflusses innerhalb der Fertigung kann nach zwei Strategien erfolgen. Die Funktionsoptimierung jedes Gliedes der logistischen Kette[147] verfolgt das Ziel der Maximierung der Kapazitätsauslastung der Anlagen und des Personals bei vorgegebener Termineinhaltung bzw. Versorgungssicherheit. Die Flußoptimierung in der gesamten logistischen Kette hat zum Ziel, die Durchlaufzeiten des Material- und

---

[145] Vgl. Scheer/Wirtschaftinformatik/218.

[146] Vgl. Spur/Zeichnungserstellung/24.

[147] Ein Beispiel einer Logistikkette von der Produktion bis zum Absatz vgl. Scheer/Fertigungssteuerung/272.

Informationsflusses zu verkürzen, um auch bei niedrigen Beständen eine hohe Lieferfähigkeit gewährleisten zu können.[148]

Bei den Fertigungsarten sind Einzel-, Serien- und Massenfertigung zu unterscheiden. Bei der Einzelfertigung wird eine wirtschaftlich optimale Verkettung vorhandener Arbeitssysteme unter Verwendung weniger Vorrichtungen und Sonderwerkzeuge zusammengestellt. Hier liegt ein qualitativ und quantitativ hoher Personalaufwand vor. Bei der Serienfertigung werden Kleinserien (10 bis 100 Stück), Mittelserien (100 bis 1000 Stück) und Großserien (1000 bis 5000 Stück) unterschieden.

Im folgenden Kapitel werden einige ausgewählte Gestaltungsansätze für den Fertigungsbereich einer Unternehmung vorgestellt.

2.1.4.2. Ausgewählte Ansätze zur organisatorischen Gestaltung

Im Flexiblen Fließliniensystem erfolgt eine wahlfreie äußere Verkettung von Arbeitsplätzen, beispielsweise Werkzeugmaschinen und/oder Montageplätze, die örtlich nach unterschiedlichen organisatorischen Gesichtspunkten, bevorzugt nach dem Prinzip der Werkstättenfertigung (Verrichtungsprinzip) angeordnet sind. Die flexible Fließlinienfertigung gestattet die Bearbeitung unterschiedlicher Lose an beliebig miteinander zu verknüpfenden Arbeitsplätzen. Als Zwischenpuffer wird das Zentrallager verwendet, so daß das flexible Fließliniensystem jeweils Lager, Maschine, Lager, Maschine usw. umfaßt.[149] Hier kann eine sinnvolle Verkettung über Fahrerlose Transportsysteme (FTS) erfolgen.

Beim hannoverschen Trichtermodell und der belastungsorientierten Auftragsfreigabe handelt es sich um einen in sich geschlossenen logistischen Ansatz der Fertigungssteuerung für die nach dem Werkstättenprinzip organisierte Einzel- und Serienfertigung variantenreicher Produkte. Ausgehend von der Überlegung, daß die mittlere Durchlaufzeit durch ein Arbeitssystem um so höher ist, je höher der mittlere Bestand ist und um so niedriger, je höher die mittlere Leistung ist, wird der gesamte Produktionsablauf unter dem Aspekt zunehmender Material- und informationstechnischer Verknüpfungen umorganisiert.[150]

Ziel der Fertigungssegmentierung ist es, ein produktbezogenes, möglichst variables Layout der Fertigung zu erreichen.[151] Mehrere Stufen der logistischen Kette eines

---

[148] Vgl. Wildemann/Steuerung/182f.

[149] Vgl. Elbracht u.a./Fließliniensystem/75.

[150] Vgl. Wiendahl/Fertigungssteuerung/Vorwort;
vgl. Wiendahl/Auftragsfreigabe/34.

[151] Vgl. Wildemann/Wirtschaftlichkeit/9.

Produktes werden in einer Organisationseinheit zusammengefaßt, einschließlich der Übertragung indirekter Funktionen, insbesondere dispositiver Tätigkeiten, und der Kostenverantwortung.[152] Die Segmentierung kann vertikal/produktorientiert durch Trennung der logistischen Kette für unterschiedliche Produkte oder horizontal/verrichtungsorientiert durch Aufteilung nach Produktionseinheiten innerhalb der logistischen Kette[153] erfolgen. Unterschiedliche Prinzipien der Segmentierung können dabei zugrundegelegt werden: Flußoptimierung, kleine Kapazitätsquerschnitte in jeder Fertigungsstufe, räumliche Konzentration von Betriebsmitteln mit variablem Layout, selbststeuernde Regelkreise, Selbstkontrolle der Qualität, Komplettbearbeitung von Teilen und Baugruppen, Entkopplung von Mensch und Maschine sowie produktionssynchrone Beschaffung.[154]

2.2. Produktionsabläufe bei PRODU

Bei PRODU wird eine Einzel- bis Mittelserienfertigung durchgeführt.

Grundlage der Produktionsprogrammplanung ist der vom Vertrieb erstellte Absatzplan. Daraus wird ohne Berücksichtigung der Fertigungskapazität der 12-monatige Produktionsplan erstellt. Dieser Planung liegt die Annahme unbegrenzter Fertigungskapazitäten zugrunde. Engpässe, die sich bei der Durchführung dieser Produktionspläne ergeben, müssen dann durch Kapazitätsschaffung oder durch Fremdfertigung überbrückt werden. Mit steigenden Absatzmengen und damit verbundener, steigender Auslastung der Fertigungskapazität wird diese Form der Produktionsplanung einem vorhersehbaren Fertigungsablauf, insbesondere auch im Hinblick auf Terminvorhersagen und -einhaltungen verstärkt zuwiderlaufen.

Über Stücklistenauflösung des Produktionsplanes und unter Berücksichtigung der Lagerbestände erfolgt die Materialbedarfsplanung einschließlich der Erstellung der Fertigungs- und Bestellaufträge.

In der Arbeitsvorbereitung erfolgt die Freigabe der Operationen für die Werkstatt über ein 4-stufiges, statisches Prioritätensystem.

1 Aufträge höchster Priorität, für die alle Betriebsmittel sofort zur Verfügung gestellt werden und unter Umständen laufende Operationen unterbrochen werden
2 Manuell auf Kundentermin geplante Aufträge, die ohne Übergangszeiten (Wartezeiten) terminiert werden

152 Vgl. Wildemann/Fabrik/7.

153 Vgl. Wildemann/JIT/121.

154 Vgl. Wildemann/Investitionsplanung/passim.

3 Sonderaufträge
4 Serienaufträge

Bei der Freigabe der Operation werden die erforderlichen Materialkomponenten fest reserviert und die Arbeitspapiere, also Lohn-, Transportschein und Arbeitsplan ausgedruckt.

Die Reihenfolge der Bearbeitung der Operationen in den einzelnen Belegungsgruppen liegt in der Verantwortung des zuständigen Meisters. Die Rückmeldung der Fertigstellung erfolgt durch Abgabe des Lohnscheines. Daraufhin wird manuell der Status des Fertigungsauftrages verändert, der Auftrag wird als fertig verbucht. Die Gutstückzahl wird in der Qualitätssicherung ermittelt.

Das Bedienungspersonal wird jeweils einer Maschine zugeordnet, Gruppen- oder Teamarbeit ist nicht eingeführt.

Die Gestaltung der Fertigung vor Einführung von Rechnerunterstützten Fertigungssystemen ist als flexibles Fließliniensystem verrichtungsorientiert.

Mit der Fertigungsumstellung durch Einführung von RFS erfolgt die Ausrichtung auf eine Erzeugnisorientierung mit einer Reihenfertigung. Beeinflußt wird diese Umstellung durch den verfolgten Ansatz der produktorientierten Fertigungssegmentierung nach dem Prinzip der räumlichen Konzentration der Betriebsmittel.[155]

3. Rechnerunterstützte Fertigungssysteme als ein wichtiger Produktionsfaktor

Schwerpunkt der Fertigungsumstellung ist die Einführung Rechnerunterstützter Fertigungssysteme.

In der Literatur sind die Begriffe Flexibles Fertigungssystem (FFS) oder Flexible Manufacturing System (FMS) weit verbreitet. Aber auch andere Begriffe wie z.B. Flexible Fertigungsstraße, Flexible Fertigungszelle oder Flexible Fertigungslinie werden häufiger genannt.[156] Die Abgrenzungen der Fertigungskonzepte sind fließend und ihre Bezeichnungen nicht immer eindeutig und einheitlich.

---

[155] Zur Fertigungssegmentierung vgl. Abschnitt II.2.1.4.2.

[156] Eine Übersicht über die in der Literatur vewendeten Begriffe und Abgrenzungen findet sich bei Wildemann/FFS/3,7-10.

3.1. Zum Begriff Rechnerunterstütztes Fertigungssystem (RFS)

In diesem Kapitel erfolgt schrittweise eine Präzisierung des Begriffes Rechnerunterstütztes Fertigungssystem (RFS), wie er bei PRODU verstanden wird.

Ein Fertigungssystem umfaßt die Summe aller Verfahren und Einrichtungen, die Werkstücke von einem Ausgangszustand in einen Endzustand überführen.[157]

In einer Produktionsunternehmung können unterschiedlich umfangreiche Fertigungssysteme hierarchisch geordnet werden. Die kleinste Einheit, ein Fertigungssystem 1. Ordnung, kann eine einzelne Werkzeugmaschine sein, beispielsweise Dreh-, Fräs- oder Bohrmaschine einschließlich Bedienungspersonal. Fertigungssysteme 2. Ordnung bilden mehrere aufeinander abgestimmte Fertigungssysteme 1. Ordnung, die die vollständige Bearbeitung eines Werkstücks oder einer Werkstückfamilie ermöglichen. Die Einbeziehung weiterer für die Fertigungsaufgabe notwendiger Einrichtungen führt zu Fertigungssystemen 3. Ordnung. Zu den notwendigen Einrichtungen gehören Zwischenlager, Werkzeugvoreinstellplätze, Werkzeugzuführung und Montageplätze. Das Fertigungssystem 4. Ordnung umfaßt schließlich das gesamte Produktionssystem der Unternehmung. Hier werden also auch die Rohteil- und Fertigwarenlager, Werkzeuglager, Werkzeugverwaltung und die Fertigungssteuerung mit erfaßt.[158] Nicht zu den Fertigungssystemen zählen die Bereiche F&E (Produktplanung und -entwicklung), Beschaffung (Rohstoffe, Material, Personal etc.), Fertigungsplanung, Absatz und Verwaltungsbereiche.

Bei der konventionellen Fertigung übernimmt das Bedienungspersonal die Steuerung der Maschine. Alle für die Fertigung benötigten Informationen, also Maße und andere Bearbeitungskennwerte, wie Vorschub und Drehzahl, werden direkt an der Maschine eingestellt.[159]

Bei der automatisierten Fertigung wird die Steuerung der Fertigungsmaschinen durch automatische Datenverarbeitung (ADV) unterstützt. Bei NC-Maschinen (NC = numerical control) ist die Steuerung fest codiert ("verdrahtet"). Das Fertigungsprogramm mit den weiteren Informationen, unter anderem den Maßen, wird über einen Lochstreifen eingegeben. Flexiblere Handhabung ermöglichen computerunterstützte numerisch gesteuerte CNC-Maschinen (CNC = computerized numerical control). Die Programme können direkt an der Maschine eingegeben und geändert oder wie

---

[157] Vgl. Wildemann/FFS/3;
vgl. Graumann/Anwendung/446f.

[158] Vgl. Scharf/Fertigungssysteme/12f.
Vgl. Wildemann/FFS/3.

[159] Vgl. Wildemann/Fertigungssysteme/37.

bei der NC-Maschine über einen Lochstreifen eingelesen werden, stehen dann aber zur Bearbeitung im Speicher zur Verfügung. Eine weitere Flexibilisierung wurde mit dem DNC-System (DNC = direct numerical control) erreicht, bei dem mehrere NC- bzw. CNC-Maschinen mit einem Rechner verbunden sind. Über diesen zentralen Rechner erfolgt die Erstellung, Bearbeitung, Verwaltung und zeitgerechte Zuordnung der NC-Programme.[160]

Die Unterstützung der Fertigung mit automatischer Datenverarbeitung ermöglicht die Einbindung der Fertigungsmaschinen in das Informationssystem der Unternehmung.[161] Die zur Fertigung erforderlichen Input-Daten, beispielsweise Fertigungsablaufpläne, werden von der Arbeitsvorbereitung voll- oder teilautomatisch an die Fertigungsmaschinen weitergegeben. Die Fertigungsdaten, wie zum Beispiel Fertigungszeiten oder -termine, werden über die Betriebsdatenerfassung an die Produktionsplanung und -steuerung zurückgegeben, die sie dann an weiterverwendende Bereiche leitet, zu denen insbesondere die Verwaltungsbereiche gehören.

In der vorliegenden Arbeit werden Rechnerunterstützte Fertigungssysteme (RFS) wie folgt beschrieben:

> Rechnerunterstützte Fertigungssysteme sind Fertigungssysteme unterschiedlicher Ordnung, die einem integrierenden, ADV-gestützten Informationssystem untergeordnet sind.

Die Systematisierung der Rechnerunterstützten Fertigungssysteme erfolgt in Anlehnung an die Fertigungssysteme 1. bis 4. Ordnung.

3.2. Die organisatorische Gestaltung Rechnerunterstützter Fertigungssysteme

RFS können ein- oder mehrstufig oder kombiniert aufgebaut sein.[162] Einstufige RFS bestehen aus sich ersetzenden Bearbeitungsstationen, die alle über die gleichen Bearbeitungsfunktionen verfügen. Sie werden hauptsächlich für die einstufige Fertigung eingesetzt. Demgegenüber ist ein mehrstufiges RFS mit seinen sich ergänzenden Bearbeitungsstationen für eine mehrstufige Bearbeitung von Werkstücken geeignet. Jede Bearbeitungsfunktion muß mindestens einmal enthalten sein und der Durchlauf erfolgt in einer festgelegten Reihenfolge. Hauptmerkmal der kombinierten RFS ist, daß ein Arbeitsgang wahlweise auf technologisch unterschiedlichen Bearbeitungsstationen durchgeführt werden kann. Sie können aus ein- und mehrstufigen RFS sowie Sondermaschinen bestehen. Entscheidend für die Einstufung als RFS ist, daß die Bearbei-

---

[160] Vgl. Scheer/Wirtschaftsinformatik/313f und Scheer/CIM/47f.

[161] Vgl. Pfeifer, Stölben/Networks/397.

[162] Vgl. Wildemann/FFS/109.

tungsstationen untereinander und das RFS insgesamt in das übergeordnete Informationssystem integriert sind.

Die Prozeßanlage als zentrale Bearbeitungseinrichtung der Werkstücke kann eine Werkzeugmaschine mit Bedienungspersonal, eine NC- oder CNC-Maschine, ein Bearbeitungszentrum oder eine Zusammenstellung aus vorgenannten Fertigungsmaschinen sein. Hinzu kommen Peripherieanlagen, die die Hauptfunktionseinrichtungen logistisch unterstützen. Zu den Peripherieanlagen gehören z.B. Werkstückspeicher, Werkstückzuführung, Werkzeugspeicher, Werkzeugzuführung, Werkzeugvoreinstellung und Werkzeugkorrektur.

Bei einem Bearbeitungszentrum können alle Funktionen oder Teile der Peripherie bereits im Zentrum integriert sein.[163]

Die Bestückung der Fertigungsmaschinen erfolgt entweder manuell oder mit Handhabungsgeräten, also Industrierobotern. Die Aufgabe besteht darin, Werkstücke in richtiger Anzahl, in definierter Lage, sowie zu einem bestimmten Zeitpunkt an einen bestimmten Ort im Bereich des Fertigungssystems zu bringen oder sie an einem Ort zu speichern.[164] Handhabungsmaschinen sind damit das mechanische Bindeglied zwischen der Werkzeugmaschine und den Speichern.[165]

Die Verbindung zwischen den Speichern und Lagern wird durch das Logistiksystem der Unternehmung hergestellt. Als Transportsysteme können Palettenförderer, Kettenförderer oder freiansteuerbare Förderer dienen.[166]

3.3. Bei PRODU realisierte und geplante Ansätze Rechnerunterstützter Fertigungssysteme

Die Fertigungsumstellung wird mit der Realisation zweier, einstufiger Rechnerunterstüzter Fertigungssysteme 1. und 2. Ordnung eingeleitet. Nach vollständiger Umstellung des Fertigungsbereichs sollen vier RFS eingesetzt sein. Neben den vier produktbezogenen RFS wird zusätzlich ein Werkstattbereich beibehalten, der funktional organisiert ist. Damit wird ein zusätzliches Sicherheitspotential bei Betriebsmittelausfall oder kurzfristigem, drastischem Kapazitätsmehrbedarf geschaffen. Standardaufgabe des Werkstattbereichs ist die Fertigung von Sonderaufträgen und Nacharbeiten bei fehlerhafter Fertigung. Auch der Werkstattbereich wird dem Fertigungs-

---

[163] Vgl. Kistner u.a./Production/64; vgl. Wildemann/FFS/18.

[164] Vgl. Scharf/Fertigungssysteme/39.

[165] Vgl. Spur/Industrieroboter/16, 19, 121.

[166] Vgl. Wildemann/FFS/19.

leitsystem und damit dem unternehmungsübergreifenden Informationssystem untergeordnet.

Einen Überblick über die zukünftige Gesamtkonzeption[167] des Fertigungsbereichs liefert die Beschreibung der vier produktbezogenen RFS.

- RFS1

Die Bearbeitung der Produktgruppe P1 erfolgt auf teilweise erst zwei Jahre alten und großteils manuell gesteuerten Spezialmaschinen. Eine Umstellung auf Anlagen, die mehrere Fertigungsschritte integriert bearbeiten, ist technisch und unter Kostengesichtspunkten zur Zeit nicht sinnvoll. Daher sollen alle benötigten Anlagen inclusive der Montageplätze örtlich zusammengefaßt und durch ein Informationssystem verbunden werden.

- RFS2

Für die Produktgruppe P2 wurde das Rechnerunterstützte Fertigungssystem RFS2 installiert, das die Fertigung ausgewählter Teilprodukte übernimmt. Von den drei bei PRODU gefertigten Teilprodukten übernimmt das RFS2 ein Teilprodukt, die beiden anderen Teilprodukte werden weiterhin konventionell gefertigt. Zusätzlich benötigte Teilprodukte werden wie bisher zugekauft.

Bestandteil des Fertigungssystems ist ein Bearbeitungszentrum mit Werkzeugspeicher, Maschinenpalettenspeicher, Werkstückspannsystem, Handlingsystem, Werkstückspeicher, Werkstückreinigungseinrichtung, Werkstückmeßeinrichtung und Werkstückausschleussystem. Angeschlossen wird eine Meßstation zur Qualitätskontrolle.[168] Hinzu kommt für den innermaschinellen Transport der Werkstücke ein Handhabungssystem.

Das System ist so ausgelegt, daß eine dritte, personalarme Schicht gefahren werden kann.

Der Ablauf der Vorgänge innerhalb des RFS2 ist vollautomatisch. Alle Angaben zum Produktionsprogramm sowie alle notwendigen Fertigungsdaten werden über das Fertigungsleitsystem an die Maschine weitergegeben.

---

[167] Zum Verfahren der Leistungsanalyse Flexibler Fertigungssysteme vgl. Tempelmeier/Leistungsanalyse/passim.

[168] Zu Aufgaben und Methoden der Qualitätskontrolle vgl. Hahn, Laßmann/Produktionswirtschaft1/174ff.

Der innermaschinelle Transport erfolgt über einen Industrieroboter, der das Bearbeitungssystem automatisch bestückt und entsorgt. Der Werkstückspeicher hat eine Kapazität von einer Schicht, also ca. 8 Stunden. Der Werkstückspeicher wird von außen mit vorgespannten Euro-Paletten versorgt.

- RFS3

RFS3 für die Produktgruppe P3 vereinigt sowohl die Fertigung des gesamten Produktes unter Einbeziehung der Kaufteile als auch Qualitätskontrolle und Montage.

In seiner letzten Ausbaustufe besteht RFS3 aus zwei identischen Bearbeitungszentren mit Kühlmittelanlage, Werkzeugspeicher und Palettenspeicher. Der systeminterne Transport erfolgt vollautomatisch. Zusätzlich ist ein Platz für die Qualitätskontrolle integriert. Örtlich zugeordnet ist ein separater Montageplatz.

Bestandteil von RFS3 ist ein systeminternes Fertigungsleitsystem[169], das den Fertigungsablauf steuert. Über dieses Fertigungsleitsystem ist RFS3 mit dem Fertigungsleitsystem der Produktion verbunden und damit an das PPS-System (Produktionsplanungs- und -steuerungssystem) von PRODU angeschlossen.

- RFS4

In einem eigens dafür erstellten Gebäude wird der gesamte Fertigungsbereich für die Produktgruppe P4 vom Wareneingangslager bis zum Fertigwarenlager eingerichtet.

RFS4 vereint Lagerflächen, Transportwege, Fertigungsstellen, Qualitätskontrolle und Montage. Hier werden die Prinzipien der kurzen Wege und Produktorientierung am intensivsten verfolgt. Der CIM-Gedanke zur integrativen Zusammenführung aller Unternehmungsbereiche mit einem einheitlichen Informationssystem wird hier für eine Produktgruppe umgesetzt.

Die bei PRODU geplanten und realisierten RFS decken ein großes Spektrum Rechnerunterstützter Fertigungssysteme unterschiedlicher Ordnung ab.

4. PRODU als empirische Basis der Unternehmungsmodellierung

Die Frage nach einer typischen Produktionsunternehmung kann nur bezüglich bestimmter Kriterien beantwortet werden. Jede Unternehmung ist im Hinblick auf die

---

[169] Zu Stand und Entwicklungstendenzen von Leitständen vgl. Hars, Scheer/Stand/passim.

Erreichung ihrer Unternehmungsziele in dem vorgegebenen Rahmen aus Unternehmungszweck und den Aktivitäten mit ihrer Umwelt einmalig.

Die Besonderheiten von PRODU liegen zum einen in der Produktpalette. Produktion und Vertrieb der High-tech-Produkte bedürfen einer hohen Material- und Fertigungsqualität.

Die Erschließung neuer Märkte bedingt die Bereitschaft zur Anpassung der Produkte an die individuellen Bedürfnisse der Käufer. Diese Tendenz zu einer verstärkten Kundenorientierung wird von vielen Unternehmungen als strategische Zielsetzung formuliert.[170]

Unternehmungsorganisation und -prozesse von PRODU sowie die installierten und geplanten Rechnerunterstützten Fertigungssysteme unterschiedlicher Ordnung können in dieser oder ähnlicher Form auch in anderen Produktionsunternehmungen beobachtet bzw. eingesetzt werden.

Damit sind die bei PRODU beobachteten Prozesse auf andere Unternehmungen übertragbar.

Voraussetzung für die Darstellung und Analyse der Wirkungen der Rechnerunterstützten Fertigungssysteme ist ein umfassendes, handhabbares Unternehmungsmodell. Dieses semantikreiche Unternehmungsmodell[171] wird im folgenden Kapitel ausgehend von den Gegebenheiten bei PRODU entwickelt.

---

[170] Vgl. Ebel/Erfolgsfaktor/645 und passim.

[171] Vgl. Walther/Orientierung/90.

III. Aktivitätennetze zur Beschreibung von Unternehmungen

Nachdem in Kapitel II ein Ausschnitt aus der komplexen Realität am Beispiel der Modellunternehmung PRODU aufgezeigt wurde, wird in Kapitel III eine Methodik zur Erfassung und Analyse des Unternehmungsprozeßverbundes gesucht.

Nach der Darstellung ausgewählter Methoden zur Beschreibung von Unternehmungsprozessen wird eine eigene Methodik entwickelt, deren zentraler Gedanke die Vernetzung der Unternehmungsprozesse ist.

Als Methoden zur Netzdarstellung und -analyse werden Netzpläne und Petri-Netze untersucht.

Vorab werden einige Grundbegriffe der Modellierung geklärt.

1. Begriffsdefinitionen

Die in dieser Arbeit verwendeten Begriffe Methode, Instrument, Modell, Simulation und Szenario werden hier näher beschrieben. Die Grenzen zwischen den einzelnen Begriffen sind häufig fließend, so daß die Definitionen jeweils die Begriffsschwerpunkte erfassen.

1.1. Methode und Instrument

Methoden sind "endliche, geordnete Regelsysteme, die Klassen von Operationen bzw. Operationsfolgen beschreiben. Sie sind auf die gedankliche Lösung von Problemsituationen (bzw. deren Modelle) gerichtet."[172]

Instrumente sind die Hilfsmittel, die zur Darstellung und damit Realisation von Methoden und Modellen dienen.

Methodische Grundlagen der eigenen Methodik sind unter anderem Petri-Netze und der entwickelte R-Zyklus. Instrument ist die rechnerunterstützte Darstellung und Simulation von Petri-Netzen mit CPN.[173]

---

[172] Szyperski, Winand/Grundbegriffe/131, Planungsmethoden; vgl. Löhr-Richter/Methodologie/40.

[173] Zu den eingesetzten Methoden und Instrumenten vgl. Abschnitte III.5. und IV.

1.2. Modell, Simulation und Szenario

Ein Modell bezeichnet eine subjektiv begündete, zweckorientierte, in der Regel auf das Wesentliche reduzierte und abstrahierte sowie raum-zeitlich nur beschränkt akzeptierte Abbildung eines Orginalsachverhaltes.[174]

Unter Simulation wird der wiederholte Ablauf eines Modells unter sich ändernden Bedingungen verstanden. Ziel von Simulationen ist die Bestimmung der Auswirkungen von Vorgaben und Variationen der exogenen Variablen und Parameter auf die endogenen Variablen des Modells. Mit den Simulationsdaten wird auf das Verhalten des abgebildeten Systems geschlossen, um so eine Vorbereitung und Fundierung von Entscheidungen zu erreichen.[175] Die Robustheit der gefundenen Lösungen kann durch Sensitivitätsanalysen, die den Einfluß einzelner Variablen auf die Modellösung untersuchen, bestimmt werden.[176]

Die inhaltliche Zusammenstellung der exogenen und endogenen Variablen und Parameter bildet ein Szenario. Mit Hilfe des Szenario-Schreibens (Scenario-Writing)[177] soll aufgezeigt werden, wie aus einem vorgebenen Zustand in logischen, also durch das Modell repräsentierten Folgeentwicklungen zukünftige Zustände entstehen können.[178] Der Einsatz des Scenario-Writing liegt beispielsweise in der Problemformulierung, der Alternativengenerierung und in der Unterstützung des Zielbildungsprozesses.[179]

Fester Bestandteil aller Szenarien ist das mit Petri-Netzen dargestellte Modell. Bei den Simulationen werden die Eingangsdaten variiert, beispielsweise Änderung der Fertigungsstruktur unter Verwendung von RFS oder unterschiedliche Absatzpläne der

---

[174] Vgl. Szyperski, Winand/Grundbegriffe/131;
vgl. Schmitz, Schönlein/Optimierungsmodelle/1f;
vgl. Sturm/Operations Research/12f.

[175] Vgl. Sturm/Operations Research/119f;
vgl. Szyperski, Winand/Grundbegriffe/161.

[176] Vgl. Szyperski, Winand/Grundbegriffe/161.

[177] Vgl. Geschka, Hammer/Szenario-Technik/passim;
vgl. Scharioth/Prognosen/passim, der Visions-, Megatrend-, "Direct-Writing"-, Modellorientierte-, Determinierte und Umfeldszenarien unterscheidet.

[178] Vgl. Gomez, Probst/Denken/25ff, die ein praktisches Beispiel geben.

[179] Vgl. Pfohl/Planung/168f;
vgl. Szyperski, Winand/Grundbegriffe/160f.
vgl. Comelli/Training/287f;

Produkte. Mit dem paarweisen Vergleich gleichartiger Szenarien[180] werden unterschiedliche Zielbündel in der Wirkungsanalyse untersucht.

Vor der Entwicklung der eigenen Methodik werden im folgenden Abschnitt Modelle zur Beschreibung von Unternehmungsprozessen untersucht.

2. Methoden und Modelle zur Beschreibung der Unternehmungsprozesse

Ausgewählt wurden die betriebswirtschaftliche Input-Output-Analyse als Vertreter von Modelltypen, die auf Produktionsfunktionen[181] basieren und die lineare Programmierung als Vertreter von Operations Research Modellen.

Mit den Produktionsnetzwerken werden Aktivitätspfeilnetze untersucht, die auf das Konzept der Aktivitätsanalyse zurückzuführen sind.

Die in diesem Abschnitt beschriebenen Modelle der Unternehmungsbeschreibung werden auf ihre Anwendbarkeit für die vorliegende Aufgabenstellung untersucht.

2.1. Betriebswirtschaftliche Input-Output-Analyse

Die betriebswirtschaftliche Input-Output-Analyse überträgt die makroökonomisch orientierten Input-Output-Modelle von Leontief auf die Produktion der Unternehmung.

Die BWIO-Analyse ist eine "Methodik bzw. ein Modellierungssystem zur empirisch fundierten qualitativen und quantitativen Erfassung, Beschreibung, Auswertung und Prognose von *Wirkungszusammenhängen* zwischen Gütereinsatz und -erzeugung, d.h. von Input und Output, vernetzter betrieblicher Potential- bzw. Prozeßsysteme (allg.: Leistungsstellen) und ihrer Umweltsysteme."[182]

Grundgedanke dieser Modelle ist, daß bei festgelegter Produktionsstruktur einer Unternehmung die Produktionsbeziehungen aller Produktionsstellen durch sogenannte Transformationsfunktionen beschrieben werden können.[183]

---

[180] Zur Formulierung gleichartiger Szenarien
vgl. Geschka, Hammer/Szenario-Technki/255.

[181] Produktionsfunktionen bilden eine eindeutige Zuordnung zwischen den Einsatzgütermengen und den Ausbringungsgütermengen eines Produktionssystems.
Vgl. An/Aktivitätspfeilnetzwerke/3f und die dort angegebene Literatur.

[182] Matthes/BWIO/1813.

[183] Vgl. An/Aktivitätspfeilnetzwerke/4f.

Es sind keine Aussagen hinsichtlich einer effizienten Nutzung der Ressourcen und die Einbeziehung von technischem Fortschritt, Lerneffekten und zeitlicher Substitution im Laufe der Produktion möglich.[184]

Bei der Untersuchung der Wirkungen von Rechnerunterstützten Fertigungssystemen liegt ein Schwerpunkt der Betrachtung auf der Dynamik der Prozeßgestaltung, also der Änderung der Fertigungsstruktur. Neben den Wirkungen der RFS auf Input-Output-Zusammenhänge sind unter anderem auch Wirkungen hinsichtlich der Ressourcennutzung interessant.

2.2. Operations Research Modelle

Unter Operations Research wird die Vorbereitung von Entscheidungen unter Anwendung mathematischer Modelle verstanden. Zur Unterstützung des bewußten, zielgerichteten Handelns, insbesondere der Entscheidungen, kann die lineare Planungsrechnung (Linear Programming, LP) als ein wichtiger Vertreter von OR-Verfahren herangezogen werden.[185]

Bei der linearen Programmierung werden "lineare Zielfunktionen unter Beachtung linearer Nebenbedingungen, welche Beschränkungen oder Mindestanforderungen beinhalten, maximiert oder minimiert."[186]

Lösungsmethoden sind beispielsweise die Simplex-Methode zur Lösung von LP-Modellen mit kontinuierlichen Variablen oder das Branch-and-Bound-Verfahren zur Lösung von LP-Modellen mit diskreten Variablen. Für speziell strukturierte Probleme beispielsweise Transport-, Netzwerk- und Warteschlangenprobleme wurden weitere Lösungsansätze entwickelt.[187]

2.3. Produktionsnetzwerke

Produktionsnetzwerke basieren auf der Analyse der vernetzten Aktivitäten der Unternehmung. An exemplarischen Anwendungen werden drei Typen von Produktionsnetzwerken vorgestellt.

---

[184] Vgl. An/Aktivitätspfeilnetzwerke/6.

[185] Vgl. Müller-Merbach/Operations Research/1 und 88f;
vgl. Pressmar/LP-Models/passim.

[186] Sturm/Operations Research/18;

[187] Vgl. Müller-Merbach/Operations Research/passim;
vgl. Sturm/Operations Research/passim;
vgl. Schmitz, Schönlein/Optimierungsmodelle/passim.

Das Aktivitätsknotennetz[188] befaßt sich mit der Darstellung der Baustellenfertigung beim Schiffsbau. "The dynamic production function for shipbuilding is defined on a directed graph, the nodes of which represent production activities, as an activity analysis, connected by arcs which specify intermediate product transfers."[189]

Das Aktivitätspfeilnetz[190] beschreibt die Losgrößenfertigung mit Hilfe von Vorgangs-Pfeilnetzen. "Die Güterarten und die Güterbestände repräsentieren die Knoten des Netzwerks, dessen Pfeilen die Produktions-, Lagerungs- und Absatzaktivitäten zugeordnet sind."[191]

Die Aktivitätspfeilnetzwerke[192] basieren auf Flußnetzwerkmodellen, deren Knoten die Güterarten und -bestände und deren Pfeile die Flüsse der Güter als Aktivitäten repräsentiert durch Bewertungsfunktionen darstellen.[193] Die Bewertungsfunktion ist die Charakterisierung jeder Aktivität durch konstante Input- und Outputkoeffizienten.[194]

2.4. Grundlagen der eigenen Unternehmungs-Modellierung

Die Analyse der Unternehmungsaktivitäten als zentrale Bestandteile der Unternehmungsprozesse[195], Prozesse und deren Wechselwirkungen untereinander und damit die Darstellung von Prozessen mit Netzen ist der Grundgedanke der eigenen Modellierung.

Dabei ist die Abbildung des Produktionsbereiches einer Unternehmung Ausgangspunkt der eigenen Modellierung. Die dort entwickelten Modellbestandteile werden auf die gesamte Unternehmung übertragen, so daß ein Unternehmungsmodell entsteht, daß die Prozesse der Unternehmungsbereiche, aber auch den Unternehmungsprozeßverbund beinhaltet.

Der eigene Modellansatz bedarf daher eines offenen, evolutionären Ansatzes, der minimalen Beschränkungen unterliegt. Ein Ansatzpunkt wird in dem Verständnis der Unternehmung als Prozeßverbund mit dem Prozeßschwerpunkt auf den Aktivitäten gesehen. Die entwickelten Netze werden Aktivitätennetze genannt.

---

[188] Vgl. Shepard et al/Shipbuilding/passim.

[189] Shepard et al/Shipbuilding/627.

[190] Vgl. Wittmann/Ansätze/passim.

[191] An/Aktivitätspfeilnetzwerke/8.

[192] An/Aktivitätspfeilnetzwerke/9.

[193] Vgl. An/Aktivitätspfeilnetzwerke/53f.

[194] Vgl. An/Aktivitätspfeilnetzwerke/59.

[195] Vgl. Abschnitt II.1.1.

Dabei können BWIO-Modelle oder OR-Modelle für spezielle Fragestellungen in den Teilbereichen eingesetzt werden. Das entwickelte Unternehmungsmodell übernimmt die Funktion der Zusammenführung dieser Ansätze zu einem einheitlichen Gesamtmodell.

Eine Zuordnung von bestimmten Prozeßbestandteilen zu bestimmten Netzbestandteilen, beispielsweise Güter als Knoten und Aktivitäten als Pfeile, ist im Sinne des Modellanspruches zu eng gefaßt.

Basis der Unternehmungsmodellierung ist die Darstellung der Prozeßverbünde als Aktivitätennetze.

3. Unternehmungsprozeßverbund als Aktivitätennetz

Die Aktivitäten einer Unternehmung werden bereichsbezogen, individuell modelliert. Zusammen mit ihren Daten- und Reaktionsparametern ergeben sie die Prozesse der Unternehmung. Die Prozesse können nach unterschiedlichen Kriterien zu Prozeßverbünden zusammengefügt werden. So kann beispielsweise gemäß der organisatorischen Struktur eine Prozeßverbundstruktur von der Kostenstelle über die Bereiche bis hin zum Gesamtunternehmungsmodell entstehen.[196]

Bei der Modellierung der Prozesse und ihrer Verbünde sind die vielfältigen Beziehungen zu erfassen. Es entsteht eine komplexe Struktur, da jeder Prozeß mit jedem in Beziehung stehen kann.[197]

Gelingt die Abbildung dieser umfassenden Struktur mit ihren weitgreifenden Synergieeffekten und Divergenzen, so wäre die komplexe Struktur der Realität einer Abbildung zugeführt.

Die folgende Modellentwicklung basiert weiterhin auf dem Grundgedanken, daß das Unternehmungsgeschehen auf wenige formalisierte, jedoch umfassend anwendbare Aktivitätstypen zurückgeführt werden kann. Ausgangspunkt der Überlegungen ist der Fertigungsbereich der Modellunternehmung PRODU.

---

[196] Vgl. Abschnitt II.1.1.

[197] Scheer/Informationssysteme/11f.

3.1. Formalisierung der Aktivitäten in der Fertigung

Der Fertigungsprozeß wird von den Anforderungen der Produkte gesteuert. Aufbau und Fertigungsablauf der Produkte werden in der Konstruktion festgelegt und in Stücklisten niedergelegt.

Die Aktivitäten in der Fertigung bei PRODU können in die beiden Gruppen Teilproduktfertigung sowie Montage der eigen- oder fremdgefertigten Teile und Kaufteile unterteilt werden.

Bei einer mehrstufigen Fertigung werden vor der Montage des Endproduktes Zwischenprodukte (Baugruppen) montiert, die dann gegebenenfalls zusammen mit Einzelteilen zu Endprodukten montiert werden. Bei der zweistufigen Fertigung gehen die eigengefertigten Teilprodukte direkt in das Endprodukt ein. Auskunft über Struktur und Mengenverhältnisse der Produktbestandteile geben die unterschiedlichen Stücklisten.[198]

Am Beispiel der Netzdarstellung einer Kugelschreiberfertigung sollen die Fertigungsaktivitäten aufgezeigt werden.

Die Baukastenstückliste des Kugelschreibers umfaßt Kunststoffober- (O) und -unterteil (U), Mine (M), Feder (F), Spitze (S), Ring (R), Klipp (KL) und Knopf (KN). Kugelschreiberober- und -unterteil werden in Eigenfertigung hergestellt. Die anderen Teile werden fremdgefertigt oder gekauft.

Der Fertigungsablaufplan für das Kugelschreiber-Oberteil umfaßt einen Fertigungsschritt, den des Kunststoff-Spritzens mit Formteilen. Beim Kugelschreiber Unterteil folgt ein zweiter Fertigungschritt, der Beschriftungsvorgang, beispielweise ein Firmenname. Zu Beginn eines Fertigungsschrittes ist das Material oder Zwischenprodukt in dem maschinennahen Lager, beispielsweise einer Palette. Die gefertigten Teile werden in einem weiteren maschinennahen Lager, das auch aus einer Palette bestehen kann, gesammelt.

Im Kaufteillager werden die fremdgefertigten und gekauften Teile zusammengefaßt.

Sind alle Bestandteile des Kugelschreibers fertiggestellt oder geliefert, so werden die Fremdfertigungs- und Kaufteile als Komplettsatz ins Montagelager geliefert, in dem die eigengefertigten Teile bereits liegen. Alle Kugelschreiberbestandteile werden zu einem Kugelschreiber montiert und an das Endproduktlager geliefert.

---

[198] Tempelmeier/Material-Logistik/108f und Abschnitt II.2.

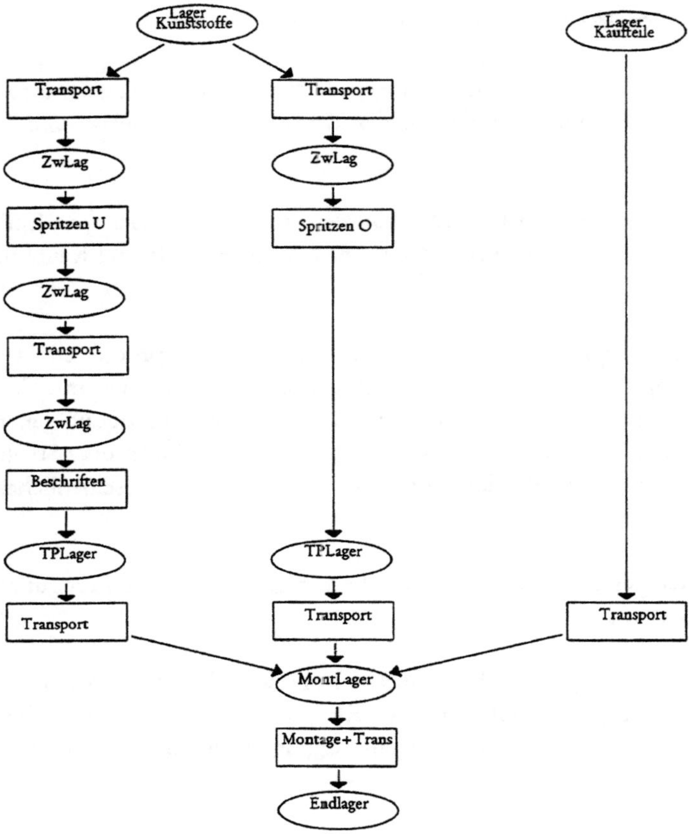

Abbildung 2: Kugelschreiberfertigung

Die einzelnen Fertigungsschritte des Spritzens, Beschriftens und Montierens werden an unterschiedlichen Maschinen und Standorten durchgeführt. Nach jedem Fertigungsschritt ist also ein Transportprozeß notwendig.

Die einzelnen Aktivitäten der Fertigung, also Spritzen, Beschriften, Montieren und Transportieren können in zwei Typ-Klassen geteilt werden. Die ersten drei Aktivitäten sind der Klasse der Veränderungsaktivitäten zuzurechnen. Dabei wird eine physikalische oder chemische Veränderung des Teilproduktes vorgenommen.

Die zweite Typklasse enthält Überbrückungsaktivitäten. Die Transportaktivität dient der lokalen Überbrückung zwischen zwei Veränderungsaktivitäten. Außerdem zählen hierzu auch zeitliche Überbrückungen. Diese setzen sich zusammen aus den Zeitverbräuchen in den Zwischenlagern (maschinennahe Lager oder Zwischenproduktlager) und der Dauer der Transportaktivität.

3.2. Unternehmungsprozesse in formalisierter Form

Die folgenden Überlegungen basieren auf der Vorstellung, daß die in der Fertigung beobachtbaren Aktivitätstypen auf die Gesamtunternehmung übertragen werden können. Sie werden daher im folgenden in verallgemeinerter Form dargestellt.

Aktivitäten, aufgefaßt als Aktionsparameter von Prozessen, dienen der Klassifizierung von Prozessen. Dabei ist der Aktivitätstyp Veränderung ausschlaggebend für den Prozeßtyp Transformation und die Überbrückungsaktivität führt zum Prozeßtyp Translation.[199]

Im weiteren Verlauf dieser Arbeit wird an ausgewählten Beispielen untersucht, inwieweit die Verallgemeinerung auf andere Unternehmungsbereiche zulässig ist.

3.3. Prozeßdarstellung mit formalisierten Prozeßtypen

Am Beispiel der Kugelschreiberfertigung wird deutlich, daß eine Netz-Darstellung von Fertigungsablaufplänen in der oben dargestellten, fest vercodeten Form sehr umfangreich wird.

Bei Unternehmungen mit mehreren Produkten oder Produktvarianten ist die Darstellung der Fertigungsabläufe aller Teilprodukte und Produkte in der vorgestellten Form nicht denkbar. Ein Gesamtnetz über alle Fertigungsablaufpläne, wie es für eine detaillierte Wirkungsanalyse notwendig ist, wäre nicht mehr überschaubar. Zudem würde jede Änderung der Produkte und der Fertigungsstruktur, und damit der Fertigungsablaufpläne, zu einer Änderung in der Netzdarstellung führen.

Zusätzlich zu den sequentiellen Abhängigkeiten der Fertigungsschritte, gemäß der Fertigungsablaufpläne, müssen weitere Aspekte der innerbetrieblichen Leistungsverflechtung modelliert werden. Hierzu gehören unter anderem Ressourceninterdependenzen, die in gepoolte und sequentielle Interdependenzen unterteilt werden können.

---

[199] Transformation im Sinne der Überführung in einen anderen Zustand, z.B. einer physikalischen, chemischen, inhaltlichen Veränderung.
Translation im Sinne der Überführung an einen anderen Ort oder Überbrückung einer Zeitspanne (Überführung in einen anderen Zeitpunkt/-raum).
Vgl. o.V./Duden/.

Sequentielle Bezüge können dabei sowohl zeitlich konjunkt, als auch zeitlich disjunkt vorliegen.[200]

Der gegenseitige Leistungsaustausch zwischen den Prozessen wird durch die reziproke Interdependenz (reciprocal Interdependence) erfaßt.[201]

Bezogen auf die beiden Prozeßtypen Transformation und Translation kann am Beispiel eines Fertigungsablaufplanes die reziproke Interdependenz wie folgt beschrieben werden.

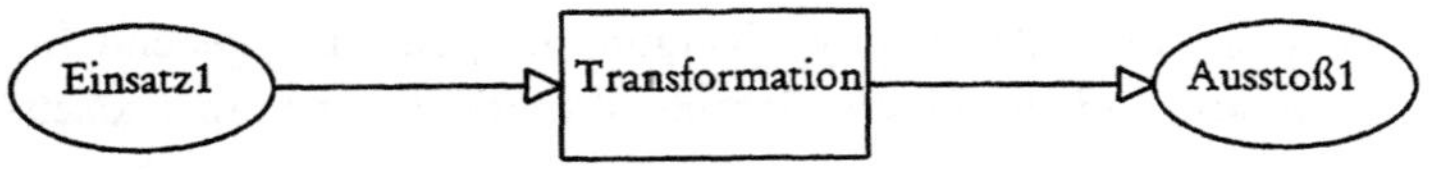

Abbildung 3: Der Transformationsprozeß

Aus der Einsatzmenge des Transformationsprozesses (Einsatz1) wird mit der Durchführung des Transformationsprozesses eine bestimmte Ausstoßmenge (Ausstoß1) erzeugt. Diese Ausstoßmenge muß zur weiteren Verarbeitung zum nächsten Fertigungsschritt transportiert werden. Die Ausstoßmenge des Transformationsprozesses ist also gleichzeitig die Einsatzmenge des Translationsprozesses (Einsatz2).

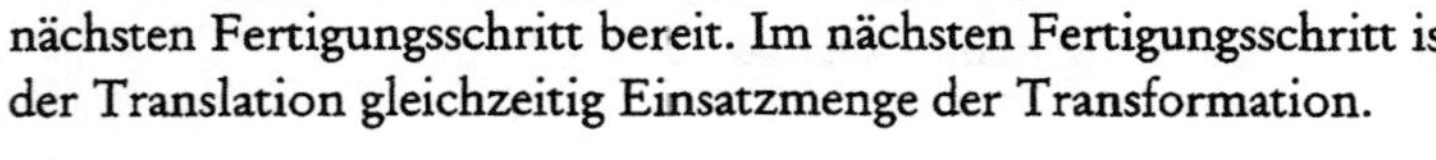

Abbildung 4: Der Translationsprozeß

Mit der Durchführung des Translationsprozesses steht die Ausstoßmenge 2 für den nächsten Fertigungsschritt bereit. Im nächsten Fertigungsschritt ist die Ausstoßmenge der Translation gleichzeitig Einsatzmenge der Transformation.

Der Einstieg in den ersten Fertigungsschritt erfolgt von außen, beispielsweise durch die Zuführung von Material aus dem Materiallager. Beginnt die Betrachtung bereits beim Materiallager, so ist der erste Prozeß ein Translationsprozeß, wie es in der Kugelschreiberfertigung dargestellt ist. Der Beginn kann jedoch auch in der ersten Fertigungsstufe liegen. Der Wechsel zwischen Transformation und Translation wird solange fortgeführt, bis die sequentiellen Fertigungsschritte des Fertigungsablaufplanes durchgeführt sind. Der Ausstieg erfolgt nach dem letzten Transformationsprozeß.

[200] Vgl. Gaitanides/Prozeßorganisation/160f;
vgl. auch Frese/Grundlagen/76ff.

[201] Vgl. Gaitanides/Prozeßorganisation/161ff.

Der anschließende Prozeß ist nicht mehr Bestandteil dieser Wechselwirkung. Dieser Prozeß kann aus einem Translationsprozeß bestehen, beispielsweise dem Transport in das Produktlager oder in der Modellierung neuer Prozeßverbünde, beispielweise der Qualitätssicherung.

Mit der Umsetzung der sequentiellen Fertigungsschrittfolge auf die beiden Prozeßtypen entsteht eine Sequenz aus Transformation und Translation, die sich bis zum Ende des Fertigungsablaufplanes ständig wiederholt. Es entsteht also bezogen auf die Zwischenprodukte der Fertigung ein gegenseitiger Leistungsaustausch zwischen den beiden Prozeßtypen.

Die Wiederholung der Prozeßsequenz kann in einem Kreislauf zusammengefaßt werden.

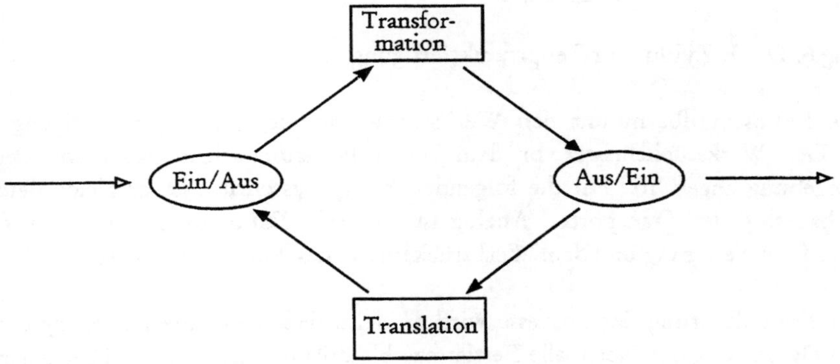

Abbildung 5: Kreislauf mit 2 Prozeßtypen und gegenseitigem Leistungsaustausch

Der Kreislauf besteht aus den beiden Prozeßtypen Transformation und Translation. Über die beiden zugeordneten Stellen wird der Leistungsaustausch vorgenommen. Die Stelle "Ein/Aus" enthält den Leistungseinsatz der Transformation und den Leistungsausstoß der Translation. Die Stelle "Aus/Ein" enthält den Leistungsausstoß der Transformation und den Leistungseinsatz der Translation.

Der Prozeßeinstieg erfolgt über die Stelle "Ein/Aus", die von der Umgebung des Kreislaufes bestückt wird. Der Prozeßausstieg erfolgt über die Stelle "Aus/Ein" nach vorgegebenen Kriterien zum Ende der Schleife.

Der Einstieg zum Prozeß bei der Darstellung der Fertigungsabläufe mit Hilfe des Kreislaufes erfolgt durch die Bereitstellung der Vorprodukte zur ersten Fertigungsstufe. Ende-Kriterium ist die Abfrage der letzten Fertigungsstufe und der Ausstoß des gefertigten (Teil-)Produktes.

Die beiden Prozeßtypen können zu einem Zyklus in einer reziproken[202] Verbindung verkoppelt werden. Diese Teilnetzdarstellung wird im folgenden verkürzt R-Zyklus genannt. Für die Teilproduktfertigung als R-Zyklus ergibt sich damit folgendes Bild:

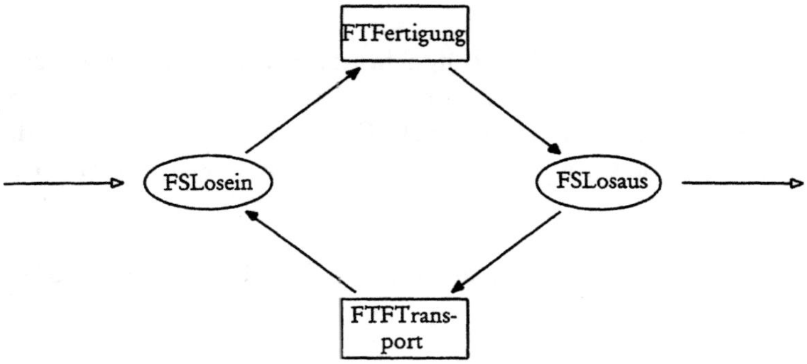

Abbildung 6: Der R-Zyklus zur Teilproduktfertigung

Die Stelle FSLosein übernimmt den Werkstückeinsatz des jeweiligen Fertigungsschrittes. Der Werkstückeinsatz vor dem ersten Fertigungsschritt wird von der Zyklusumgebung zugeführt. Für die folgenden Fertigungsschritte ist er gleich dem Werkstückausstoß des Transportes. Analog ist die Stelle FSLosaus mit dem Werkstückausstoß der Fertigung und dem Werkstückeinsatz des Transportes belegt.

Mit dieser Formalisierung der Prozesse wird erreicht, daß ohne eine Änderung der grafischen Darstellung der Netze alle Fertigungsablaufpläne grundsätzlich über einen Zyklus abgearbeitet werden können. Auch Änderungen der Fertigungsablaufpläne durch Produktanpassungen oder veränderte Fertigungsstrukturen bleiben ohne Einfluß auf die grafische Darstellung des Netzes. Die Fertigungsablaufpläne steuern als Eingangsdaten den Prozeßverlauf im Zyklus.

Mit der Anwendung des R-Zyklus auf alle Unternehmungsbereiche und deren Teile wird der Unternehmungsprozeßverbund als Zyklus aus zwei Prozeßtypen darstellbar und einer Analyse zugänglich.

Die Erfassung der sich gegenseitig bedingenden und beeinflussenden Prozesse im Evolutionsprozeß der Unternehmung, in einer sich anpassenden, aber auch den Unternehmungsprozeßverbund beeinflussenden Umwelt, bedingen vernetzte Darstellungs- und Analysemöglichkeiten.

---

202 reziprok [lat]: wechsel-, gegenseitig, aufeinander bezüglich; vgl. o.V./Duden/.

Voraussetzung ist eine offene und allgemein anwendbare Netzdarstellung und Netzanalysemöglichkeit.

4. Netze zur Darstellung des Unternehmungsprozeßverbundes

Nach der Darstellung der Netzplantechnik und der Petri-Netze wird die Entscheidung über das in der eigenen Modellierung verwendete Verfahren dargelegt.

4.1. Ansätze zur Netzplantechnik

Verfahren der Netzplantechnik sind Vorgangs- oder Ereignisknotennetze, Vorgangs- oder Ereignispfeilnetze sowie ihre Erweiterung durch Entscheidungsnetze.

"In einem Vorgangsknotennetz werden die Vorgänge als Knoten des Netzplanes dargestellt. Die Abhängigkeiten zwischen den Vorgängen werden durch Pfeile, die die entsprechenden Knoten miteinander verbinden, ausgedrückt."[203] Werden die Vorgänge durch die Pfeile des Netzplanes repräsentiert, so spricht man von einem Vorgangspfeilnetz.[204]

Ein Vorgang ist ein zeiterforderndes Geschehen eines Projektes mit definiertem Anfang und Ende. Ein Ereignis ist ein Zeitpunkt, zu dem ein bestimmter Projektzustand erreicht wird.[205] Damit sind mit einem Vorgang jeweils zwei Ereignisse verknüpft, ein Start- und ein Endereignis.[206] Die Unterscheidung in ein Vorgangs- oder Ereignisnetz wird nach dem Schwerpunkt der Betrachtung festgelegt.[207]

In Erweiterungen zur deterministischen Netzplantechnik werden zusätzlich disjunkte, mit subjektiven Eintrittswahrscheinlichkeiten gewichtete Ereignisse berücksichtigt. So benutzt beispielsweise die stochastische Netzplantechnik GERT ein sogenanntes Entscheidungsnetz, das alternative, unterschiedlich wahrscheinliche Vorgänge disjunktiv mit Entscheidungsknoten verknüpft. Die Entscheidungsknoten sind jeweils nach den Bedingungen für das Eintreten der Ereignisse und der Art der Folgebeziehungen unterscheidbar.[208]

---

203 Schwarze/Netzplantechnik/40f.

204 Vgl. Schwarze/Netzplantechnik/40f;
vgl. Neumann, Morlock/Operations Research/230.

205 Vgl. Schwarze/Netzplantheorie/14.

206 Vgl. Scheer/Informationssysteme/71.

207 Vgl. Schwarze/Netzplantechnik/26.

208 Vgl. Dederichs/Basismodul/265.

"Mit steigender Komplexität des Entscheidungsnetzes durch die Einbeziehung zusätzlicher Zielvorstellungen, vielfältiger entscheidungstechnischer Abhängigkeiten und der Zulassung von Inklusiv-Oder-Bedingungen für das Eintreten von Ereignissen ist eine exakte mathematische Analyse des Netzwerks nicht mehr möglich."[209] Zudem bedarf es einer leistungsfähigen Rechnerunterstützung.

Die Entwicklung von Simulationssprachen zur rechnerunterstützten Simulation von Netzplänen erfolgte für spezielle Problemklassen, beispielsweise für Warteschlangenprobleme oder für stochastische Kapazitätsplanungsprobleme.[210] Ein integiertes Anwendungspaket wurde mit SLAMII entwickelt.[211]

SLAMII ist eine Netzwerk-Simulationssprache, die speziell auf die Modellierung prozeßorientierter Systeme abgestimmt ist.[212] Durch eine hierarchische Modellstruktur sollen komplexe Systeme handhabbar werden.[213]

So läßt sich beispielweise der Material- und Werkstückfluß in einem Produktionssystem gut darstellen. Die Steuerungslogik ist dabei durch die Struktur des Netzwerkes abgebildet.[214]

Ein SLAMII-Netz "besteht aus einer Menge an Knoten und Verzweigungen. Verzweigungen stellen Aktivitäten beliebiger Art dar, die je nach angegebener Dauer den Durchfluß von Entitites zeitlich verzögern."[215] Die Objekte (Entities) werden in einem oder mehreren CREATE-Knoten erzeugt und in einem TERMINATE-Knoten zerstört.[216]

In einem SLAMII Netzwerk wird damit der zeitliche Verlauf eines Gesamtprozesses dargestellt. Die zeitlichen Abhängigkeiten der Teilprozesse werden durch die Aufeinanderfolge entsprechender Kanten, Verzweigungen und Knoten repräsentiert. Damit kann ein einmal durchlaufener Knoten nicht noch einmal von einem gleichartigen Prozeß durchlaufen werden. Die Darstellung eines Zyklus, wie sie die Abbildung des R-Zyklus verlangt, ist mit der Netzplantechnik nicht möglich.

---

[209] Vgl. Völzgen/Netzwerkverfahren/27 zitiert nach Dederichs/Basismodul/265f.

[210] Vgl. Neumann, Morlock/Operations Research/301ff; vgl. Hiller, Liebermann/Operations Research/172ff.

[211] Vgl. Dederichs/Basismodul/265f.

[212] Vgl. Pritsker u.a./SLAM/7.

[213] Vgl. Pritsker u.a./SLAM/8.

[214] Vgl. Witte/Simulation/96.

[215] Dederichs/Basismodul/266.

[216] Vgl. Dederichs/Basismodul/272.

Da die in Abschnitt III.2.3. vorgestellten Produktionsnetzwerke auch auf der Netzplantechnik basieren, sind sie für die eigene Modellierung nicht anwendbar.

4.2. Allgemeine Netztheorie und Petri-Netze

Mit seiner Theorie der rechnergestützten Kommunikation[217] schuf Petri die Grundlagen für die Allgemeine Netztheorie[218]. Mit den daraus abgeleiteten Petri-Netzen können Systeme aus einzelnen wohlunterscheidbaren, also diskreten Ereignissen oder Aktivitäten dargestellt und analysiert werden. Die Ereignisse oder Aktivitäten können kausal voneinander abhängen, nebenläufig, also unabhängig voneinander ablaufen oder als frei wählbare oder zufallsbestimmte Alternativen auftreten.[219]

Petri-Netze basieren auf dem Grundgedanken, daß die Elemente beliebiger Systeme und deren Zusammenwirken mit Hilfe von Zuständen, Ereignissen und deren Verbindungen untereinander darstellbar sind.[220]

Zustände, als passive Komponente sind in Petri-Netzen Stellen (Bedingungen, places), grafisch symbolisiert durch Kreise. Stellen repräsentieren beispielsweise Lagerbestände für Produkte.

Die aktive Komponente von Petri-Netzen sind Ereignisse (Transitionen, Aktionen, transition). Zu nennen wäre hier zum Beispiel der Verkauf von Produkten.

Durch Kanten oder Pfeile (arcs) wird jeweils ein aktives mit einem passiven Element verbunden. Die Kante als Verbindung zwischen der Stelle "Lagerbestand" und der Transition "Verkauf von Produkten" kann beispielsweise die Beziehung darstellen, daß der Verkauf den Lagerbestand reduziert.

Die Darstellung von Objekten als Zustandsbeschreibung erfolgt über eine Belegung der Stellen mit Marken (Token). Im vorgenannten Beipiel repräsentieren die Marken Produkte.

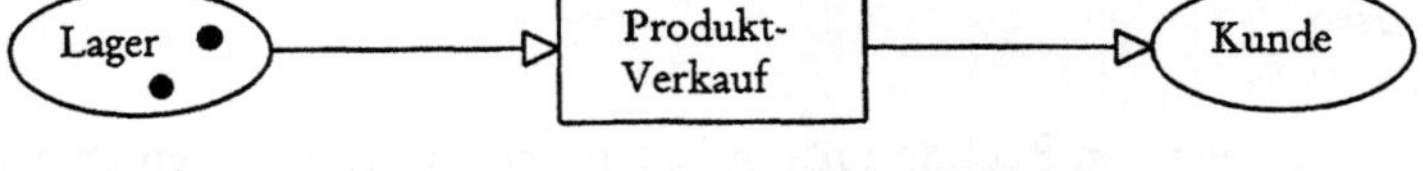

Abbildung 7: Die Transformation "Produkt-Verkauf"

---

[217] Vgl. Petri/Kommunikation/passim.

[218] Vgl. Petri/Theory/passim.

[219] Vgl. Baumgarten/Petri-Netze/15.

[220] Vgl. Rosenstengel, Winand/Petri-Netze/8ff.

Mit Petri-Netzen werden kausale Zusammenhänge von Teilprozessen (Ereignissen) dargestellt und einer Analyse zugeführt, wobei ein Aspekt die zeitlichen Abhängigkeiten sein können.

In späteren Abschnitten dieser Arbeit wird deutlich, daß sich ohne direkte Modellierung der Zeitfolge, die zeitliche Abfolge der dargestellten Prozesse als Resultierende der kausalen Abhängigkeiten der Prozesse ergibt. Damit braucht der Zeit keine Sonderstellung in der Modellierung eingeräumt werden.

Mit dieser Kurzbeschreibung von Petri-Netzen und der Netzplan-Theorie ist eine Grundlage zum Verständnis der Darstellung der Entscheidungsfindung zur Methodik der eigenen Modellierung gelegt.

4.3. Auswahl der Methodik

Ein Manko der Netzplan-Theorie und auch der Simulationssprache SLAMII ist, daß es für "planerische Probleme, die den physikalischen Abläufen in der Regel vorangehen, ... keine expliziten Sprachkonzepte (gibt). Solche Planungsprozesse sind zum Beispiel die Bildung von Werkstättenaufträgen aus Kundenaufträgen oder die mittelfristige Kapazitätsplanung. Diese Planungsaufgaben sind laufend zu lösen. Die Güte ihrer Lösungen hat wesentlichen Einfluß auf die Güte und den wirtschaftlichen Erfolg des gesamten Produktionsvorganges."[221]

Die zitierten Beispiele sind ein wichtiger Bestandteil der vorliegenden Modellierung und bedürfen einer expliziten Problemlösung.

Mit der Philosophie der Petri-Netze zur Darstellung von Kausalitäten liegt ein Schwerpunkt der Modellaussagen in der Beantwortung von Fragen nach dem Grund für ein Prozeßergebnis. Erst in zweiter Linie wird der Output eines Prozesses betrachtet.

Demgegenüber liegt der Schwerpunkt der Netzplan-Theorie auf einer Output-Betrachtung der Prozesse.

Bei der Analyse der Wirkungen von Rechnerunterstützten Fertigungssystemen ist der Schwerpunkt der Modellbetrachtungen in der Untersuchung von Struktur- und Prozeßzusammenhängen, also dem Grund für ein bestimmtes Prozeßergebnis zu sehen.

---

[221] Witte/Simulation/96.

In Abschnitt III.3.3 wurde die Grundlage für die Darstellung des Unternehmungsprozeßverbundes mit formalisierten Netzstrukturen entwickelt. Die Darstellung und Analyse der R-Zyklen bedarf einer Netzdarstellungsmöglichkeit von Zyklen.

Die Darstellung des zeitlichen Verlaufs von Prozessen mit Netzplänen ist die Darstellung eines fortlaufendes Prozesses, der keine Zyklen, also Rückbezüglichkeiten verträgt. Alle möglichen Prozeßverläufe müssen daher vorab im Modell erfaßt werden, unabhängig von dem tatsächlich im Modell beschrittenen Lösungsweg. Beispielsweise muß die Fertigungsstruktur aller (Teil-)Produkte komplett abgebildet werden und kann nicht über externe Datenbanken in den Simulationslauf einfließen.

Bereits in Abschnitt III.3.1. bei der Darstellung der Fertigungsablaufpläne wurde die Schwierigkeit dieser Darstellungsform der komplexen Unternehmungszusammenhänge aufgezeigt. Die Darstellung des Unternehmungsprozeßverbundes mit formalisierten Prozeßtypen im reziproken Kreislauf (R-Zyklus) bedingt die Darstellung von Prozessen in einem Kreislauf.

Zyklen sind als Netz mit besonders einfacher Dynamik Bestandteil der Allgemeinen Netztheorie.[222]

Der bisherige Untersuchungsgang hat eine Fülle von Aspekten aus der zu untersuchenden Realität mit theoretischen Konzepten und Methoden der Analyse und Darstellung konfrontiert. Durch die Wahl eines Abstraktionsniveaus konnten wesentliche Vereinfachungen erzielt werden, denen nur eine entsprechend allgemeingültige Methode gegenüberstehen darf. In der Allgemeinen Netztheorie wird die Methodik gesehen, die vorgefundene Komplexität handhabbar darzustellen und zu analysieren.

5. Petri-Netze als Beschreibungs- und Analysemethode der Unternehmung

Nach einer Beschreibung der Petri-Netz-Elemente und Petri-Netz-Arten folgt eine Definition von Prozessen in der Petri-Netz-Darstellung. Abschließend werden einige Überlegungen zum Zeitaspekt in Petri-Netz-Prozessen dargelegt.[223]

---

[222] Vgl. Baumgarten/Petri-Netze/71.

[223] Die mathematischen, graphen- und netztheoretischen Fundierungen von Petri-Netzen und die Untersuchung der Eigenschaften wie Sicherheit und Lebendigkeit sind nicht Bestandteil dieser Arbeit.
Vgl. hierzu zum Beispiel:
Baumgarten/Petri-Netze/;
Reisig/Petrinetze/;
Zelewski/Ansätze/;
Zelewski/Fundierung/.

5.1. Elemente der Petri-Netze

Die vier Elemente von Petri-Netzen sind S-Element, T-Element, F-Element und Marken.[224]

S-Elemente oder Stellen, dargestellt als Kreis/Ellipse O erfüllen eine passive Funktion. Ein Beispiel für eine Stelle ist die Darstellung der Lager einer Unternehmung. Dazu gehören in der Fertigung Zwischen-, Puffer- und Endlager für Rohstoffe, Teil- und Endprodukte. Zu den Pufferlagern gehören auch die Ablageflächen und Paletten direkt an der Fertigungsmaschine. Allgemein läßt sich für die Unternehmung jedoch die Lagerfunktion auch für Informationen z.B. in Papierform oder in Dateien, Bändern, Disketten, Kassetten und Speichern in Datenverarbeitungsanlagen feststellen. Weiterhin müssen auch immaterielle Lagerplätze abgebildet werden, so beispielsweise die Weitergabe von Anweisungen, wobei die Anweisungen erst einmal bei der Führungsperson entstehen müssen und dort bis zur Weitergabe mental "zwischengelagert" werden.

T-Elemente oder Transitionen, dargestellt als Quadrat/Rechteck □, bilden die aktive Komponente, in denen Ereignisse eintreten, Bedingungen erfüllt oder logische Formeln wahr werden. Ein Beispiel für Ereignisse sind Lagerbewegungen durch Entnahmen oder Zuführungen von Material oder Produkten, beziehungsweise die Erstellung (Zuführung) oder Weitergabe (Entnahme) von Anweisungen.

F-Elemente oder Flußrelationen, dargestellt durch gerichtete Kanten, Pfeile → bezeichnen Beziehungen zwischen S- und T-Elementen. Prinzipielle Eigenschaft von Petri-Netzen ist, daß nie Elemente derselben Sorte verbunden werden.

Ein Pfeil stellt beispielsweise eine Anweisungsübergabe dar. Aus dem mentalen Lager (Gedächtnis), einem Ordner oder einem ADV-technischen Speichermedium wird eine Anweisung entnommen und an den Empfänger übergeben. Der Empfänger erhält diese Anweisung und kann sie dann in seiner Art speichern und verarbeiten.

Marken oder Token, dargestellt als Punkte •, stellen Ressourcen jedweder Art in abzählbarer Form dar. Marken werden im Modell als Objekte identifiziert, die neben

---

[224] Vgl. Petri/Theory/134;
vgl. Reisig/Petrinetze/16;
vgl. Rosenstengel, Winand/Petri-Netze/8ff.

einer eindeutigen Kennung alle zur weiteren Verarbeitung notwendigen Attribute enthalten.[225] Dabei kann es sich beispielsweise um einen Lagerinhalt handeln.[226]

Die Unterteilung der Elemente in passive (S-Elemente) und aktive Elemente (T-Elemente) sind auch in der Unternehmung zu finden. So übernehmen die passiven Elemente die Abbildung von Lagerfunktionen.

Die aktiven Elemente sind die Bestandteile einer Unternehmung, die die aktiven Aufgaben übernehmen. Das sind je nach Detaillierungsgrad und Fragestellung Abteilungen, ganze Unternehmungsbereiche oder Mitarbeiter und Maschinen. Aktive Elemente können z.B. einzelne Arbeitsschritte, Entscheidungs- oder Steuerungsprozesse sein.

Am Beispiel der Anweisungsübergabe werden die Symbole der Petri-Netze und eine umgangssprachliche Interpretation dargestellt.

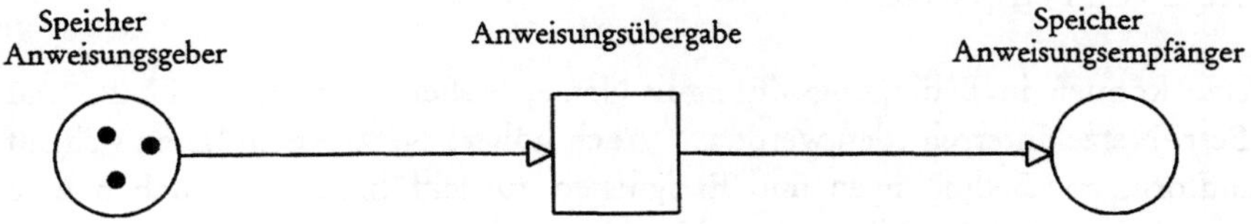

Abbildung 8: Zustand vor Anweisungsübergabe

Die Elemente dieses Petri-Netzes sind die beiden Stellen "Speicher Anweisungsgeber" und "Speicher Anweisungsnehmer", die Transition "Anweisungsübergabe" und die beiden Pfeile zur Verbindung der drei Elemente. Die Marken sind potentielle, aktuelle (also zur Weitergabe ausgewählte) oder empfangene Anweisungen.

Der Anweisungsgeber (Vorgesetzte) wählt aus der Fülle von Anweisungen, die ihm zur Verfügung stehen, eine Anweisung aus. Diese entnimmt er seinem Speicher. Er formuliert seine Anweisung dadurch, daß er sie im Gespräch mit dem Anweisungsnehmer ausspricht oder dem Anweisungsnehmer in Papier- oder DV-Form zukommen läßt.

---

[225] Zu Objekten, Objektklassen sowie Objektbeschreibung durch Merkmale, Prädikate oder Attribute vgl. z.B. Friedrichs/Methoden/85ff;
vgl. Schlüter/Objektorientiert/passim;
vgl. Stein/Analysemethoden/passim.

[226] Diese Spezifizierung der Marken ist erst in höheren Petri-Netzen möglich.

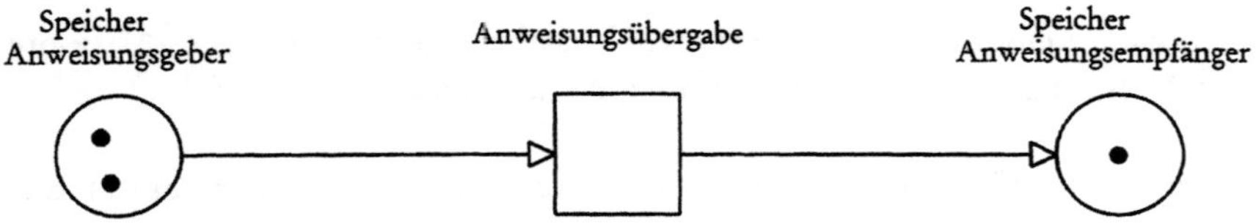

Abbildung 9: Zustand nach Anweisungsübergabe

Der Anweisungsnehmer empfängt die Anweisung. Er überträgt sie in die, für seine weiteren Handlungen notwendige Form. Im Beispiel wird die Anweisung in einer DV-Anlage gespeichert.

Das vorliegende Petri-Netz ist ein Stellen/Transitionsnetz. Diese und weitere Netzarten werden im folgenden Abschnitt dargestellt.

5.2. Arten von Petri-Netzen

Petri-Netze können in Bedingungs-/Ereignis-Netze, Stellen-/Transitions-Netze und höhere Petri-Netze unterschieden werden.[227] Auch höhere Netzformen lassen sich auf die Grundform aus Bedingungen und Ereignissen zurückführen, d.h. auch höhere Petri-Netze basieren auf der Allgemeinen Netztheorie.[228]

Die detaillierteste Darstellungsebene markierter Netze sind Bedingungs-/Ereignis-Netze. In diesen Petri-Netzen aus Bedingungen (S-Elemente, Kreise) und Ereignissen (T-Elemente) werden die Stellen mit maximal einer Marke belegt. Die Ausführungsregel bzw. Schaltung ist von Bedingungen abhängig. Ist eine Bedingungen erfüllt, so wird sie (das S-Element) mit einer Marke besetzt. S-Elemente sind markiert oder unmarkiert.

Mit Stellen-/Transitions-Netzen, die aus Stellen (S-Elementen) und Transitionen (T-Elementen) bestehen, werden Systemeigenschaften modelliert, die sich mit der Zahl, der Verteilung und dem Fluß von Objekten befassen. Stellen können im Gegensatz zu Bedingungen mehrere Marken aufnehmen. Sie können lagern, speichern, Zustände annehmen und Objekte sichtbar machen. Die einzelnen Marken (Objekte) sind nicht unterscheidbar. Transitionen sind als aktive Systemteile für die Produktion, den Transport und die Veränderung von Objekten zuständig. Objekte werden als Marken dargestellt, die in Richtung der Pfeile durch das System "fließen" können. "Eine Transition schaltet, indem sie jeder Vorstelle eine Marke entnimmt und jeder Nach-

---

[227] Vgl. Baumgarten/Petri-Netze/111ff;
vgl. Reisig/Petrinetze/2ff.

[228] Vgl. Genrich/PrT Nets/212 und passim.

stelle eine Marke hinzufügt .... Wenn man auf jeder Stelle höchstens eine Marke zuläßt, entspricht diese Schaltregel dem oben beschriebenen Effekt beim Eintritt von Ereignissen."[229]

Bei höheren Petri-Netzen, synonym gefärbte Netze, coloured petri nets oder high-level petri nets, wird das S-Element mit individuellen Objekten belegt. Eine Repräsentation der Objekte erfolgt durch Daten aus zusammengesetzten Datentypen, beispielsweise Tupel. Die T-Elemente enthalten Bedingungen oder logische Formeln, die zur Veränderung der Tupelinhalte führen.[230]

Nach der Beschreibung von grundlegenden Zuständen in Bedingungs-Ereignis-Netzen, Petri-Netz-Prozessen und den Überlegungen zum Zeitaspekt in Petri-Netzen wird ein Beispiel höherer Petri-Netze diskutiert. Mit diesem Beispiel in Abschnitt 5.6 kann die Objektdarstellung in höheren Petri-Netzen nachvollzogen werden.

5.3. Zustände in Petri-Netzen

In Bedingungs-Ereignis-Netzen (B/E-Netzen) können die vier grundlegenden Zustände, Schaltung, Kontakt, Konflikt und Konfusion beobachtet werden.[231]

Ein T-Element, in Bedingungs-/Ereignis-Netzen ein Ereignis, kann bei folgender grafischer Konstellation schalten.

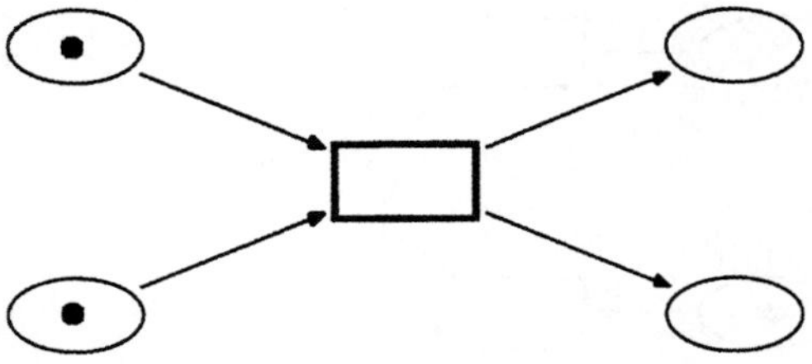

Abbildung 10: Schaltbarkeit eines Ereignisses

"Ein Ereignis eines Netzes aus Bedingungen und Ereignissen kann (in einem gegebenen Fall) eintreten, wenn alle seine Vorbedingungen erfüllt und seine Nachbedingun-

---

[229] Reisig/Petrinetze/7.

[230] Vgl. Reisig/Petrinetze/132ff;
vgl. Baumgarten/Petri-Netze/193ff;
vgl. Genrich/Transformations/426;
vgl. Jensen/Petri Nets/8ff.

[231] Vgl. Petri/Theory/150ff.

gen unerfüllt sind."[232] Im vorliegenden Beispiel ist das T-Element aktiv und kann schalten.[233]

Sind nicht nur die Vorbedingungen (Inputstellen) mit Marken belegt, sondern auch eine oder beide Nachbedingungen (Outputstellen) des T-Elementes, so liegt ein Kontakt vor. Da in B/E-Netzen jedes S-Element maximal eine Marke enthalten kann, ist ein Ereignis im Kontaktzustand nicht aktiv.[234]

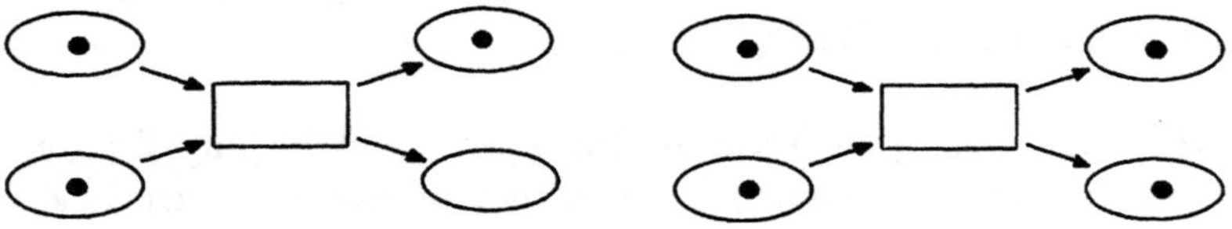

Abbildung 11: Kontakt in B/E-Netzen

Die Schaltbarkeit eines T-Elementes ist also sowohl von seinen Input-Stellen als auch den Output-Stellen abhängig.

Betrachtet man nicht nur ein, sondern mehrere T-Elemente, so können die Zustände Konflikt und Konfusion auftreten. Eine Konfliktsituation liegt vor, wenn zwei aktivierte Ereignisse mindestens eine gemeinsame Vorbedingung oder eine gemeinsame Nachbedingung haben.[235]

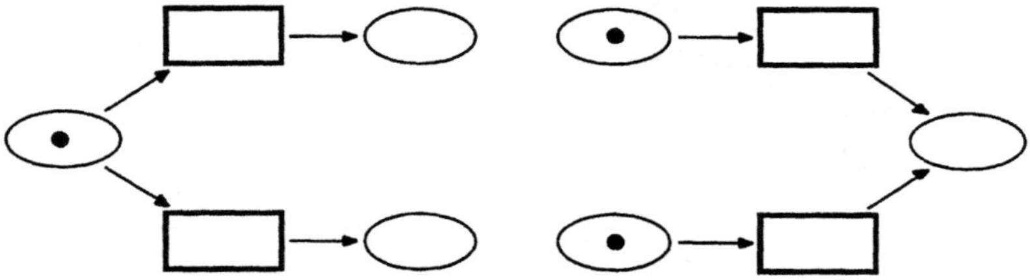

Abbildung 12: Konflikt in B/E-Netzen

In beiden B/E-Netzen sind die beiden Transitionen aktiv, da die Schaltregeln erfüllt sind. In beiden Situationen kann jedoch nur jeweils ein T-Element schalten.[236] "Tran-

232 Reisig/Systementwurf/14.

233 Aktive T-Elemente sind mit einem stärkeren Rahmen versehen.

234 Vgl. Petri/Theory/153.

235 Vgl. Reisig/Systementwurf/16.

236 Vgl. Genrich u.a./Elements/33.

sitionen im Konflikt nehmen sich also gegenseitig Inputmarken weg"[237] oder behindern sich bei der Belegung der Outputstellen. Die Informationen zur Lösung von Konfliktsituationen müssen aus der Umgebung des Systems kommen.[238]

In den vorangegangenen Zuständen kann jeweils nur eine Schaltung durchgeführt werden. Betrachtet man Schaltfolgen, so kann eine Situation der Konfusion eintreten.

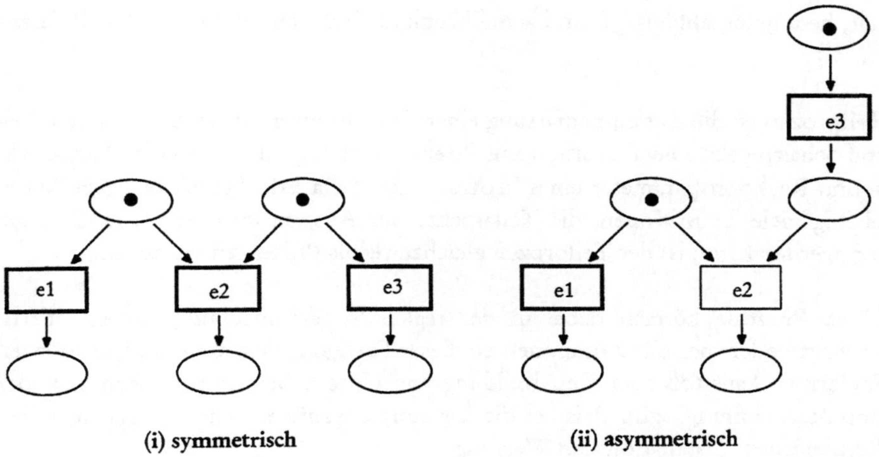

Abbildung 13: Symmetrische und asymmetrische Konfusion

Im linken B/E-Netz liegen für e1/e2 und/oder für e2/e3 Konfliktsituationen mit nur einer Vorbedingung vor. Im rechten B/E-Netz wird nach Eintreten des Ereignisses e3 das Ereignis e2 aktiv und es liegt eine Konfliktsituation für e1/e2 vor. Ist bereits vor Eintreten des Ereignisses e3 das Ereignis e1 eingetreten, so bleibt das Ereignis e2 inaktiv, da dann eine Vorbedingung nicht erfüllt ist.

Diese grundlegenden Zustände der Grundform von Petri-Netzen sind die Basis für andere Petri-Netzarten, auch der höheren Petri-Netze.[239]

---

237 Baumgarten/Petri-Netze/99.

238 Vgl. Genrich u.a./Elements/34.

239 Im Sinne der Petri-Netz-Thoerie gibt es keinen Markenfluß. Bei der Schaltung eines T-Elementes werden die Marken der Inputstellen abgezogen. Entsprechend den Schaltregeln werden Marken erzeugt und auf den Outputstellen abgelegt.
Zur Darstellung und Analyse des Unternehmungsprozeßverbundes wird diese Vorgehensweise als Markenfluß interpretiert. Die Inputmarken werden in der Transition entsprechend der Schaltregeln modifiziert und als modifizierte Token auf den Outputstellen abgelegt. Modifikationen sind bespielsweise Inhalts- und Mengenänderungen.

5.4. Prozesse in Petri-Netzen

Prozesse in Petri-Netzen sind "a collection of occurrences of events"[240]. Übertragen auf die in Abschnitt II.1.1. dargelegten Prozeßverbünde ist ein Prozeß in Petri-Netzen die Abfolge von Teilprozessen (Ereignissen) in ihren kausalen Zusammenhängen.

Der Zeitaspekt kann dabei eine Kausalität sein. Damit bieten Petri-Netze "die Möglichkeit, bedingungsabhängiges und zeitabhängiges Verhalten in einem Modell darzustellen."[241]

Ein Teilprozeß ist die Zusammenfassung einer Transition mit ihren zugehörigen Stellen und Schaltregeln. Die Transition mit ihrer Umgebung bildet also die Daten-, Aktions- und Reaktionsparameter eines Prozesses ab.[242] Da jede Transition nach Bedarf in beliebig viele Transitionen, die Teilaspekte der Ausgangssituation darstellen, gegliedert werden kann, ist der Teilprozeß gleichzeitig als Prozeß zu verstehen.

Petri-Netz-Prozesse können dabei in der realen Systemumgebung einzelne Fertigungsschritte oder spezielle Komponenten dieser Fertigungsschritte sein, beispielsweise derWerkstückausstoß oder die Abbildung von Unternehmungsbereichen bzw. der Gesamtunternehmung, zum Beispiel die Leistung gegenüber dem Kunden inclusive Produktlieferung, Installation und Wartung.

5.5. Der Zeitaspekt in Petri-Netz-Prozessen

Eine Komponente eines Prozesses kann dabei die Darstellung des Zeitaspektes sein.

"There is no inherent measure of time or the flow of time in a Petri net. This reflects a philosophy of time which states that the only important property of time, from a logical point of view, is in defining a partial ordering of the occurrence of events. Events take variable amounts of time in real life; the Petri net model reflects this variability by not depending upon a notion of time to control the sequences of events. Therefore, the Petri net structure itself must contain all necessary information to define the possible sequences of events of a modeled system."[243]

---

[240] Petri/Concepts/138.

[241] König, Quäck/Petri-Netze/126.

[242] Vgl. Prozeß Abschnitt II.1.1.

[243] Peterson/Petri/229.

Die Zeit, also Dauer und zeitliche Abfolge eines Prozesses ergibt sich aus den Kausalitäten der einzelnen Teilprozesse. Werden alle kausalen Teilaspekte eines Prozesses modelliert, so ist die Zeit eine Resultierende.

In Petri-Netzen wird auf die "Grundvorstellung klassischer Modellbildung verzichtet, der Zustand eines Systems sei eine Funktion der Zeit."[244] Zeit wird nur als "lokale Relation zwischen Zuständen"[245] verstanden. Die Beschreibung einer Abfolge eines Prozesses aus den Teilprozessen a und b in der Form "Teilprozeß a liegt vor Teilprozeß b" wird in Petri-Netzen durch die Bedingung, "Wenn Teilprozeß a beendet ist, dann kann Teilprozeß b beginnen" dargestellt.

Der Unterschied der beiden Darstellungen liegt in der Prozeßsichtweise. Während in der ersten Formulierung die zeitliche Abfolge explizit modelliert wird (a liegt vor b) ergibt sich die zeitliche Abfolge in der zweiten Darstellung implizit aus der (den) Kausalität(en), hier der Bedingung "Teilprozeß a muß beendet sein". Die Dynamik eines Prozesses ergibt sich dann aus den Veränderungen.[246]

Wird die Bedingung zum Beginn eines Prozesses auf die unterschiedlichen Prozeßkomponenten ausgedehnt, so können mit der Petri-Netz-Sichtweise die Gründe für eine zeitliche Folge explizit analysiert werden.

Überträgt man vorstehende Beschreibung auf den Fertigungsprozeß, so wird die Intention deutlich. Am Beispiel der Fertigung von Teilprodukt "TP33583" in der Fertigungsstufen 2 (Vorabeinstellung der CNC-Maschine) und der Fertigungsstufe 3 (CNC-Fertigung von TP33583") wird der Unterschied der Sichtweisen aufgezeigt.[247]

Die erste Bedingung zum Beginn der Fertigungsstufe 3 ist die Beendigung der Maschineneinstellung. Hierzu gehören zum Beispiel die Bestückung mit der für den folgenden Fertigungsprozeß benötigten Werkzeuge und das Einlesen des NC-Programms. Zusätzliche Bedingungen sind beispielsweise die Verfügbarkeit des richtigen

---

244 Petri/Anwendungen/2.

245 Petri/Kommunikation/2.

246 Beantwortet werden muß die Frage "Welche Kräfte im weitesten Sinne wirken?";
Dynamik; griechisch dýnamis, "Kraft"
vgl. Duden/Fremdwörterbuch/194
dynamische Wirkung
vgl. Brenneke, Schuster/Physik/6f
Damit wird die Dynamik eines Prozesses von der Zuordnung zum zeitlichen Verlauf losgelöst. Die zeitliche Komponente wird indirekt berücksichtigt, da jede Veränderung implizit mit einem Zeitverbrauch verbunden ist.

247 Vgl. auch X.2.2.1.

Materials in ausreichender Menge und die Verfügbarkeit der benötigten Mitarbeiter für den Fertigungszeitraum.

Die Schaltregel für Petri-Netze verlangt, daß alle drei Bedingungen erfüllt sein müssen, bevor die Transition "Durchführung Fertigungsstufe 3" schalten kann, der Fertigungsprozeß beginnen kann.

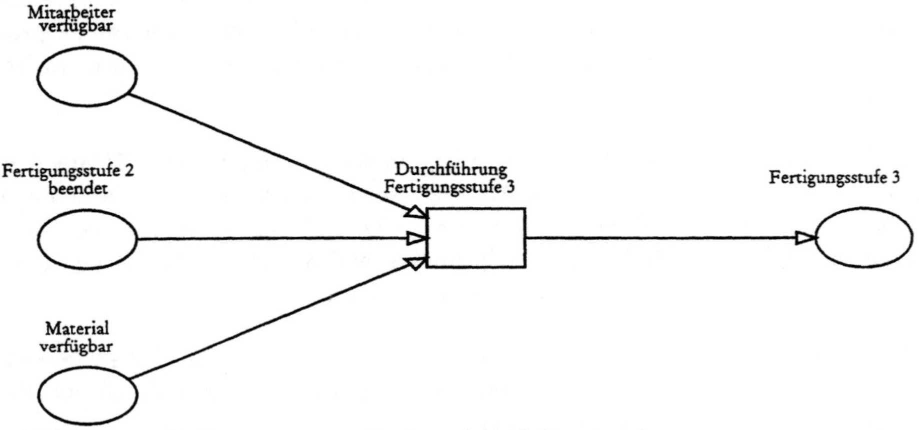

Abbildung 14: Bedingungen zum Beginn eines Teilprozesses

Unterstellt man, daß im Hintergrund der Betrachtung eine Uhr[248] läuft, so kann der zeitliche Verlauf der Fertigung bestimmt werden. Die Verfügbarkeit der Ressourcen Material und Mitarbeiter sowie der Fertigstellungstermin der Fertigungsstufe 2 bestimmen den Anfangstermin der Fertigungsstufe 3. Die Termine sind jeweils aus dem Uhrlauf zu ermitteln. Wird nun für die Fertigungsstufe 3 eine Dauer angegeben, so kann durch Addition des Anfangszeitpunktes und der Fertigungsdauer, der Endzeitpunkt der Fertigungsstufe 3 ermittelt werden.

5.6. Prozeß-Beispiele mit höheren Petri-Netzes

Am Beispiel eines Ausschnittes aus der Fertigung eines Teilproduktes wird eine Schaltregel in höheren Petri-Netzen dargestellt.

248 Zu Uhren und deren Bedeutung in der Kommunikation vgl. Petri/Kommunikation/41f. Zur kausalen und zeitlichen Ordnung vgl. Zuse/Anwendungen/99f.

Das Teilprodukt TP33583 von Produkt P37402 wird in der dritten Fertigungsstufe auf der Maschine (("117","536"), CNC-Fräs- und Bohrmaschine) gefertigt.[249] Durch einen defekten Bohrer wird das Los nur zu 90% korrekt gefertigt. Die restlichen 10% sind Ausschuß. In einer vereinfachten Form, mit impliziter Berücksichtigung des Ausschusses, wird dieser Prozeß in den Abbildungen 15 und 16 dargestellt.

Im vorliegenden Beispiel wird ein Fertigungsauftrag durch das Tupel aus Auftragsnummer, Sachnummer, Fertigungsstufe und Anzahl Werkstücke repräsentiert, ("ANR4711","TP33583",3,100). Der Fertigungsauftrag ANR4711 umfaßt 100 Werkstücke, die für die Fertigungsstufe 3 anstehen. Die Werkstücke entsprechen den Qualitätsanforderungen und weisen keine Mängel auf.[250] Es wird also jeweils nur der Ausstoß einer Fertigungsstufe weitergereicht. Werkstücke für Nacharbeit und Ausschuß bleiben unberücksichtigt.

Die Fertigung wird dargestellt durch ein maschinennahes Lager, das die zur Fertigung anstehenden Aufträge enthält, ein maschinennahes Lager, das die gefertigten Aufträge enthält und dem Fertigungsprozeß auf der Anlage ("117","536"). Der Fertigungsprozeß kann unter unterschiedlichen Aspekten dargestellt werden. Die modellierte Fragestellung befaßt sich mit dem Fertigungsausstoß.

Bei höheren Petri-Netzen können die S-Elemente mehrere individuelle Marken enthalten. Im Beispiel symbolisieren die Marken Fertigungsaufträge, dargestellt durch 4-Tupel.

In den folgenden Abbildungen werden die beiden Zustände vor und nach Fertigungsdurchführung dargestellt.

---

[249] Zu den Produkt und Teilproduktbezeichnungen sowie den Fertigungsstufen der (Teil-)Produkte siehe Baukastenstücklisten und Fertigungsablaufpläne im Anhang X.2.2.

[250] Vgl. Hammann/Qualitätskontrolle/3289.

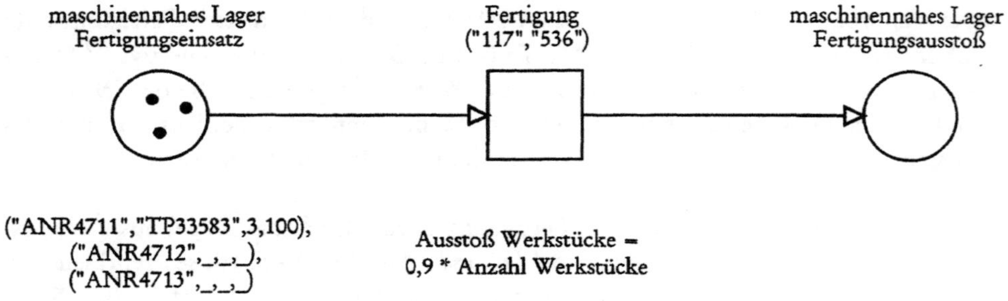

Abbildung 15: Zustand vor Fertigung von TP33583

Neben dem Auftrag ANR4711 stehen die beiden Aufträge ANR4712 und ANR4713 zur Fertigung an. Allen Aufträgen gemeinsam ist, daß der nächste Fertigungsschritt auf der Maschine ("117","536") erfolgt. Aus dem komplexen Fertigungsprozeß wird die Problemstellung des Fertigungsausstoßes modelliert. Der Fertigungsausstoß bei der Anlage liegt bei 90% der eingesetzten Werkstücke. Diese "Arbeitsanweisung" ist unterhalb der Transition "Fertigung ("117","536")" angegeben.

Der Zustand nach dem Fertigungsprozeß wird in der folgenden Abbildung dargestellt.

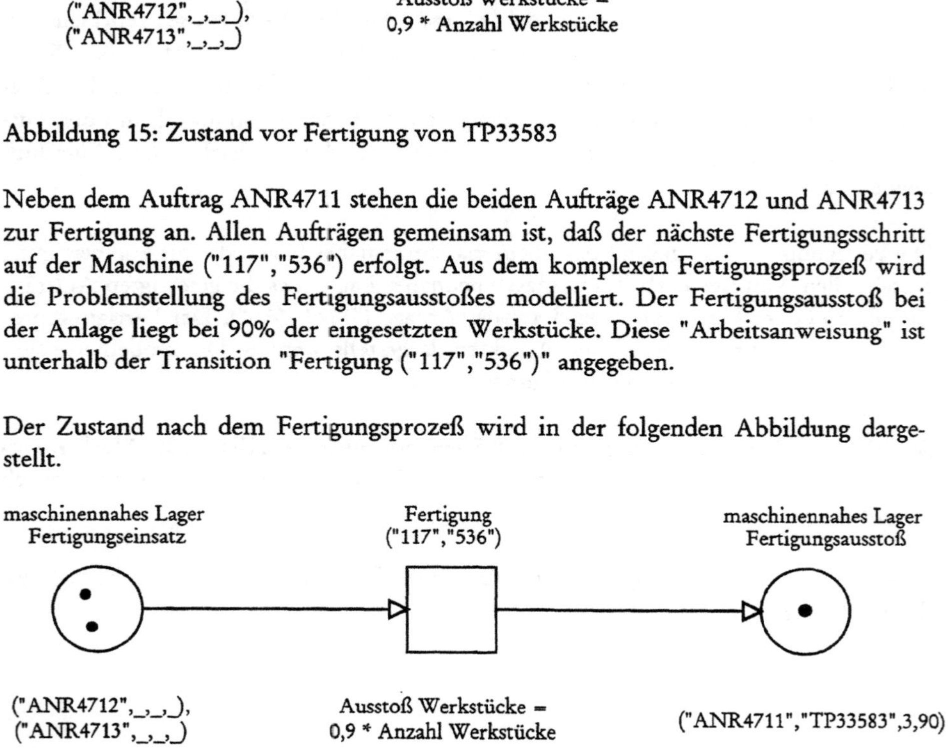

Abbildung 16: Zustand nach Fertigung von TP33583

Das Lager mit dem Fertigungseinsatz enthält nur noch die beiden Aufträge "ANR4712" und "ANR4713". Das Lager mit dem Fertigungsausstoß enthält den Auftrag "ANR4711". Gefertigt wurde die Fertigungsstufe 3 von Teilprodukt "TP33583". Der Ausstoß beträgt 90 Werkstücke von 100 eingesetzten Werkstücken. Der Rest wird als fehlerhaft nicht weiter betrachtet.

Als zusätzliche Prozeßkomponente kann eine Zeitbetrachtung integriert werden. Das 4-Tupel eines Auftrages wird um eine Komponente (Attribut), einen Zeitpunkt erweitert. Zu Beginn der Fertigung mit der Fertigungsstufe 1 wird der Zeitpunkt der Verfügbarkeit des Auftrages von der Systemuhr "abgelesen" und im Auftragstupel wird das Zeitattribut aktualisiert. Beginnt die Fertigung zum Zeitpunkt $t_0 = 0$ so wird der Auftrag ANR4711 in der ersten Fertigungsstufe mit dem 5-Tupel ("ANR4711","TP33583",1,100,0) beschrieben. Unterstellt man eine Fertigungsdauer von 295 Minuten für die Fertigungsstufen 1 und 2 so steht der Auftrag zum Systemzeitpunkt 295 für die Fertigungsstufe 3 bereit, ("ANR4711","TP33583",1,100,295).

Für die Fertigunggstufe 3 wird die Transition "Fertigung ("117","536")" um die Formel zur Berechnung des Fertigstellungstermines des Auftrages erweitert. Die Fertigungszeit (FEZ) ergibt sich gemäß Fertigungsablaufplan[251] aus der Rüstzeit (ARZ) für die Maschine und den Fertigungszeiten pro Werkstück (SBZ) als FEZ = ARZ + AWS * SBZ mit AWS gleich Anzahl Werkstücke.

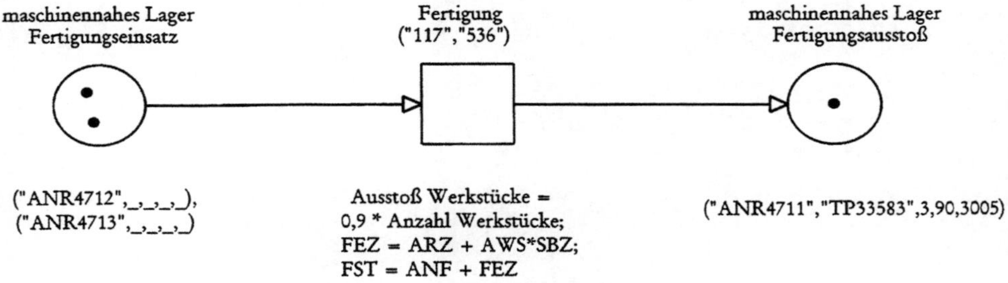

Abbildung 17: Zustand nach Fertigung von TP33583 inclusive Zeitbetrachtung

In der Transition wird zusätzlich zum Ausstoß der Fertigungsstufe der Fertigstellungstermin (FST) aus dem Anfangstermin (ANF) und der Fertigungszeit (FEZ) berechnet. Das Ergebnistupel des Auftrages ANR4711 wird mit den beiden Werten aktualisiert.[252]

Mit dem dargestellten Prozeß ist ein Grundtyp eines Petri-Netz-Prozesses vorgestellt worden.

6. Aktivitätennetze mit formalisierten Prozessen dargestellt durch Petri-Netze

Wie bereits in Abschnitt III.3. erarbeitet, wird das Unternehmungsmodell PRODU durch R-Zyklen dargestellt, der die beiden Prozeßtypen Transformation und Transla-

---

[251] Fertigungsablaufplan TP33583 im Anhang X.2.2.1.

[252] Dieser Berechnung liegt die Annahme zugunde, daß alle Ressourcen zum gewünschten Zeitpunkt in ausreichender Menge, Qualifikation und Qualität zur Verfügung stehen.

tion reziprok verbindet. Das eben vorgestellte Beispiel der Fertigung ist eine Ausprägung des Prozeßtyps Transformation. Bei der Abarbeitung des Fertigungsablaufplanes eines (Teil-) Produktes werden Fertigungsschritte in bekannter Anzahl, jeweils verbunden durch Transportprozesse, abgearbeitet. Diese Wiederholung der Prozeßsequenz Fertigung und Transport wird am R-Zyklus der Teilproduktfertigung dargestellt. Für andere Unternehmungsbereiche werden die beiden Prozeßtypen ebenfalls identifiziert. Die Darstellung erfolgt in dem jeweiligen R-Zyklus.

Zuvor ist dazu die Einführung eines Instrumentes zur leistungsfähigen Rechnerunterstützung erforderlich.

IV. Rechnerunterstützte Repräsentation von Aktivitätennetzen

Die Möglichkeit der kombinierten zeitlichen und kausalen Beschreibung und Analyse des Verhaltens umfangreicher Systeme unter Berücksichtigung von R-Zyklen war ausschlaggebend für die Wahl der Petri-Netze für die vorliegende Problematik. Die Modellierung mit Petri-Netzen bedarf einer geeigneten instrumentellen Umsetzung.

Wichtiges Kriterium bei der Auswahl bzw. Entwicklung eines Instrumentes ist die rechnerunterstützte Simulation umfangreicher Netze. Hinzu kommen die Forderungen nach direkten Zugriffsmöglichkeiten auf externe Daten und die Berücksichtigung von Zeitaspekten in der Simulation. Damit schränkte sich das Angebot auf wenige Softwareprodukte ein.[253]

Ausgewählt wurde das Instrument CPN zur Darstellung und Simulation von Petri-Netzen.[254]

1. Rechnerunterstützung zur Darstellung und Simulation von Petri-Netzen

Mit CPN können höhere Petri-Netze (Coloured Petri Nets)[255] rechnerunterstützt, grafisch dargestellt und simuliert werden. Die grafische Darstellung basiert auf dem Graphen-Editor MetaDesign. Grundlage für Simulationen ist die funktionale Programmiersprache Standard Meta Language (SML oder kurz ML)[256]. CPN bildet eine interaktive Programmierumgebung, die es erlaubt, komplexe Systeme abzubilden und deren Prozesse zu simulieren.

1.1. Prozeßdarstellung mit CPN

Die Prozeßdarstellung mit CPN erfolgt auf der grafischen Ebene aus Stellen (places), Transitionen (transition), gerichteten Kanten (arcs) und individuellen Marken

---

[253] Übersichten von entsprechenden computerunterstützten Instrumenten
vgl. Feldbrugge, Jensen/Tools/691ff;
vgl. Leszak, Eggert/Methoden/39ff;
vgl. GI/Newsletter 41/passim.

[254] Neben den softwaretechnischen Auswahlkriterien war das Angebot der Gesellschaft für Mathematik und Datenverarbeitung (GMD) zur Nutzung von Rechnersystemen ein wichtiges Entscheidungskriterium.
Der Verfasserin wurde es im Rahmen ihrer Forschungstätigkeiten als Gast der GMD ermöglicht, in Diskussionen mit Mitarbeitern des Institutes für methodische Grundlagen, insbesondere Herrn Dr. Genrich, die Möglichkeiten und Grenzen der Allgemeinen Netztheorie kennenzulernen.

[255] Zur Einordnung höherer Petri-Netze vgl. Abschnitt III.5.2.

[256] Zu Umfang und Leistungsfähigkeit von ML
vgl. Wikström/Standard ML/passim;
vgl. Paulson/ML/passim.

(Token). Die Daten-, Aktions- und Reaktionsparameter der Prozesse[257] werden zum einen durch die grafischen Bestandteile und zum anderen durch ML-Funktionen auf den Kanten und in "Regionen" der Transitionen modelliert.

Token, in den Prozeßbeispielen in Abschnitt III.5.6 die Fertigungsaufträge, werden durch Daten aus einfachen oder zusammengesetzten Datentypen[258] repräsentiert. Grundtypen sind dabei beispielsweise string und integer, höhere Konstrukte sind Tupel, wie sie für die Fertigungsaufträge angewandt wurden, Listen oder Arrays.[259]

Die Darstellung des Tokenflusses erfolgt bei einzeln identifizierbaren Objekten, wie den Fertigungsaufträgen ANR4711 oder ANR4712, durch die Angabe eines eindeutigen Tupels, zum Beispiel ("ANR4711","TP33583",3,100).

Wird eine Objektklasse dargestellt, so werden Variablen vergeben. Hier können zum einen für die einzelnen Tupelbestandteile (Attribute) Variablen vergeben werden. Bezogen auf das obige 4-Tupel Fertigungsauftrag beispielsweise (Auftragsnummer, Sachnummer, Fertigungsstufe, Anzahl Werkstücke).

Eine weitere Möglichkeit ist die Vergabe einer Variablen für die gesamte Objektklasse, beispielsweise "Fertigungsauftrag". Die Objektstruktur mit den Objekt-Attributen ist auch hier fest vorgegeben. Sie wird, wie alle Zuordnungen von Datentypen, in einem zentralen CPN-Bestandteil hinterlegt.[260] Im Unternehmungsmodell PRODU wird diese Objektdarstellung angewandt.[261]

Zur Beschreibung der Prozeßabläufe in einer Transition und ihren Regionen werden im folgenden die "guard region" und die "code region" vorgestellt.

1.1.1. Prozesse mit Schaltbedingungen

Schwerpunkt der "guard region" ist die Überprüfung von Schaltbedingungen. Im Unternehmungsmodell PRODU werden die guard-regions als Funktionen unterhalb der Transition aufgeführt.

---

[257] Vgl. Abschnitt II.1.1.1.

[258] Zur Interpretation der Token als Objekte vgl. Abschnitt III.5.1.

[259] Zu den Datentypen vgl. o.V./Manual/3-36ff.

[260] Zu Inhalt und Funktion der "global declaration node" vgl. o.V./Manual/1-27.

[261] Bei der Variablenvergabe für eine Objektklasse wird die Struktur des Datentyps hinterlegt, so daß die Gewähr zur Verarbeitung der korrekten Objekte gegeben ist. Die Vergabe "sprechender" Variablen führt bei komplexen Modellen schnell an die Grenzen der Namensfindung, daher wurden im Modell "nicht-sprechende" Variablen verwandt.

Ein Beispiel ist die Funktion "FBMAT" der Transition Ressourcenvorauswahl (FTResVorA) im Submodul "Ressourcenzuteilung und Fertigung/Montage".[262] Die Funktion überprüft in einem vorgebenen Umfeld, ob für den vorliegenden Fertigungsauftrag genügend Material im Materiallager vorhanden ist. Das Umfeld setzt sich zusammen aus Fertigungsauftrag, zugehörigem Fertigungsablaufplan, den Materialanforderungen des zu fertigenden Teilproduktes und dem Materialangebot im Material-Lager.[263]

Guard-Regions übernehmen eine modellinterne Verarbeitung, während in code-regions der Kontakt zur Modellumwelt hergestellt wird.

1.1.2. Prozesse mit externen Daten

Für die Darstellung des Fertigungsablaufes eines (Teil-)Produktes werden unter anderem Daten zur Produktstruktur (Baukastenstücklisten) und zum Fertigungsablauf (Fertigungsablaufplan) benötigt. Diese Daten werden im Unternehmungsmodell PRODU in externen Dateien zur Verfügung gestellt. Die Verarbeitung der externen Dateien erfolgt in den code regions einer Transition.[264]

Wird der Teilprozeß Ressourcenvorauswahl (FTResVorA) des Submoduls "Ressourcenzuteilung und Fertigung/Montage" aktiv, so werden die Daten für den aktuellen Fertigungsschritt des zu bearbeitenden Fertigungsauftrages benötigt. Dazu wird in der code region eine Funktion hinterlegt, die, ausgehend von der Sachnummer des zu fertigenden Teilproduktes und dem Fertigungsstand, aus dem Fertigungsablaufplan die Daten des nächsten Fertigungsschrittes liest und der Transition zur Verfügung stellt.

In gleicher Art können Ergebniswerte des Modellaufes in externen Dateien abgelegt werden und stehen so zur weiteren Verarbeitung zur Verfügung.

Im folgenden werden Abläufe von Petri-Netz-Prozessen beschrieben.

1.1.3. Der Ablauf von Petri-Netz-Prozessen

Auch in höheren Petri-Netzen wird die Schaltregel einfacher Petri-Netze befolgt, die besagt, daß alle Inputstellen mit mindestens der gewünschten Anzahl der richtigen

---

[262] Vgl. Anhang X.3.6.

[263] Das Umfeld ist einerseits aus der Grafik ersichtlich, zum anderen durch externe Daten hinterlegt.

[264] Die code region einer Transition wird durch ein umrandetes c in der rechten unteren Ecke des Transitionsrechteckes symbolisiert.
Je nach dargestelltem Prozeß können die code regions sehr umfangreich sein. Sie bestehen aus einer Zusammenstellung von ML-Funktionen.

Art Token besetzt sein müssen und alle Output-Stellen nach den vorgegeben Regeln bedient werden.

Im folgenden werden einige Grundtypen von Prozessen, wie sie im Modell verwendet werden, anhand von Modellausschnitten dargestellt.

1.1.3.1. Ablauf von Petri-Netz-Teilprozessen

Am Beispiel der Transition Ressourcenvorauswahl (FTResVorA) des Submoduls "Ressourcenzuteilung und Fertigung/Montage"[265] werden die grundlegenden Schaltungen von Petri-Netz-Teilprozessen erläutert.

Im ersten Schritt werden die Regionen der Transition, also zusätzliche Schaltbedingungen, vernachlässigt.

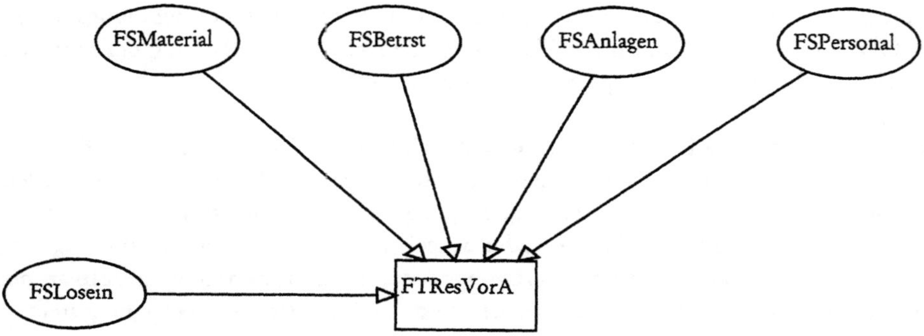

Abbildung 18: Transition FTResVorA

Liegen ein oder mehrere Fertigungsaufträge zur Ressourcenzuteilung vor, die Stelle FSLosein ist also mit einem oder mehreren Marken belegt, so wird FTResVorA aktiv, wenn alle Ressourcen (Material, Betriebsstoffe, Anlagen, Personal) zur Verfügung stehen.

Liegt kein Auftrag zur Bearbeitung vor, so ist die Transition FTResVorA nicht aktiv. Die Ressourcenpools stehen für andere Verarbeitungen zur Verfügung. Sind eine oder mehrere Ressourcenstellen nicht belegt, so wird die Transition nicht aktiv.

Mit der Einführung von Regionen kann die allgemeine Schaltregel spezifziert werden.

---

[265] Vgl. Anhang X.3.6.

Dies geschieht bei FTResVorA mit der Abfrage der Materialverfügbarkeit durch FBMAT. Die allgemeine Schaltregel besagt, daß die Bearbeitung eines Fertigungsschrittes vom gesamten Material im Lager abhängig ist.[266] Diese Vorgehensweise wird durch die Angabe der Funktion FBMAT als guard region (Schaltbedingung) spezifiziert.

In der Funktion FBMAT wird die benötigte Materialart und -menge dem zu bearbeitenden Fertigungsschritt zugeordnet. Das Lager wird nur hinsichtlich der Verfügbarkeit dieser Materialmenge untersucht.

Da bei PRODU Material nur im ersten Fertigungsschritt der Teilproduktfertigung und weder in folgenden Teilproduktfertigungsschritten noch in der Montage benötigt wird, wird durch FBMAT nur im ersten Fertigungsschritt Material aus dem Materiallager abgebucht.

Die Ressourcenvorauswahl ist die Ausgangssituation zur weiteren Ressourceneinplanung und zum Ressourcenverbrauch.

1.1.3.2. Ablauf von Prozeßsequenzen

Im Submodul "Ressourcenzuteilung und Fertigung/Montage"[267] sind die vier Transitionen der Hauptachse des Moduls (Ressourcenvorauswahl (FTResVorA), Ressourcenzuteilung (FTResZut), Fertigung/Montage (FTFertMon) und Losverteilung (FSLosVert) aufeinander folgende Teilprozesse.

In der Ressourcenvorauswahl FTResVorA werden aus den Ressourcenpools das auftragsbezogene Material, die anlagenbezogenen Betriebsstoffe, die benötigte Anlage und alle Mitarbeiter der zu belastenden Kostenstelle mit der benötigten Qualifikation herausgesucht.

In der Ressourcenzuteilung (FTResZut) wird aus der Personalvorauswahl die definitive Mitarbeiterbesetzung der Anlage für den Fertigungsprozeß vorgenommen. Die so ermittelte, auftragsbezogene Ressourcenkombination wird dem Fertigungsschritt zugeordnet.

In der Transition FTFertMon erfolgt je nach Auftrag die Fertigung oder Montage. Dargestellt ist der Aspekt des zeitlichen Ressourcenverbrauchs für Personal und An-

---

266 Die Ressourcenpools werden als Listen, die alle im jeweiligen Pool vorhandenen Ressourcen beinhalten, geführt. Die Ressourcenstellen sind also jeweils mit maximal einer Marke belegt.

267 Vgl. Anhang X.3.8.

lage sowie des Mengenverbrauchs beim Material. Nach erfolgter Fertigung wird der Auftrag als erledigt gemeldet.

Die Transition FTLosVert übernimmt folgende Aufgaben. Die gefertigten Werkstükke werden nach ihren Qualitäten in Ausstoß, Nacharbeit und Ausschuß aufgeteilt und zu dementsprechenden Aufträgen zusammengestellt. Sie stehen damit zur weiteren Verarbeitung zur Verfügung. Aus dem ursprünglichen Fertigungsauftrag in FSLosein wird ein Fertigungsauftrag mit aktualisierter Werkstückanzahl (Aufgangsmenge minus Ausschuß minus Nacharbeit). Die Ressourcenpools werden nach erfolgter Fertigung aktualisiert zurückgelegt.

Über die Ressourcenpools werden die Konfliktsituationen[268] bei der Ressourcennutzung in der Fertigung dargestellt. Die Konfliktsituation ergibt sich aus der Nutzung der Ressourcen durch verschiedene Nachfrager. So umfaßt beispielsweise der Personalpool die Mitarbeiter der gesamten Unternehmung. Werden Mitarbeiter sowohl für die Teilproduktfertigung als auch die Montage benötigt, so greifen beide T-Module auf den Ressourcenpool zu.[269]

Mit dem folgenden vereinfachten Beispiel soll eine Konfliksituation bei Fertigungsprozessen von PRODU beschrieben werden.

Steht gleichzeitig in der Teilproduktfertigung und in der Montage ein Auftrag zur Bearbeitung an, wobei beide Aufträge die Hilfskraft mit der Personalnummer "0000088" benötigen, so muß eine Entscheidung gefunden werden, wer den "Zuschlag" erhält.[270]

---

[268] Vgl. Petri/Interpretations/7ff;
vgl. Petri/Theory/153ff.

[269] In dieser Arbeit wird bei der Nutzung von Ressourcen Exclusivität zugrundegelegt. Geteilte Nutzung derselben Ressource zum gleichen Zeitpunkt wird nicht betrachtet.
Vgl. Shapiro/Methodology/108.

[270] Vgl. Abschnitt III.5.3.

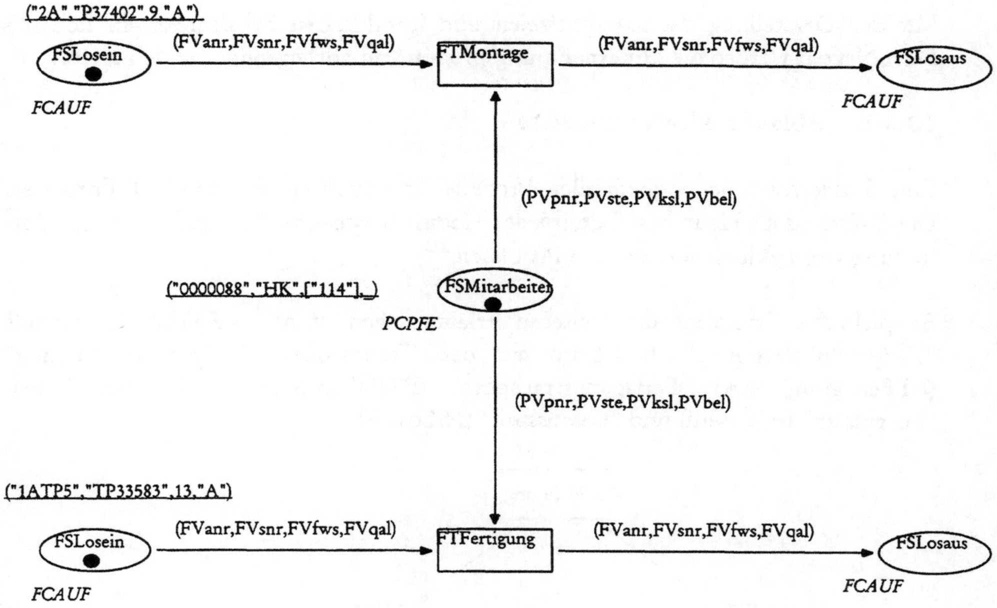

Abbildung 19: Zuteilung eines Mitarbeiters[271]

Zur Lösung dieser Konfliksituation, sowie den anderen in Petri-Netzen vorkommenden Situationen, verfügt CPN als Darstellungs- und Analysemittel von höheren Petri-Netzen über Lösungsmechanismen.[272]

---

[271] Zum Verständnis der Grafik: Eine Stelle kann jeweils nur mit einem Objekttyp (Datentyp) belegt werden.
Legende:
Datentypen der Stellen:

FCAUF	Auftrag	PCPFE	Mitarbeiter

Variablenbestandteile Tupel:

FVanr	Auftragsnummer	PVpnr	Personalnummer
FVfws	Fertigungsstufe	PVksl	Liste möglicher Einsatz-Kostenstellen
FVsnr	Sachnummer	PVste	Mitarbeiterstellung
FVqal	Qualitätsstufe Werkstücke	PVbel	Belegtzeitliste

[272] Ein Bestandteil der Lösungsroutinen ist ein Zufallszahlengenerator. Über Parametereinstellungen bestehen Wahlmöglichkeiten zu Simulationswiederholungen. Zum einen kann ein Simulationslauf mit den bekannten Abläufen und Ergebnissen komplett in allen Stationen in gleicher Art wiederholt werden. Dieses Vorgehen ist wichtig bei der Analyse von Modellergebnissen. Zum anderen kann eine Monte-Carlo-Simulation mit unterschiedlichen Abläufen und Ergebnissen für mehrere Simulationen durchgeführt werden.

Mit der Darstellung der konfliktfreien und konfliktären Schaltungen in höheren Petri-Netzen werden die Unternehmungsprozesse im vorliegenden Modell erfaßt.

1.1.3.3. Ablauf zyklischer Prozesse

Eine Sonderform der sequentiellen Prozesse sind zyklisch ablaufende Teilprozesse. Der R-Zyklus als Hauptbestandteil jedes Moduls (Ausnahme Submodule) ist die Darstellung von zyklisch ablaufenden Prozessen.[273]

Beispielhafte Grundlage der weiteren Erläuterungen ist der R-Zyklus des Moduls "Teilproduktfertigung", bestehend aus den Transitionen "Teilproduktfertigung" (FTFertigung) und "Fertigungstransport" (FTFTransport) sowie den Stellen "Loseinsatz" (FSLosein) und "Losausstoß" (FSLosaus).

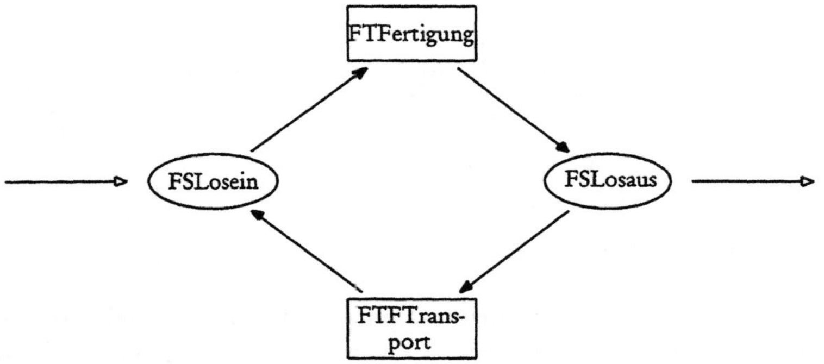

Abbildung 20: R-Zyklus TPFertigung

Die Kombination der Teilprozesse Fertigung und Transport erfolgt in einem Kreislauf. Einstieg in diesen Kreislauf ist ein Fertigungsauftrag der Stufe 0 (Auftrag nach Arbeitsvorbereitung). Der Auftrag wird über alle Fertigungsstufen bearbeitet und nach jeder Fertigungsstufe zur nächsten Fertigungsstufe transportiert (Fertigungstransport). Sind alle Fertigungsstufen des Fertigungsablaufplanes des Teilproduktes abgearbeitet, so erfolgt der "Ausstieg" aus dem zyklischen Fertigungsablauf mit anschließendem Transport ins Teilproduktlager (Produktionstransport, Transition FTPTrans).[274]

Eine weitere Form der Prozeßfolge sind alternierende Prozesse.

---

[273] Vgl. Abschnitt III.3.3.

[274] Zur Einordnung in die R-Zyklus-Umgebung vgl. Modul "Teilproduktfertigung" im Anhang X.3.4.

1.1.3.4. Ablauf alternierender Prozesse

Alternierende Prozesse können mit Petri-Netzen dargestellt werden. In der folgenden Abbildung werden zwei Teilprozesse dargestellt, die jeweils abwechselnd durchgeführt werden. Gesteuert wird dieser alternierende Prozeß über die beiden Stellen S1 und S2, die maximal mit einem Token belegt werden können. Neben anderen Randbedingungen für die jeweilige Transition entscheidet also die Belegung einer der beiden Stellen S1/S2 über die "Feuerbarkeit" der Transition.

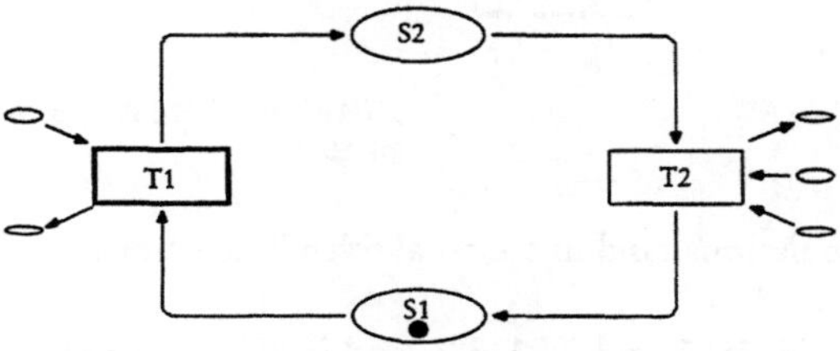

Abbildung 21: Alternierende Teilprozesse

Ist die Inputstelle S1 belegt, so ist T1 aktiv, ist die Stelle S2 belegt, so ist T2 aktiv.

1.1.3.5. Ablauf nebenläufiger Prozesse

Die Darstellung und Analyse nebenläufiger Prozesse[275] ist ein wichtiges Anwendungsgebiet der Petri-Netze.[276]

Nebenläufige, also voneinander unabhängige Prozesse sind in der gesamten Unternehmung zu finden. So sind bis auf vorgegebene "Berührungspunkte" die Prozesse der Beschaffung unabhängig von der Fertigung und beide unabhängig vom Rechnungswesen. Berührungspunkte liegen hauptsächlich in den Ergebnissen der jeweiligen Prozeßverbünde, die für andere Prozesse Eingangsdaten oder einen Bezugsrahmen darstellen.

Beispiele für nebenläufige Prozesse sind Prozesse für unterschiedliche Teilprodukte, die in keiner Beziehung zueinander stehen und ebenso der Fertigungs- und der Transportprozeß für unterschiedliche Produkte.

---

[275] In der Allgemeinen Netztheorie wird statt Nebenläufigkeit häufig der Begriff Concurrency verwandt. Zur Nebenläufigkeit
vgl. Genrich/Kalkül/87f;
vgl. Genrich/Dictionary/528;
vgl. Petri/Concurrency/passim.

[276] Vgl. König, Quäck/Petri-Netze/34.

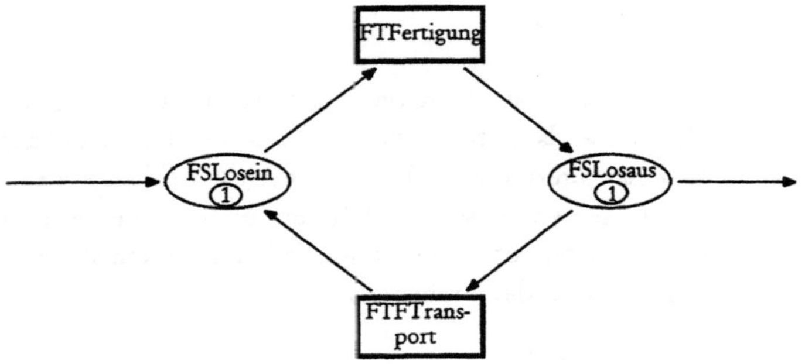

1\`("2ATP3","TP33887",0,"A")
@[1000]

1\`("1ATP5","TP33583",15,"A")
@[1000]

Abbildung 22: Simulationsstand mit zwei aktiven Transitionen

Die Teilprodukte TP33887 und TP33583 sind in der Teilproduktfertigung unabhängig voneinander. Die dargestellten Prozesse Fertigung von TP33887 und Transport von TP33583 können also nebenläufig durchgeführt werden. Beide Transitionen sind aktiv.

Nach der Darstellung einiger grundlegender Abläufe von Petri-Netz-Prozessen, der Beschreibung von Modellierungstechniken zur Modularisierung und der zugrundliegenden Philosphie der Lokalität von Handlungen, wird die Simulation von Petri-Netzen mit CPN vorgestellt.

1.2. Die Unternehmungsbereiche als Module des Modells

PRODU ist gegliedert in Unternehmungsbereich, Bereich, Teilbereich und Kostenstelle.[277] Der Unternehmungsbereich Produktion umfaßt beispielsweise die Bereiche Fertigung und Produktionsplanung. Als Schwerpunkte der Aktivitäten sind in der Fertigung die Teilbereiche Teilproduktfertigung und Montage erkennbar.

Im Modell wird diese Gliederung durch die Spezifizierung der Module als UB-Modul (Unternehmungsbereich), B-Modul (Bereich) und T-Modul (Teilbereich) erreicht. Zusätzlich werden für die detaillierte Darstellung einzelner Prozeßaspekte Submodule entwickelt.

Die Modularisierung kann in CPN durch eine Hierarchisierung von Transitionen und Fusionierung von Stellen erreicht werden.

---

[277] Vgl. Abschnitt II.1.1.

1.2.1. Die Hierarchisierung von Teil-Prozessen

Mit der Hierarchisierung wurde in CPN ein Darstellungsmittel zur übersichtlichen Gestaltung umfangreicher Modelle geschaffen. Die Hierarchisierung dient der Vergröberung und Verfeinerung von Sichtweisen.[278] Sie erfolgt über Transitionen. Dabei werden die grundlegenden Schaltregeln für Transitionen, wie in allen anderen Hilfsmitteln der Modellierung, streng eingehalten.

Am Beispiel der Hierarchisierung der Transition "Fertigung" (FTFertigung) des T-Moduls Teilproduktfertigung durch den Submodul "Ressourcenzuteilung und Fertigung/Montage" soll die Verarbeitung von Hierarchien dargestellt werden. In der Sprache von CPN wird die Transition FTFertigung durch eine "Unterseite" in verfeinerter Form dargestellt.[279]

Zur Hierarchisierung einer Transition wird diese Transition mit ihrem gesamten Umfeld (Input- und Outputstellen, Regionen, Kanten und Verarbeitungsregeln) auf eine Unterseite transportiert. Der Teilprozeß wird also auf einer gesonderten Seite dargestellt. Dabei werden die Inputstellen zu Input-Ports und die Output-Stellen zu Output-Ports. Die Ports übernehmen die Verbindung zur Oberseite. Input-Port im Submodul "Ressourcenzuteilung und Fertigung/Montage" ist die Stelle FSLosein, Output-Ports sind die Stellen FSLosaus, FSNach, FSAussch und FSunAuft. Zwischen diesen Verbindungsstellen kann nun der gewünschte Prozeß, hier die Ressourcenzuteilung des Fertigungsschrittes, dargestellt werden. Einzelne Prozeßteilaspekte können durch Transitionen dargetellt werden. Zusätzliche Daten können über Stellen in den Prozeß eingebunden werden.

Im Sinne der Prozeßdarstellung kann der Vorgang wie folgt interpretiert werden. Ein Teilprozeß, hier die Fertigung einer Fertigungsstufe, wird als Teilprozeßverbund, also Prozeß betrachtet, und durch mehrere Teilprozesse ersetzt. Der Teilprozeßverbund kann dabei unterschiedliche Facetten des Prozesses enthalten.

In CPN können einer Transition unterschiedliche Hierarchien untergeordnet werden. Eine hierarchisierte Transition kann auch ohne Unter-Hierarchien in die Simulation eingehen. Je nach Fragestellung können also unterschiedliche Simulationen in unterschiedlicher Exaktheit durchgeführt werden.

Mit der Hierarchisierung wird ein Prozeß durch mehrere Teilprozesse, die unterschiedliche Prozeßfacetten beinhalten, redefiniert.

---

[278] Vgl. Genrich, Shapiro/Editor/119f.

[279] Vgl. Anhang X.3.7.

1.2.2. Die Fusionierung von Prozessen

Für die Zusammenfassung von Prozessen zu einem Prozeßverbund werden die Berührungspunkte der Prozesse, die Schnittstellen, in CPN durch Fusions-Stellen repräsentiert.

Ein Beispiel ist das Zusammenspiel der Teilbereiche Teilproduktfertigung und Montage. Eine "Kommunikation" zwischen diesen Modulen geschieht über das Teilproduktlager (FSTPL).

Die Stelle "Teilproduktlager" (FSTPL) ist Bestandteil der Module Beschaffung, Teilproduktfertigung und Montage.[280] In den Modulen Teilproduktfertigung und Beschaffung übernimmt die Stelle FSTPL die Funktion der Sammlung des Outputs dieser Module, also gefertigte oder beschaffte Werkstücke der Teilprodukte. Für das Modul Montage ist FSTPL eine Input-Stelle.

Ein Fusionsknoten in CPN ist die Darstellung einer einzigen Stelle in mehreren identischen Versionen. Damit wird auch deutlich, daß alle Veränderungen der Stellenbelegung auf dieser Stelle simultan in allen betroffenen Moduln angezeigt wird. Fusionsknoten sind also identische Knoten mit identischen Informationen in allen Modulen, in denen sie verwandt werden.

Das Modell ist so aufgebaut, daß bei allen Modulen die "Schnittstellen" zwischen den einzelnen Bereichen an den Rändern der grafischen Darstellung liegen. Schnittstellen zwischen den Bereichen Teilproduktfertigung und Montage sind zum einen die Ressourcen, die teilweise gemeinsam genutzt werden. Zum anderen muß die Montage auf die Produkte der Vorstufen also Teilproduktfertigung und Beschaffung "warten", um die Teilprodukte und Kaufteile zu Endprodukten zu montieren.

Mit der Hierarchisierung und Fusionierung wird erreicht, daß Module unterschiedlicher Modelleure zu einem Gesamtmodell zusammengeführt werden können. Einzige Voraussetzung ist, daß vorab eine Vereinbarung über die Schnittstellen zwischen den Modulen getroffen werden muß, deren Belegung von den einzelnen Modelleuren einzuhalten sind. Die Prüfung übernimmt CPN.

Die Modellierung eines Gesamtmodells durch unterschiedliche Anwender wird durch die Einhaltung des Prinzips der Lokalität unterstützt.

---

[280] Vgl. Anhang X.3.2., 3.4. und 3.5.

1.3. Das Prinzip der Lokalität

Die Wirkung von Teilprozessen in Petri-Netzen ist in der Petri-Netz-Philosophie auf den einzelnen Teilprozeß beschränkt. Ein Prozeß in Petri-Netzen besteht aus dem Ablauf isolierter, streng lokaler Teil-Prozesse in ihren Kausalitäten.[281] Dieser Netzaufbau erschwert zwar den Zugang zur Interpretation von Petri-Netz-Abläufen als Prozeß.

Ein Vorteil liegt in der inhaltlichen Interpretation und Darstellung von Prozessen mit Petri-Netzen, die in der Darstellung unterschiedlicher Prozeßfacetten ohne Einengung der Flußdarstellung auf bestimmte Objekte besteht.

Zum anderen liegt der Vorteil der Darstellung in der Wirksamkeit von Änderungen im Modell. Die strenge Lokalität führt dazu, daß Modelländerungen nur in einem lokal eng begrenztem Rahmen wirksam werden. Genutzt wird diese Vorgehensweise inbesondere bei der Darstellung unterschiedlicher Prozeßfacetten, ähnlich der Ressourcenzuteilung des Fertigungsprozesses. Die Wirkung des Submoduls "Ressourcenzuteilung und Fertigung/Montage" wird auf die Transition FTFertigung begrenzt. Die Ressourcenzuteilung beeinflußt den Fertigungsauftrag bezogen auf einen Fertigungsschritt. Der übergeordnete Auftragsfluß, der in der wiederholten Abfolge der Prozesse Fertigung und Transport mit anschließender Lagerzuführung liegt, wird auch bei einer Änderung im Submodul nicht beeinflußt.

Neben dem Prinzip der Lokalität ist in höheren Petri-Netzen mit ihrer Darstellung der Objekte als Daten vorgegebener Datentypen das Prinzip der Vererbung realisiert. Ein einmal definiertes Objekt behält seine Eigenschaften in allen Modulen des Modells.[282]

Das realisierte Prinzip der Lokalität bezieht sich bei Petri-Netzen auf die einzelne Transition. Im vorliegenden Modell wird dieses Prinzip auf weitere Modellbestandteile, die Module übertragen.

Der Modulaufbau wurde so gewählt, daß die einzelnen Module eigenständige Systeme darstellen, die unabhängig voneinander agieren können. Der Zusammenhalt der Module zum Gesamtmodell geschieht über vordefinierte Schnittstellen zwischen den Modulen. Über diese Schnittstellen können unterschiedliche Module miteinander "kommunizieren". Am Beispiel der Stelle "Teilproduktlager" (FSTPL), die als Schnittstelle der T-Module Teilproduktfertigung und Montage fungiert, soll die Vor-

281 Vgl. Abschnitt III.5.4.

282 Vgl. Schlüter/Objektorientiert/30ff.

gehensweise verdeutlicht werden. Datentyp der Stelle FSTPL sind Listen der Fertigungsaufträge, die die im Teilproduktlager befindlichen Teilprodukte, also den Lagerbestand an Teilprodukten repräsentieren.[283] Die Stelle wird vom T-Modul Teilproduktfertigung mit gefertigten Aufträgen, also weiterverwendbaren Werkstücken belegt. Das Montage-Modul kann den Lagerbestand über die Auftragsliste überprüfen. Sind genügend Teilprodukte zur Montage eines Auftrages im Lager vorhanden, so wird der Montageauftrag gestartet. Einzige Voraussetzung für die Kommunikation zwischen Montage und Teilproduktfertigung ist die vordefinierte Lagerliste mit ihren im Hintergrund liegenden Zusatzdaten. Die Verarbeitung im Fertigungsmodul ist unabhängig vom Montagemodul.

Inhaltliche Änderungen in einem Modul wirken nur modulbezogen, also lokal. Einziges Kriterium für eine funktionierende Kommunikation ist die korrekte Bestükkung der Schnittstelle FSTPL.

Im folgenden werden nun Simulationen mit Petri-Netzen vorgestellt.

1.4. Simulation von Prozeßabläufen

Der Prozeßverlauf höherer Petri-Netze kann durch CPN-Simulationen durchgeführt und analysiert werden.

Die Steuerung der Simulationen kann manuell oder automatisch erfolgen. Bei einer manuellen Steuerung wird aus den aktiven Transitionen vom Anwender eine Transition ausgewählt und "gefeuert". Aus den Ergebnissen dieser Transition berechnet CPN den neuen Netzzustand und die in diesem Zustand aktiven Transitionen. Bei einer automatischen Simulationssteuerung werden mehrere Transitionen geschaltet. Der Anwender wählt ein Abbruchkriterium, beispielsweise eine bestimmte Schrittzahl (Step) oder einen Systemstand.[284]

Bei der automatischen Simulation können unterschiedliche Simulationswiederholungen gewählt werden. Zum einen identische Simulationsläufe zur Analyse von Modellergebnissen bis zu einem vorgegebenen Abbruchkriterium, zum anderen Monte-Carlo-Simulationen.

---

[283] Im Teilproduktlager werden auch die beschafften Teilprodukte, also Beschaffungsaufträge, gelagert. Damit ist die Stelle FSTPL auch eine Schnittselle zwischen Beschaffung und Montage.

[284] Vgl. o.V./Manual/Abschnitt 2.

1.5 Der Zeitaspekt in CPN-Simulationsläufen

Für das Unternehmungsmodell PRODU ist der Zeitaspekt bei Simulationen interessant. In den Abschnitten III.5.5 und 5.6 wurde eine Möglichkeit der Zeitmodellierung mit Petri-Netzen vorgestellt. Dieses Verständnis der Zeit als Attribut eines Objektes wird in der Modellierung bei den Belegtzeitlisten der Ressourcen Anlagen und Mitarbeiter sowie den Prozeßverlaufslisten der Aufträge verwandt.[285]

Eine weitere Möglichkeit der Zeitmodellierung mit CPN ist die Einführung einer globalen Uhr. Die Uhr repräsentiert die Modellzeit.[286] Durch Vorgabe eines Startwertes, der den Beginn des Modellaufes symbolisiert, kann der zeitliche Verlauf von Prozessen modelliert werden. Die Zeitintervalle werden in integer angegeben. In der Modellierung entspricht ein Zeitintervall einer Minute.

Es besteht die Möglichkeit der Simulation ohne Berücksichtigung der Modellzeit, um die Kausalitäten zu testen, und der Simulation mit Modellzeit.[287]

Bei der Simulation mit Zeit wird den Token ein zusätzlicher Zeitstempel (time stamp) hinzugefügt, beim Auftrag 2ATP5 ("2ATP5","TP33583",2,"A")@470 beispielsweise 470 Minuten. Der Zeitstempel beschreibt den frühesten Modellzeitpunkt, zu dem ein Token für eine Transition zur Verfügung steht.[288]

Die Simulation mit Zeit soll am Beispiel der Auftragsbearbeitung des Auftrages "2ATP5" von der Fertigungsstufe 2 bis zum Einstieg in die Fertigungsstufe 3 erläutert werden. Aktionsparameter ist die Fertigungsstufe des Auftrages.

Der in die Fertigung eingehende Auftrag ist das Tupel ("2ATP5","TP33583",2,"A") zum Zeitpunkt 470[289].

---

[285] Vgl. Abschnitt V.1.1.2.

[286] Vgl. Jensen/Petri Nets/187.

[287] Bei der Simulation mit Zeit ist zusätzlich zu den modellierten, kausalen Schaltrestriktionen eine Zeitrestriktion eingebaut. D.h. die möglichen Token, die für eine Transitionsschaltung zur Verfügung stehen, sind eine Teilmenge der Token bei einer Transitionsschaltung ohne Zeit.
Der Zeitstempel wird bei geschachtelten Datentypen jeweils am äußeren Datentyp angebracht. Besteht also ein Objekt aus einer Liste aus 5er-Tupeln, so ist die gesamte Liste mit dem Zeitstempel versehen, auch wenn nur ein Bestandteil des Tupels zeitbezogen ist.

[288] Vgl. Jensen/Petri Nets/187.

[289] CPN-Zeitdarstellung in integer, entspricht 470 Minuten. Annahme: Startzeitpunkt des Modells gleich 0.

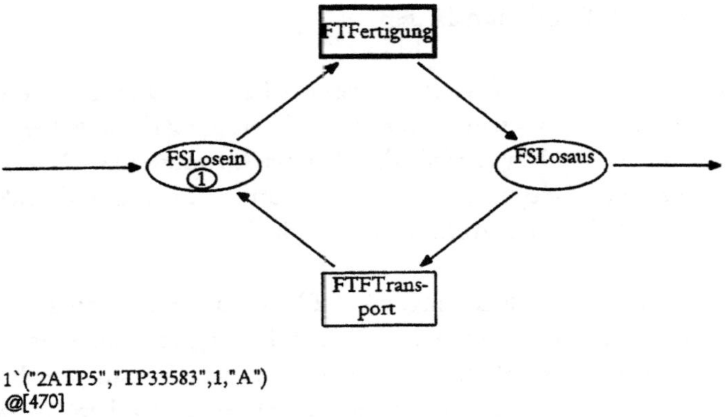

Abbildung 23: R-Zyklus vor Fertigungsstufe 2 Auftrag 2ATP5

Betrachtet wird ein Los mit 20 Werkstücken. Bei einer Rüstzeit von 0 Minuten und einer Fertigungszeit pro Werkstück von 57.3 Minuten wird eine Verarbeitungszeit von 20*57.3 = 1146 Minuten für die Bearbeitung der Fertigungsstufe 2 des Auftrages 2ATP5 benötigt.[290] Unter der Voraussetzung, daß alle Ressourcen direkt zur Einstiegszeit 470 in richtiger Kombination mit ausreichendem Zeitrahmen zur Verfügung stehen, ist der Auftrag zum Zeitpunkt 470 + 1146 = 1616 Minuten fertig und steht für den Transport bereit.

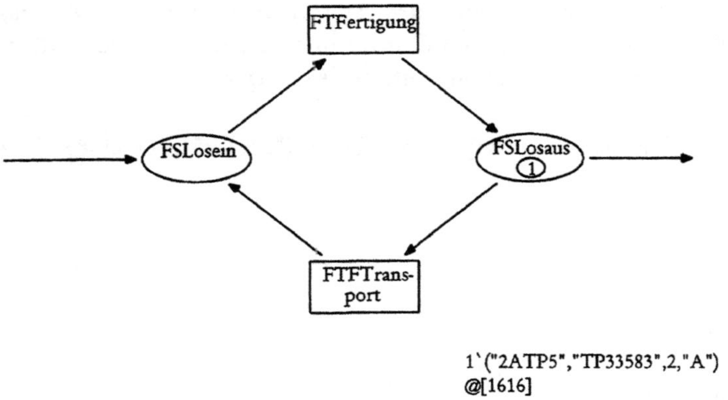

Abbildung 24: R-Zyklus nach Fertigungsstufe 2 Auftrag 2ATP5 Modellzeit < 1616

CPN-technisch erfolgt der Zeitverbrauch auf der Output-Stelle einer Transition. Die Transitionsschaltung selbst ist also zeitlos. Zum "Netzzeitpunkt" 470 wird die Schal-

[290] Zu den Daten vgl. Fertigungsablaufplan für TP33583 der RFS-Fertigung im Anhang X.2.2.2.

tung der Transition FTFertigung durchgeführt und die Stelle FSLosaus mit dem Token ("2ATP5","TP33583",3,"A")@1616 belegt. Der Zeitstempel wird geändert auf 1616. Dies bedeutet, daß das Token erst zum Netzzeitpunkt 1616 frühestens wieder zur Verfügung steht. Zur Modellzeit 470 ist FTFTransport nicht aktiv.

Die Simulation unter Zeit verläuft wie folgt. Zu jedem Modellzeitpunkt wird im Netz geprüft, welche Transitionen zu diesem Zeitpunkt schalten können. Diese Transitionen werden alle abgearbeitet. Erst wenn dies geschehen ist, läuft die Systemzeit weiter. Damit ist es möglich, alle Vorgänge zu einem Systemzeitpunkt sequentiell sichtbar zu machen und den Ablauf jeder einzelnen Transition, genau wie bei der Simulation ohne Zeit, zu betrachten.

Sind alle Transitionen bis zum Netz-Zeitpunkt 1616 abgearbeitet, so kann der Auftrag ("2ATP5","TP33583",3,"A")@1616 transportiert werden. Die Transition FTFTransport wird also aktiv.

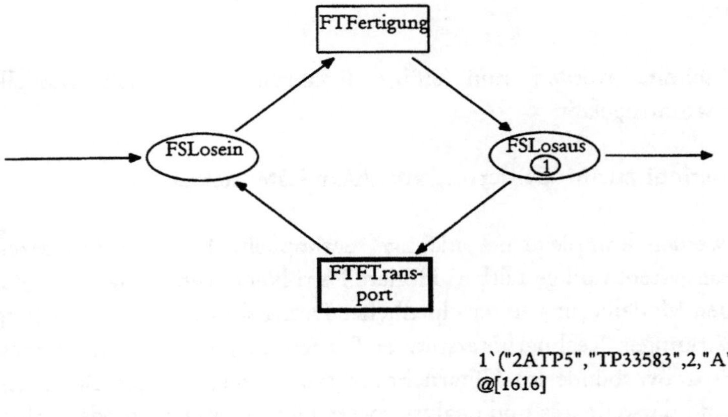

Abbildung 25: R-Zyklus nach Fertigungsstufe 2 Auftrag 2ATP5 Modellzeit = 1616

Nimmt man für den Transportvorgang bei Verfügbarkeit aller Ressourcen eine Transport-Dauer von 30 Minuten an, so entsteht folgender Zustand.

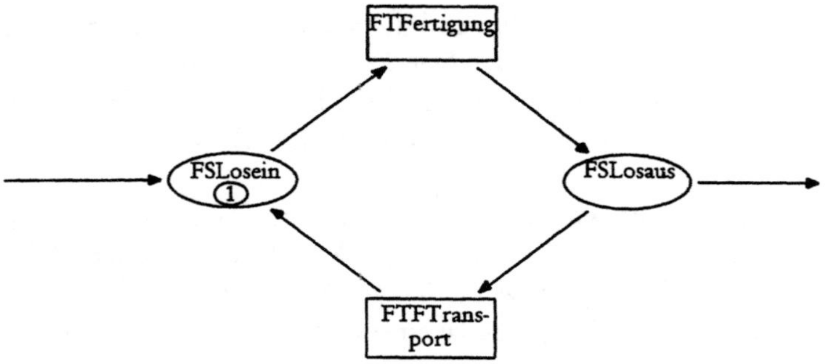

1`("2ATP5","TP33583",2,"A")
@[1646]

Abbildung 26: R-Zyklus vor Fertigungsstufe 3 Auftrag 2ATP5

Zum Zeitpunkt 1646 steht der Auftrag 2ATP5 also zur Berbeitung der Fertigungsstufe 3 zur Verfügung.

Im folgenden Abschnitt werden nun einige Erfahrungen aus der Modellentwicklungszeit zusammengefaßt.

2. Erfahrungsbericht zur Modellierung von Aktivitätennetzen

Mit Petri-Netzen werden komplexe nebenläufige, entkoppelte Prozesse und deren Zusammenhänge transparent und gestaltbar. Höhere Petri-Netze verschaffen die Freiräume zur simultanen Modellierung unterschiedlicher Dimensionen. Zur Darstellung und Analyse der Wirkungen Rechnerunterstützter Fertigungssysteme ist ein offenes, die individuellen Prozeßverbünde im Unternehmungszusammenhang als Unternehmungs-Prozeßverbund darstellbares und analysierbares Unternehmungsmodell erforderlich. Mit dem Unternehmungsmodell PRODU ist ein Ansatz in dieser Richtung entwickelt worden.

Die Modellierung des Unternehmungsmodells PRODU hat gezeigt, daß das ausgewählte Instrument die modulare Gestaltung umfassender Modelle zur Abbildung der komplexen Realität mit höheren Petri-Netzen unterstützt.

Die Methoden zur Modularisierung umfangreicher Modelle haben die Entwicklung des komplexen, jedoch handhabbaren Unternehmungsmodells PRODU gefördert. Die Simulationsmöglichkeiten zur Analyse der höheren Petri-Netze waren von entscheidender Bedeutung bei der Analyse der unterschiedlichen Szenarien zur Bestimmung der Wirkungen Rechnerunterstützter Fertigungssysteme.

Das im nächsten Abschnitt beschriebene Modell ist die zweite Modellfassung. Mit der ersten Modellierung wurden die Grenzen der Software im Hinblick auf die Kapazitäten der Stellen und insbesondere der grafischen Darstellungsmöglichkeiten der Stellen überschritten. Vor der Modellbeschreibung werden nun zwei unterschiedliche Modellierungssichtweisen dargestellt, die den beiden Modellfassungen zugrundeliegen.

2.1. Erster Modellierungsversuch

Mit der steigenden Leistungsfähigkeit von Hardware werden Softwareprodukte immer mehr auf die Bedürfnisse der Benutzer umgestellt. Zu nennen sind hier zum Beispiel Visualisierung, Animation oder Multimedia.

Insbesondere die grafische Oberfläche und die "dingliche" Darstellung von Vorgängen sind für viele Anwender eine Erleichterung im Umgang mit Rechnern. Diesem Trend sind auch einige Softwarepakete zur Darstellung von Petri-Netzen gefolgt, die den Objektfluß durch Symbole wie Autos oder Kisten darstellen.

Eine Symboldarstellung von Objekten ist in CPN nicht möglich. Die Objekte werden durch Datentypen repräsentiert, beispielsweise 4-Tupel für den Fertigungsauftrag.

Die Anforderungen aus der Praxis nach der Beobachtung eines Objektflusses mit dem aktuellen Stand führte in der ersten Modellfassung zu einer Darstellung der vollständigen Objekte in der Grafik.

Die Darstellung der vollständigen Objekte in der Grafik in Zusammenhang mit der umfassenden Datenkonstellation und den realitätsnahen Szenarien führte zu einem "Überlauf" der Stellen. Die Stellen konnten die komplexen Attributinhalte nicht mehr grafisch darstellen.

Die interne Modellverarbeitung war korrekt. Da der manuelle Eingriff in den Simulationslauf jedoch über einen direkten Stellenzugriff erfolgt, war so keine Möglichkeit der individuellen Szenarienanalyse mehr gegeben.

2.2. Konzept des realisierten Modells

In der zweiten Modellfassung wurden die Objektattribute geteilt.

In der Grafik werden nur die, für den Prozeßverlauf notwendigen Daten abgelegt, also beispielsweise Auftragskennung mit Sachnummer, Fertigungsstufe und Qualitätsangabe. Die zusätzlich zur Auftragskennung aufgeführten Attribute sind eine

Forderung aus der Praxis, um auch weiterhin den aktuellen Objektstatus direkt aus der Grafik ablesen zu können.

Alle weiteren Daten werden in den "Modellhintergrund" gelegt. In CPN werden diese Daten in array-Datentypen[291] zusammengestellt, die alle Daten zu den Objekten und deren Stati enthalten. Im weiteren Sprachgebrauch werden die array-Datentypen auch als Datenbanken bezeichnet. Die Datenbanken sind auch die Grundlage für die Auswertungen der Szenarien zur Darstellung und Analyse der Wirkungen Rechnerunterstützter Fertigungssysteme. Über speziell programmierte Abfragen kann zu jedem Simulationszeitpunkt der aktuelle Status abgefragt werden.

291 Vgl. Paulson/ML/254f.

V. Unternehmungsmodell PRODU: Aktivitätennetze als Basis von Wirkungsanalysen

Nachdem im vorherigen Abschnitt Petri-Netze und Petri-Netz-Prozesse, sowie deren Interpretation im Hinblick auf die Modellierung beschrieben wurden, wird in diesem Abschnitt ein allgemeiner Modellansatz zur Unternehmungsmodellierung formuliert. Eine Anwendung liegt im Unternehmungsmodell PRODU, das mit dem Schwerpunkt auf dem rechnerunterstützt realisierten Modellausschnitt vorgestellt wird.

Mit der Beschreibung des standardisierten Modulaufbaus und ausgewählter Objektattribute wird ein Einblick in die Prozesse und Prozeßverbünde des Unternehmungsmodells gegeben.

Auf der Grundlage des Auftragsflusses von der Einplanung des Auftrages bis zum Vertrieb werden die einzelnen, realisierten Module vorgestellt. Dabei werden die vielfältigen Steuerungsgrößen herausgearbeitet.

Am Beispiel des Bereichs Rechnungswesen wird dargestellt, daß die in der rechnerunterstützten Modellrealisation für die Teilproduktfertigung und Montage aufgezeigten Möglichkeiten zur Modellierung einer Unternehmung sowie die angewandten Modellierungstechniken auf die gesamte Unternehmung übertragen werden können.

Beispiele zur Anwendung des Modells in Unternehmungen unterschiedlicher Branchen sollen das breite Anwendungsspektrum des allgemeinen Modellansatzes aufzeigen.

1. Das Unternehmungsmodell PRODU im Überblick

Das Unternehmungsmodell PRODU basiert auf dem Verständnis der Unternehmung als Prozeßverbund.[292]

Die Unternehmungsprozesse werden mit den beiden Prozeßtypen Transformation und Translation, die in einem reziproken Kreislauf zum R-Zyklus verbunden werden, abgebildet[293]. Die Modularisierung des Modells und die inhaltliche Darstellung der beiden Prozeßtypen liegt im Ermessen des Modellanwenders.

Die Modularisierung im Unternehmungsmodell PRODU orientiert sich an der Aufbauorganisation von PRODU. Das Modell wird unterteilt in UB-Module für die Un-

[292] Vgl. Abschnitt II.1.1.

[293] Vgl. Abschnitt III.3.3.

ternehmungsbereiche, B-Module für die Bereiche und T-Module für Teilbereiche, also Aktivitätsgruppen der Unternehmung.[294] Spezifizierungen, also detailliertere Darstellungen bestimmter Aktivitäten, erfolgen in Submodulen. Die einzelnen Module werden durch die jeweiligen Spezialisten der Bereiche fachlich inhaltlich entwickelt.

Eine Orientierung im Modell wird durch Namenskonventionen unterstützt, deren erster Bestandteil die Modulkennung darstellt. Am Beispiel des Teilproduktlagers der Fertigung FSTPL werden die Namensbestandteile erläutert:

F Bereich der Unternehmung: Fertigung
S Netz-Bestandteil[295]: Stelle
TPL aktueller Namensbestandteil: Teilproduktlager

Die Untersuchung von Rechnerunterstützten Fertigungssystemen bedingt eine detaillierte Betrachtung des Fertigungsbereichs der Unternehmung. Für die rechnerunterstützte Realisation wurde daher der Fertigungsbereich mit seinen T-Modulen Teilproduktfertigung und Montage ausgewählt. Angrenzende (Unternehmungs-)Bereiche wie Beschaffung und Produktionsplanung werden nur im Hinblick auf die notwendigen "Kommunikationsschnittstellen" mit dem Bereich Fertigung abgebildet.

Der Schwerpunkt der Modellentwicklung liegt damit im taktisch/operativen[296] Bereich. Dabei ist der strategische Einfluß aus den Plan- und Zielvorgaben für diesen Bereich zu beachten.

Die Modell-Entwicklung der Fertigung orientiert sich an den Fertigungsprozessen der vier Produkte von PRODU. Produktvarianten liegen nicht vor. Abgebildet wird eine zweistufige Fertigung.

Aus den vielfältigen Aktions- und Reaktionsparametern der Fertigungsprozesse werden, unter Beachtung von Ressourcenrestriktionen, die Durchlaufzeiten der Fertigungsaufträge, sowie die zeitliche Einplanung und Verwendung der Ressourcen Personal und Anlagen modelliert.

---

[294] Vgl. Abschnitt IV.1.2.

[295] A=Arc/Graph; B=Bedingung, Guard als Schaltregel, Funktion; C=Color Set; D=Datei; F=Funktion; G=Guard, Verarbeitungsvorgang, Funktion; I=Initial Marking; L=lokale Identifier; O=Objekt, dargestellt durch seine Attribute; S=Stelle; T=Transition; V=CPN-Variable; W=val-Deklaration, die nicht direkt als lokale Identifier zuordnenbar sind

[296] Zu den Begriffen taktisch, operativ, strategisch
operativ = kurzfristig, taktisch = mittelfristig und strategisch = langfristig
vgl. Wild/Grundlagen/166;
taktisch = kurzfristig, operativ = mittelfristig und strategisch = langfristig
vgl. Matthes/Systematik/8.

1.1. Module als Repräsentanten der Unternehmungsbereiche

Am Beispiel des T-Moduls Teilproduktfertiung wird der Standard-Aufbau der Module beschrieben.[297]

Zentraler Bestandteil aller Module mit Ausnahme der Submodule ist der R-Zyklus mit den zwei Prozeßtypen Transformation und Translation. Er bildet mit seinen vor- und nachbereitenden Aktivitäten, hier Arbeitsvorbereitung FTArbVor und Lagertransport FTPTrans, die Hauptachse eines Moduls.

Die "Kommunikation" mit den anderen Modulen geschieht über Schnittstellen, die am Rand der Modulseite dargestellt werden, beispielsweise Fertigungsauftragsliste FTFeAufL oder Teilproduktlager FSTPL.

Jedes Modul repräsentiert einen auf vorgegebene Problemstellungen angepaßten Detaillierungsgrad der Prozesse. Für weitere Prozeßanalysen können einzelne Prozesse in eigenständigen Modulen mit eigenem R-Zyklus modelliert werden. Beispielsweise könnte die Arbeitsvorbereitung als weiteres T-Modul der Fertigung mit der Transformation "NC-Programmierung" und der Translation "NC-Programme freischalten" verfeinert dargestellt werden.

1.1.1. Prozeßdarstellung mit dem R-Zyklus

Der R-Zyklus mit den beiden Prozeßtypen Transformation und Translation erfaßt den Schwerpunkt der bereichsbezogenen Prozesse der Unternehmung.

Im T-Modul Teilproduktfertigung werden mit dem R-Zyklus die einzelnen Fertigungsschritte der Fertigungsablaufpläne modelliert.

Für die Analyse der Wirkungen Rechneruntertützter Fertigungssysteme waren Fragestellungen nach der Verwendung und Auslastung von Ressourcen sowie der Durchlaufzeiten von Aufträgen von besonderem Interesse. Für die realisierte Modellierung wurde hier ein Schwerpunkt gesetzt. Die im folgenden dargestellten Objekte und ausgewählten Objektattribute zeigen dies auf.

---

[297] Vgl. Modul Teilproduktfertigung im Anhang X.3.4.

1.1.2. Ausgewählte Objekte und Objekt-Attribute

Objekte des Fertigungsbereichs sind Fertigungs- bzw. Montageaufträge und Ressourcen, die artspezifisch in Listen zusammengefaßt werden, beispielsweise der Personalpool oder der Anlagenpool.

Alle Objekte haben neben anderen Merkmalen eine eindeutige Objektkennung[298], beispielsweise die Personalnummer zur Identifizierung des Mitarbeiters sowie zur Identifizierung einer Anlage das Tupel Kostenstelle und Belegungsgruppe.

Im vorherigen Abschnitt wurde bereits dargelegt, daß die Auftragsattribute zweigeteilt dargestellt werden. Direkt aus der Grafik ablesbar sind Auftragsnummer, Sachnummer, Fertigungsstufe und Qualitätsstufe. In einer Datenbank abgelegt sind zusätzliche Attribute, beispielsweise die Losgröße (Anzahl Werkstücke), Angaben zur Fertigungsstufe (Arbeitsplatz/Anlage, Fertigungszeiten, Gutquoten) und Prozeßverlaufslisten, so daß der aktuelle Stand eines Auftrages mit allen Daten zur Verfügung steht.

Die Veränderungen der Objekte der Objektklasse Auftrag im Fertigungsprozeß werden im folgenden aufgezeigt.

1.1.2.1. Die Dekomposition von Aufträgen

Die Absatzmengen je Produkt im Planungszeitraum werden über den Planungszeitraum verteilt in Produktionsaufträge aufgeteilt. Diese Produktionsaufträge werden in der Produktionsplanung gemäß den Strukturstücklisten der Produkte in Teilproduktfertigungs- (Teil-), Beschaffungs- und Montageaufträge unterteilt.

Fertigungs- und Montageaufträge sind schichtgebunden, d.h. ein Auftrag muß in einer Schicht zusammenhängend gefertigt werden. Sind die Aufträge für eine Schicht zu umfangreich, so wird dieser Auftrag in Splittingaufträge unterteilt. Ein Splittingauftrag kann dann in einer Schicht gefertigt werden. Nach Abarbeitung aller Splittingaufträge einer Fertigungsstufe des Auftrages werden die gefertigten Werkstücke wieder zu einem Auftrag zusammengefaßt und stehen in ihrer Gesamtheit für die folgende Fertigungsstufe zur Verfügung.

Ein vorheriger Übergang der Splittingaufträge in die nächste Fertigungsstufe ist nicht zugelassen. Vielmehr wird in jeder Fertigungsstufe nach der geeigneten Aufsplittung der Aufträge gesucht.

---

[298] Vgl. Durchholz, Richter/Stellen/126.

Damit ergibt sich folgendes Bild.

1 Auftrag des Absatzplanes = 1 Produkt	mehrere Fertigungsaufträge (Teilaufträge)	mehrere Fertigungsstufen je Teilauftrag	mehrere Splittingaufträge je Fertigungsstufe

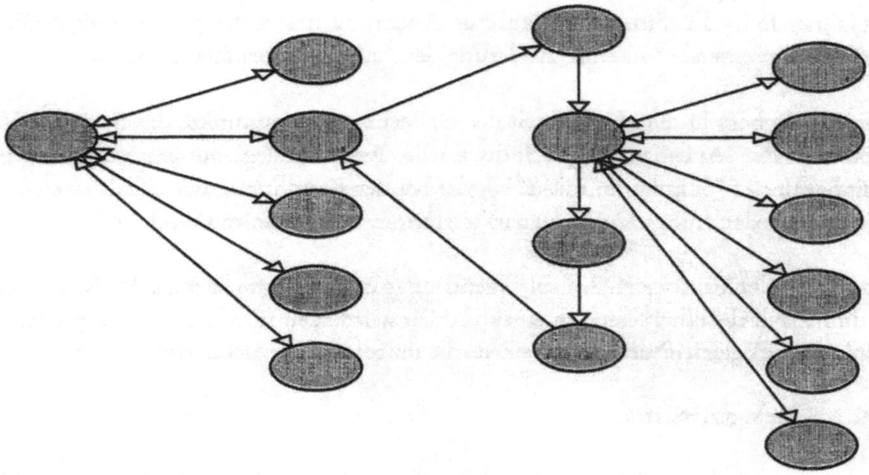

Abbildung 27: Objektausprägungen der Objektklasse Auftrag

Im folgenden werden zwei spezielle Auftragsattribute, die Priorität und die Prozeßverlaufsliste vorgestellt. Da der Auftrag bzw. der Prozeßverlauf maßgeblich durch die Ressourcenverfügbarkeit beeinflußt wird, erfolgt zusätzlich eine Darstellung der Belegtzeitlisten als Ressourcenattribut.

1.1.2.2. Auftrags-Prioritäten zur Reihenfolgeplanung

Der Produktionsprozeß kann neben der "automatischen" Steuerung durch die Verfügbarkeit von Ressourcen durch Prioritätsregeln[299] bei der Einplanung von Aufträgen beeinflußt werden.

---

[299] Prioritätsregeln basieren bei PRODU auf Erfahrungswissen. So werden Prioritäten auf der Grundlage durchschnittlicher Durchlaufzeiten von Aufträgen in Abhängigkeit der Vorgaben durch den Absatzplan vergeben. Die vielfältigen, unvorhersehbaren Einflüsse des Fertigungsablaufes verhindern eine Optimierung der Fertigung. Mit Heuristiken kann in vereinfachter Form eine Fertigungssteuerung erreicht werden.
Vgl. Zanakis, Evans/Heuristics/passim.

Im Modell enthält der Fertigungsauftrag als ein Attribut die Priorität. Mit der Vergabe von Auftragsprioritäten und entsprechenden Prioritätsregeln kann die zeitliche Einplanung der Aufträge gesteuert werden. Dies kann zum einen automatisch durch modellieren von allgemeinen Einplanungsregeln erfolgen. Hier sind in der Warteschlangentheorie vielfältige Methoden entwickelt worden.[300]

Eine weitere Möglichkeit der Reihenfolgeplanung im Modell besteht in einem manuellen Eingriff in den Simulationslauf zur Änderung der Auftragsreihenfolge. Dieser Eingriff kann einerseits in einer Änderung der Auftragsprioritäten erfolgen.

Desweiteren besteht die Möglichkeit der Änderung der Zeitpunkte der frühesten Verfügbarkeit der Aufträge. Diese individuelle Reihenfolgeplanung beruht auf den Grundlagen der "Simulation mit Zeit", die bei der Berechnung der Schaltbarkeit von Transitionen den frühesten Verfügbarkeitstermin der Token mitbeachtet.[301]

Entscheidender Faktor der Reihenfolgeplanung ist die Verfügbarkeit der Ressourcen, die im Modell detailliert betrachtet wird. Hierzu wurden für die Ressourcen Personal und Anlagen Belegtzeitlisten entwickelt, die im folgenden vorgestellt werden.

1.1.2.3. Belegtzeitlisten

Die Verfügbarkeit der Ressourcen wird anhand des Attributes "Belegtzeitliste" geprüft, die individuell für jeden Mitarbeiter und jede Anlage angelegt wird.[302]

Die den Ressourcen zugeordneten Belegtzeitlisten geben Auskunft über Nichtverfügbarkeitszeiten und Nutzungszeiten. Mit ihnen wird also die Kapazität und Leistungsbereitschaft von PRODU festgelegt. Kurzfristige Änderungen der Leistungsbereitschaft, beispielsweise durch Überstunden, werden nicht berücksichtigt.[303]

"Grundausstattung" der Belegtzeitlisten ist eine Wocheneinteilung des Planungszeitraumes. Jede Woche wird mit den vorab bekannten Nicht-Verfügbarkeitszeiten gefüllt. Im Modell sind dies für das Personal die 3. bisher nicht genutzte Schicht und die Wochenenden.

---

[300] Vgl. Boctor/Heuristics/passim;
vgl. Neumann/Scheduling/passim;
vgl. Zimmermann/Ansätze/passim.

[301] Vgl. Abschnitt IV.1.5.

[302] Die Materialverfügbarkeit wird anhand des frühesten Vefügbarkeitstermins geprüft.

[303] Zu den Faktoren und Merkmalen der Leistungsbereitschaft und deren Veränderlichkeit vgl. Riebel/Einzelkostenrechnung/83ff.

Hier können beispielsweise für das Personal Urlaubs- und Feiertagstagspläne oder unterschiedliche Arbeitszeitmodelle[304], also auch Teilzeitarbeit, individuell angegeben werden. Bei den Arbeitszeiten[305] können zunächst die bekannten Untätigkeitszeiten, beispielsweise Pausen- oder Weiterbildungszeiten eingetragen werden. Die Einsatzzeiten aufgeteilt in Tätigkeitszeiten und Tätigkeitsunterbrechungen beziehungsweise Wartezeiten ergeben sich aus der Simulation.

Beginn [Min]	Ende [Min]	Aktivität	Bemerkung
27300	30240	"PRIVAT"	Wochenende Sa/So 3. Woche
30240	30660	"PRIVAT"	Arbeitsbeginn Montag 7,00 Uhr
30660	30980	"1&1ATP1FWS4"	Fertigung Auftrag 1ATP1*
31040	31090	"1&2AFWS1"	Fertigung Auftrag 2A*
31620	32100	"PRIVAT"	3. Schicht
33060	33540	"PRIVAT"	3. Schicht
33620	33680	"1&2AFWS3"	Fertigung Auftrag 2A*
34500	34980	"PRIVAT"	3. Schicht
34980	35940	"2&2AFWS3"	Fertigung Auftrag 2A*
35940	36420	"PRIVAT"	3. Schicht
36420	37260	"3&2AFWS3"	Fertigung Auftrag 2A*
37380	40320	"PRIVAT"	Wochenende 3. Schicht Fr, Sa/So 4. Woche

* Auftragsspezifikation
"1&1ATP1FWS4":
Auftragsnummer Teilproduktfertigung 1ATP1, Fertigungsstufe 4, Splittingauftrag 1
"2&2AFWS3":
Auftragsnummer Montageauftrag 2A, Fertigungsstufe 3, Splittingauftrag 2

Tabelle 1: Auszug Belegtzeitliste Hilfskräfte 0000099

Eine Personalnummer umfaßt im Modell zwei Mitarbeiter, je einen für Schicht 1 (S1) und Schicht 2 (S2). Der Auszug aus der Belegtzeitliste der Hilfskräfte "0000099S1" und "0000099S2" für Schicht 1 und 2 umfaßt die 4. Planungswoche, beginnend mit dem Wochenende der 3. Woche. Die Zeitlücken in der Liste sind Wartezeiten, die in diesem Szenario nicht genutzt werden.

---

[304] vgl. Scholz/Personalmanagement/335ff;
vgl. Mayer/Zeitmanagement/269ff.

[305] Gliederung der Betriebszeiten nach REFA. Als Übersicht
vgl. Federmann/Betriebswirtschaftslehre/10D2.

Einsatzzeitraum ist beispielsweise der Zeitraum von 34980 bis 35940 Minuten, in dem der zweite Splittingauftrag des Auftrages 2A in der Fertigungsstufe 3 bearbeitet wird.[306]

Analog ergeben sich bei den Anlagen die Einsatz- und Brachzeiten[307]. Bekannte Brachzeiten, beispielsweise Betriebsstillstandszeiten, können vorab in die Belegtzeitlisten der Anlagen eingetragen werden. Dasgleiche gilt für Nutzungsunterbrechnungen, beispielsweise regelmäßige Wartungstermine. Die Einsatzzeiten aufgeteilt in Nutzungszeiten und Nutzungsunterbrechungen, beispielsweise durch Betriebsunterbrechungen, ergeben sich aus der Simulation.

Mit diesen spezifischen Verfügbarkeitsbetrachtungen der Ressourcen ist eine detaillierte Auftragsflußbetrachtung möglich, die in den Prozeßverlauflisten dokumentiert wird.

1.1.2.4. Prozeßverlaufslisten

Die den Ressourcen zugeordneten Belegtzeitlisten geben Auskunft über Einsatz- und Tätigkeitszeiten der Ressourcen. Den Aufträgen werden Prozeßverlaufslisten zugeordnet, die den Auftragsfluß über die einzelnen Fertigungsstufen protokollieren.

Zur Bestimmung der Fertigungssdauer werden unterschiedliche Zeitströme ermittelt. Hierzu gehören Transport- und Lagerzeiten, Liegezeiten vor Bearbeitung, Bearbeitungszeiten und Liegezeiten nach Bearbeitung[308].

Alle Stationen eines Auftrages können anhand der lokalen Komponente und der Verweilzeiten nachvollzogen werden. Aus den Listen lassen sich die Liege- und Veränderungszeiten[309], aufgeteilt in Einwirk- und Förderzeiten, ablesen.

Der Auszug aus der Prozeßverlaufsliste des Auftrages 2A zeigt den Wechsel zwischen Fertigungs- und Transportschritten (Transformation und Translation). Dabei wird die Verarbeitung von Splittingaufträgen deutlich hervorgehoben, die so modelliert ist, daß erst alle Splittingaufträge abgearbeitet sein müssen, bevor die nächste Fertigungs-

---

306 Zu den Splittingaufträgen vgl. Abschnitt V.2.6.1.1.4..

307 Vgl. Federmann/Betriebswirtschaftslehre/10D2.

308 Zu den einzelnen Komponenten der Durchlaufzeiten
vgl. Heinen/Industriebetriebslehre/425;
vgl. Scheer/Wirtschaftsinformatik/193;
vgl. Wildemann/FFS/218.

309 Vgl. Federmann/Betriebswirtschaftslehre/Werkstoffzeiten,10D2. Der Prüfvorgang und damit die Prüfzeiten werden aus Auftragssicht als Veränderung angesehen und sind damit Bestandteil der Veränderungszeiten.

stufe begonnen werden kann (Fertigungsstufe 3). Fertigungsstufe 1 und 2 können in einer Schicht abgearbeitet werden.

Beginn [Min]	Ende [Min]	Aktivität	Bemerkungen
37740	40740	"Liegezeit"	
37290	37740	"TLZ-Liegezeit Fert.stufe:3"	
37260	37290	"Transport Fert.stufe:3"	
37260	37260	"Liegezeit"	
36420	37260	"Fert.stufe:3SP:3"	Hilfskräfte "0000099"
35940	36420	"Liegezeit"	
34980	35940	"Fert.stufe:3SP:2"	Hilfskräfte "0000099"
33680	34980	"Liegezeit"	
33620	33680	"Fert.stufe:3SP:1"	Hilfskräfte "0000099"
33620	33620	"Liegezeit"	
32690	33620	"TLZ-Liegezeit Fert.stufe:2"	
32660	32690	"Transport Fert.stufe:2"	
32660	32660	"Liegezeit"	
32110	32660	"Fert.stufe:2SP:1"	Hilfskräfte "0000088"
32050	32110	"Liegezeit"	Liegezeit = 60 Minuten
31120	32050	"TLZ-Liegezeit Fert.stufe:1"	
31090	31120	"Transport Fert.stufe:1"	
31090	31090	"Liegezeit"	
31040	31090	"Fert.stufe:1SP:1"	Hilfskräfte "0000099"
31040	31040	"Liegezeit"	
31040	31040	"Beginn Montage"	

Tabelle 2: Auszug der Prozeßverlaufliste (4. Woche) Auftrag 2A mit Kommentaren[310]

Die Durchlaufzeit eines Auftrages setzt sich zusammen aus Bearbeitungszeiten, fertigungsbedingten Liegezeiten, beispielsweise Abkühlen und ressourcenbedingten Liegezeiten. Die fertigungsbedingten Liegezeiten werden als TLZ-Liegezeiten von PRODU übernommen. Die ressourcenbedingten Liegezeiten ergeben sich aus dem Modellauf.

---

310 In der Belegtzeitliste werden die Zeiten von oben nach unten fortlaufend eingetragen, in der Prozeßverlaufsliste von unten nach oben.
Die Darstellung in Tabellen ist eine Aufbereitung der Originallisten aus den Simulationsläufen.

In der vorgestellten Prozeßverlaufsliste liegt neben den fertigungsbedingten Liegezeiten (TLZ-Liegezeiten) nur eine ressourcenbedingte Liegezeit von 60 Minuten vor Beginn der Fertigungsstufe 2 vor.

Die Fertigungsstufe 2 benötigt die Anlage ("114","970") mit den Hilfskräften "0000088". Ursache der Liegezeit ist wahrscheinlich die Nichtverfügbarkeit des Mitarbeiters zum Zeitpunkt 32050. Anhand der Belegtzeitliste der Hilfskräfte kann diese Vermutung untersucht werden.

Beginn [Min]	Ende [Min]	Aktivität	Bemerkungen
31620	32100	"PRIVAT"	Hilfskraft in Zeitpunkt 32050 nicht verfügbar
32110	32660	"1&2AFWS2"	Fertigung Auftrag 2A

Tabelle 3: Auszug Belegtzeitliste Hilfskräfte 0000088.

1.1.3. Durchlaufzeiten und Terminvorgaben

Die Planung der Ressourceneinsätze sowie der Durchlaufzeiten von Aufträgen wird in Unternehmungen häufig auf der Grundlage von Terminvorgaben für die Fertigstellung der Produkte vorgenommen. Der Fertigungsablauf wird nach dieser Vorgabe ausgerichtet.

Dieses Vorgehen hat für PRODU zu einem Imageverlust und damit Verlust von Marktanteilen geführt. Da die vom Vertrieb vorgegebenen Termine stets die Kundenwünsche, also kurze Lieferzeiten repräsentierten, die fertigungstechnischen Gegebenheiten dabei jedoch nicht berücksichtigen, wurden Terminzusagen in den meisten Fällen trotz großer Anstrengungen im Fertigungsbereich nicht eingehalten. Es wurde ein Weg zur besseren Termin-Vorhersage und zum aktuelleren Datenaustausch zwischen Fertigung und Vertrieb gesucht. Die Aktualisierung des Datenaustausches wird mit der Installation eines unternehmungsübergreifenden Informationssystems geschaffen.

Bei Ermittlung von Fertigstellungsterminen mit dem Unternehmungsmodell PRODU erfolgt die Bestimmung der Durchlaufzeiten von Aufträgen und damit der Fertigstellungstermine auf der Basis der Gegebenheiten in der Fertigung.

Für einen Planungszeitraum werden die zu fertigenden Aufträge mit ihren Prioritäten, der zeitlichen Staffelung der Aufträge hinsichtlich ihrer frühesten Einplanungstermine und die Ressourcenverfügbarkeiten vorgegeben. Aus diesen Datenparametern, unter Beachtung weiterer Daten, beispielsweise der Produktstruktur, ergeben sich die Durchlaufzeiten der Aufträge eines Simulationslaufes.

Stimmen simulierte und geforderte Fertigstellungstermine von Aufträgen überein, so kann nach den Simulationsdaten gefertigt werden. Stimmen die Termine nicht überein, so können Ressourcenverfügbarkeiten, Prioritäten und früheste Einplanungstermine der "mangelhaften" Aufträge, die Fertigungsstruktur und die Auftragsstruktur verändert werden.

Mit mehreren Simualtionsläufen kann so im Sinne von Versuch und Irrtum (trial and error Verfahren oder "der blinde Variations- und selektive Bewahrungsprozess"[311]) getestet werden, ob das geplante Produktionsprogramm und die Kundenwünsche bezüglich der Liefertermine ihrer Produkte in Übereinstimmung zu bringen sind.

Der Fertigstellungstermin ergibt sich aus den Kausalitäten der Fertigungsprozesse. Die Zeit ist damit eine abhängige Größe. In diesem Zusammenhang wird das Objekt Auftrag zum "Zeitträger". Der Auftrag stößt durch seinen frühesten Verfügbarkeitstermin den Zeitverlauf an. Neben dem Auftrag sind Ressourcenverfügbarkeiten eine zeitbestimmende Komponente.

Die Auftragsentwicklung von der Teilproduktfertigung mit gleichzeitigen oder vorangegangenen Beschaffungsaktivitäten über die Montage zum Vertrieb, also über mehrere Module, bedarf einer Kommunikationsmöglichkeit zwischen den betroffenen Modulen. Diese wird durch Schnittstellen repräsentiert.

1.2. Schnittstellen als Kommunikationsbrücken der Module

Die am Seitenrand einer Modulseite dargestellten Modul-Schnittstellen ermöglichen die Kommunikation zwischen unterschiedlichen Modulen.

Zu beachten ist, daß neben abhängigen, beispielsweise sequentiellen Prozessen, auch unabhängige Prozesse der Unternehmung modelliert werden müssen. Insbesondere die Darstellung dieser nebenläufigen Prozesse bedingt die Unabhängigkeit der einzelnen Module des Modells.[312] Diese Unabhängigkeit wird durch folgende Modellierung erreicht.

Während innerhalb des Moduls die Prozeßsicht vorherrscht, wird in den Schnittstellen eine zeitpunktbezogene Betrachtung abgebildet. Die Kommunikation der Module beruht dabei auf einer zeitpunktbezogenen Betrachtung.

---

[311] Malik/Strategie/265.

[312] Vgl. Abschnitt IV.1.3.

Zum Zeitpunkt der Kommunikation werden alle Informationen über den vorherigen Prozeßverlauf an das "anfragende" Modul übergeben. Die für den weiteren Prozeßverlauf notwendigen Informationen werden beim anfragenden Modul weiterverarbeitet. Diese Schnittstellenverarbeitung kann auf Schnittstellen zwischen mehreren Modulen übertragen werden.

Am Beispiel des Teilproduktlagers soll dieses Vorgehen erläutert werden. Im Teilproduktlager werden die Kauf- und Eigenfertigungsteile gesammelt. Alle Teile haben als ein Attribut ihre Prozeßverlaufsliste.

Entnimmt der Montagevorgang die benötigten Teile, so kann zum einen durch Weiterführung der Prozeßverlaufsliste ein Fortlauf des Fertigungsprozesses modelliert werden. Dies ist insbesondere bei auftragsbezogener Fertigung durch Kundenbestellungen von Interesse, da so über den gesamten Fertigungsverlauf ein Protokoll zur Analyse vorliegt. Bei einer Lagerfertigung sind die der Montage vorgelagerten Fertigungsschritte unter Umständen nicht von Interesse, da allein der früheste Verfügbarkeitstermin im Teilproduktlager den Montageprozeß bestimmt.

Der Montageprozeß kann in der Schnittstelle Informationen zu Entnahmemenge und -terminen hinterlegen. Auf dieser Grundlage kann eine Lagerplanung über den gesamten Planungszeitraum oder eine Lageranalyse bezüglich der Lagergröße erfolgen.

Die Umsetzung der zeitraum- in eine zeitpunktbezogene Betrachtung wird durch die Belegung der Schnittstellen mit Listen erreicht. In diesen Listen, die quasi eine Protokollfunktion für das aktuelle Modul darstellen, werden die Prozeßdaten protokolliert.

Mit der Beschreibung der Modulprozesse mit dem R-Zyklus, den Objekten der Prozesse und den für die Wirkungsanalyse wichtigen Objektattributen Priorität und Prozeßverlaufslisten der Aufträge sowie den Belegtzeitlisten der Ressourcen sind in Zusammenhang mit den Schnittstellen als Komunikationsbrücken zwischen den Modulen alle Hilfsmittel zur Beschreibung des rechnerunterstützt realisierten Modellausschnittes bereitgestellt.

2. Auftragsfluß von der Planung bis zum Vertrieb

Im diesem Abschnitt werden die realisierten Module des Unternehmungsmodells PRODU mit der Beschreibung des Auftragsflusses von der Planung bis zum Vertrieb vorgestellt.[313] Je nach Differenziertheit des Moduls werden Modulfluß, Steuerungsgrößen und Schnittstellen beleuchtet.

2.1. Das Unternehmungsbereichs-Modul Absatzplanung

Der Absatzplan enthält in einer zeitlichen Staffelung die prognostizierten Absatzmengen der Produkte der Unternehmung.

Im realisierten Modell ist der Absatzplan das Ergebnis von Prognosemodellen oder Fortschreibungen vergangenheitsbezogener Daten, beispielsweise aus dem Rechnungswesen, oder von Expertenbefragungen. Der Plan geht als Datum in das Modell ein.

Eine Erweiterungsmöglichkeit der Realisation besteht in der Modellierung eines eigenständigen Absatzmoduls. Hier kann das Zusammenspiel unterschiedlicher Einflußfaktoren auf die Absatzplanung modelliert werden, beispielsweise Wettbewerbssituation, Tendenzen der Marktentwicklung, Eröffnung neuer Märkte.

Unter Berücksichtigung der Lagerbestände wird aus dem Absatzplan der Produktionsplan erstellt.

2.2. Bereichs-Modul Produktionsplanung

Der Produktionsplan enthält alle Produktionsaufträge für den Planungszeitraum. Die Produktionsaufträge werden in einer Grobplanung zeitlich gestaffelt. Grundlage der Grobplanung sind Beschaffungszeiträume und vorgegebene Fertigungstellungstermine in Zusammenhang mit bekannten durchschnittlichen Durchlaufzeiten von Produkten. Unberücksichtigt bleiben Kapazitätsgrenzen. Es wird also eine Planung unter der Prämisse der unbegrenzten Ressourcenverfügbarkeit vorgenommen.

Die Produktionsaufträge werden auf der Grundlage der Stücklisten in Beschaffungsaufträge für Material und Kaufteile sowie Fertigungsaufträge zerlegt.

Mit der Spezifizierung bei PRODU auf eine zweistufige Fertigung werden als Stücklisten nur Baukastenstücklisten[314] benötigt. Mit Hilfe der Baukastenstücklisten wird das Produkt in Teilprodukte gegliedert, die in Eigen- oder Fremdfertigung hergestellt oder gekauft werden müssen.

---

[313] Zu den einzelnen Modulen vgl. grafische Darstellung im Anhang X.3.

[314] Baukastenstücklisten der Produkte von PRODU siehe Anhang X.2.1.

Die Kennung der Kauf- und Fremdfertigungsteile erfolgt durch ein Kennzeichen im Fertigungsablaufplan oder ist über eine Kennung im Namen, der Sachnummer des Teilproduktes, erkennbar. Im Modell werden beide Teilprodukte mit "TPxSonst" deklariert. TPxSonst umfaßt also bespielsweise Kleinteile wie Schrauben und fremdgefertigte Zwischenprodukte.

Die Produktionsplanung und -steuerung (PPS) ist bisher nur ausschnittweise modelliert.[315] Bestandteil der Realisation ist die Aufteilung der Produktionsaufträge in Fertigungs- und Beschaffungsaufträge bei Übernahme der vom Absatzplan vorgegebenen Größen zu Auftragsprioritäten und zeitlicher Staffelung der Aufträge.

2.2.1. Steuerungsgrößen

Absatzplan, Stücklisten, Auftrags-Prioritäten und Planungszeitraum, beispielsweise Wochen- oder Jahresplanung, sind die Größen, die in die Produktionsplanung eingehen.

Der aus dem Absatzplan unter Berücksichtigung der Lagerbestände entwickelte Produktionsplan enthält die benötigten Mengen der Produkte. Durch Zugriff auf die Stücklisten wird eine Aufteilung der Produktionsaufträge in Fertigungsaufträge für Teilprodukte (FSFeAuftL), Montageaufträge (FSAbsinFer) und Kauf- und Fremdfertigungsaufträge (FSBeAuftL) mit den benötigten Mengen erreicht. Die Mengen ergeben sich aus den Mengen der Teilprodukte in den Stücklisten multipliziert mit den Mengen des Produktionsplanes.

Änderungen der Stücklisten, beispielsweise durch Änderungen der Konstruktionspläne oder der Einführung von Varianten der Produkte, werden in der Produktionsplanung berücksichtigt.

In dem modellierten Standard-Modellauf werden die Prioritäten und die zeitliche Staffelung der Fertigungsaufträge aus dem Produktionsplan übernommen. Damit werden alle Teilprodukte zum gleichen frühesten Termin in die Fertigung gegeben. Im Standardablauf bleiben also unterschiedliche Durchlaufzeiten von Teilprodukten und damit die Möglichkeit der differenzierten zeitlichen Einplanung dieser Teilprodukte zur Minimierung der Lagerzeiten unberücksichtigt. Sie erfordern einen manuellen Eingriff in den Ablauf.[316]

---

[315] Zu PPS-Modellen
vgl. Ulrich/CIM-Elements/passim;
vgl. Steckhan, Paulik/Fertigungssteuerung/passim.

[316] Vgl. Abschnitt V.2.4.

2.2.2. Schnittstellen zu angrenzenden Modulen

Mit der Stelle FSAbsL ist eine Schnittstelle zu einem noch zu realisierenden Absatzmodul geschaffen. Die Stelle wird zur Zeit mit extern ermittelten Absatzplänen belegt.

Die drei Stellen FSAbsinFer, FSBeAuftL und FSFeAuftL sind Schnittstellen zu den weiterverarbeitenden Modulen Beschaffung, Teilproduktfertigung und Montage.

2.3. Unternehmungsbereichs-Modul Beschaffung

Mit einer detaillierten Darstellung der Prozesse im Unternehmungsbereich Beschaffung kann der Einfluß von Beschaffungsmaßnahmen auf Fertigungsprozesse untersucht werden. Dies wird insbesondere im Hinblick auf just-in-time-Konzepte von besonderem Interresse sein.

Die Beschaffungsaktivitäten beziehen sich sowohl auf Ressourcen, beispielsweise Material als auch auf den Kauf von Fremdfertigungsteilen.

Der Aufbau des UB-Moduls Beschaffung ist an den Aufbau der beiden T-Module Teilproduktfertigung und Montag angelehnt.

Der Einfluß der Beschaffung auf den Fertigungsprozeß wird in der vorliegenden Arbeit nicht untersucht. Daher ist das UB-Modul Beschaffung nur bezogen auf die Beschaffungszeit modelliert, die mit 100 Minuten plus 30 Minuten Transportzeit für alle Teilprodukte fest vorgegeben ist.

Mit den Stellen FSMaterial und FSTPL sind Schnittstellen zum Submodul "Ressourcenzuteilung und Fertigung/Montage" und zum Montagemodul vorhanden.[317]

2.4. Teilbereichs-Modul Teilproduktfertigung

Betrachtungsgegenstand des T-Moduls Teilproduktfertigung ist der Fertigungsauftrag. Eingangsdaten sind die von der Produktionsplanung und -steuerung freigegebenen Fertigungsaufträgslisten (FSFeAuftL). Diese Aufträge werden als Einzelaufträge (FSFeAuft) in die Fertigung gegeben (FTFAufiF).

---

[317] Die "Ausgangsbelegung" von FSMaterial wird in den Simulationsläufen über externe Dateien vorgenommen. Zeitliche Staffelungen der Materialverfügbarkeit erfolgen über manuelle Eingriffe in die Stellenbelegung.

2.4.1. Modulfluß

Die Arbeitsvorbereitung (FTArbVor) überprüft die einzelnen Aufträge hinsichtlich ihrer Prioritäten und den frühesten Beginnterminen zur Fertigung. Über manuelle Eingriffe, die durch den Modellanwender direkt oder über ein externes Programm erfolgen können, lassen sich die Attribute des Auftrages verändern.

Die von der Arbeitsvorbereitung freigegebenen Aufträge werden als Fertigungslose in die Fertigung gegeben (FSLosein). Die Abarbeitung des Fertigungsablaufplanes übernimmt der R-Zyklus mit den Prozeßschritten Fertigung eines Fertigungsschrittes (FTFertigung) und Transport zum nächsten Fertigungsschritt (FTFTransport). Der Ausstoß jedes Fertigungsschrittes wird in FSLosaus abgelegt. Der Ausstoß des Fertigungstransportprozesses ist gleichzeitig der Loseinsatz für den nächsten Fertigungsschritt (FSLosein).[318]

FSLosein ist das maschinennahe Zwischenlager, also die Palette an der jeweiligen Maschine, die alle Werkstücke eines Loses enthält. FTFertigung ist der Fertigungsvorgang des gesamten Loses. FSLosaus ist der Losausstoß nach erfolgter Fertigung, also die Palette, die alle erfolgreich gefertigten Werkstücke enthält. Zusätzlich werden hier Paletten für die Nacharbeit (FSNachS) und die Sammelbehälter für den Ausschuß (FSAusschuß) bedient.

Nach Abarbeitung des gesamten Fertigungsablaufplanes des betrachteten Teilproduktes wird das Los mit seinen Gutstücken in das Teilproduktlager (FSTPL) gebracht.[319]

Die Lager-Ordnung kann mit der Transition FTVerfTP abgebildet werden.[320] So kann beispielsweise jedem Produkt ein fester Lagerstandort zugeordnet werden, so daß neuankommende Produkte den bereits vorhandenen Produkten zugeordnet werden. Realisiert ist eine produktunabhängige Lagerordnung.

---

[318] Vgl. R-Zyklus Abschnitt III.3.3.

[319] Dabei wird zum einen der Produktionstransport (FTPTransport) als auch die Aufnahme in das Lager (FTVerfTP) modelliert. Mit FTVerfTP können damit die Prozesse des Einlagerns modelliert werden.

[320] "Die Lagerung schließt mehrere Teilprozesse ein. Hierzu zählen die Prozesse des Einlagerns, der eigentlichen Aufbewahrung, der Umlagerung und der Lagerentnahmen".
Bamberg/Lager/2425.
Zu Lagerhaltungsmodellen
vgl. Popp/Lagerhaltungsmodelle/;
vgl. Neumann, Morlock/Operations Research/621ff;
vgl. Steven/Strukturen/passim.

Zusätzlich werden der Ausschuß (FSAussch) und die Werkstücke zur Nacharbeit (FSNachS) gesammelt. An die Ausschußstelle kann bei Bedarf ein Modul angehängt werden, das eine weitere Verwendung des Ausschusses beispielsweise durch Recyclingvorgänge enthält.

Zum Ausgleich von Fehlfertigungsstücken, also Nacharbeit oder Ausschuß, können bei der Planung von Folgeperioden zusätzliche Werkstücke berücksichtigt werden. Ein weiterer Weg ist die direkte Berücksichtigung von Nacharbeiten durch angepaßte individuelle Fertigungsablaufpläne in der Folgeperiode.

Wird während des Simulationslaufes die Fehlfertigung entdeckt, so können die fehlenden Werkstücke und auch die Nacharbeitsaufträge mit den angepaßten Fertigungsablaufplänen durch einen manuellen Eingriff in den aktuellen Simulationslauf eingeplant werden. Dies geschieht durch eine Änderung der Stellenbelegung FSAbsL des B-Moduls Produktionsplanung und einer Anpassung der externen Datei mit den Fertigungsablaufplänen. Die "Simulationszukunft" basiert dann auf den geänderten Datengrundlagen. Laufende Aufträge werden von der Datenänderung nicht tangiert. Nur ihre zeitliche Einplanung kann durch die Berücksichtigung der zusätzlichen Aufträge beeinflußt werden.

2.4.2. Steuerungsgrößen

Steuerungsgrößen der Teilproduktfertigung sind die Auftragsprioritäten, die zeitliche Staffelung der Aufträge in der Arbeitsvorbereitung und die Fertigungsablaufpläne.

Interessant ist hier insbesondere die manuelle Eingriffsmöglichkeit zur Änderung der zeitlichen Staffelung der Aufträge. Die Belegung der Stelle FSFeAuft kann so verändert werden, daß bei der zeitlichen Staffelung die individuellen, durchschnittlichen Durchlaufzeiten der Teilproduktfertigungsaufträge berücksichtigt werden. Aufträge mit kurzen Durchlaufzeiten können also später gestartet werden, so daß eine Minimierung der Lagerverweildauern erreicht werden kann.

Mehrere Simulationsläufe zeigen dann, ob in Abhängigkeit von den anderen Fertigungsaufträgen und damit der Verfügbarkeit der Ressourcen eine Lagerzeitenminimierung unter gleichzeitiger Minimierung der Durchlaufzeiten der Aufträge erreicht werden kann.

In der Konstruktion werden zusammen mit der Entwicklung der Produkte, die Produktgestaltung und die Modularisierung der Produkte in Bauteile und die für die einzelnen Bauteile erforderlichen Fertigungsschritte zusammengestellt. Die Fertigungsschritte jedes Bauteils werden in Fertigungsablaufplänen[321] zusammengefaßt, die einen Überblick über die Anzahl der Fertigungsstufen und die in jeder Stufe benötigten Ressourcen liefern.

Fertigungsablaufpläne und alle Zusatzdaten werden zu Beginn der Simulation, also am Beginn der Planungsperiode, hinterlegt. Werden aus dem Simulationslauf oder durch veränderte Umweltbedingungen, beispielsweise die Inbetriebnahme einer neuen Anlage, Änderungen notwendig, so können diese entweder zur Laufzeit der Simulation, also für den aktuellen Produktionsplan aktiviert werden oder erst für zukünftige Produktionspläne berücksichtigt werden. Ein Eingriff in die laufende Simulation erfolgt durch Aktualisierung der externen Dateien und Übernahme dieser Daten in den Simulationslauf. Alle zukünftigen Aufträge des laufenden Planungszeitraumes werden dann unter den neuen Bedingungen gefertigt.

Der Fertigungsausstoß wird durch eine stochastische Verteilung für die Güte der Fertigung der unterschiedlichen Maschinengruppen modelliert.

Im Fertigungsablaufplan wird jedem Fertigungsschritt zusätzlich eine Kennung für die Güte der Fertigung zugeordnet. Die Quoten für Gut-, Nacharbeits- oder Ausschußbearbeitung[322] sind Erfahrungswerte, aus denen Wahrscheinlichkeitsverteilungen entwickelt wurden. Auf der Basis dieser Verteilungen wird für jeden Fertigungsschritt der Werkstückausstoß, also der Anteil der Werkstücke, die den Qualitätsvorgaben genügen, und der Nacharbeits- und Aussschußanteil der Stufe ermittelt.

2.4.3. Schnittstellen zu angrenzenden Modulen

Modul-Eingangs-Schnittstelle ist die Stelle FSFeAuftL mit Listen der Fertigungsaufträge als Verbindung zur Produktionsplanung.

Der Output des Moduls besteht aus dem Werkstückausstoß der Teilproduktfertigung in FSTPL, Nacharbeitsaufträgen (FSNachS), Ausschuß (FSAussch) und unerledigten Aufträgen (FSunAuft). Diese Stellen bilden Schnittstellen zu weiterverarbeitenden Modulen, insbesondere der Montage.

Unerledigte Aufträge können in späteren Planungsperioden neu eingeplant werden.

---

[321] Fertigungsablaufpläne für die Produkte von PRODU vgl. Anhang X.2.2.

[322] Vgl. Anhang X.2.3.

2.5. Teilbereichs-Modul Montage

Aufbau und Ablauf des T-Moduls Montage erfolgt in Anlehnung an das T-Modul Teilproduktfertigung.

Dargestellt wird eine anonyme, auftragsunabhängige Fertigung. Daher werden die Zeitlisten aus dem Teilprodukt-Lager nicht übernommen. Es beginnt eine neue Montage-Zeitliste. Bei auftragsbezogener Fertigung kann die Zeitliste übernommen werden.

2.5.1. Modulfluß

Die Montageaufträge sind in der Stelle FSAbsinFer hinterlegt. Die Transition FTFAufiM zieht aus dem Teilproduktlager (FSTPL) die Teilprodukte in den benötigten Mengen ab, so daß die im Montageauftrag geforderte Menge montiert werden kann. Ist die Stückzahl auch nur eines Teilproduktes nicht ausreichend, so wird das Produkt nicht in den Montagekreislauf gegeben und weiter im Lager behalten, bis diese Teilprodukt-Menge nachgeliefert/gefertigt wird oder die Anzahl Werkstücke im Montageauftrag angepaßt wird.

Mit dieser Vorgehensweise wird erreicht, daß entnommene Teilprodukte unverzüglich im Montageprozeß weiterverarbeitet werden. Möglich wäre auch eine Reservierung von Teilprodukten für bestimmte Aufträge. Diese Teilprodukte ständen dann bis zu ihrer Entnahme für zwischenzeitlich anfallende Aufträge nicht zur Verfügung.

Bei nicht ausreichender Mengenverfügbarkeit wird durch das erzwungene Fortschreiten der Zeit (Abarbeitung der Teilprodukt-Fertigung für weitere Teilprodukte), den im Lager liegenden Teilprodukten eine zusätzliche Liegezeit zugerechnet, bis zu dem Zeitpunkt, in dem alle Teilprodukte im Teilprodukt-Lager in ausreichender Menge zur Verfügung stehen. Damit ist sichergestellt, daß, entsprechend den realen Vorgängen, die Gesamtfertigungszeit eines Produktes alle Liegezeiten beinhaltet. Hierzu gehören auch die Liegezeiten im Lager, in dem bestimmte "vorzeitig" erstellte Teilprodukte auf andere "Nachzügler" für die Produktmontage warten müssen.

Sind in der Teilprodukt-Lagerliste alle Teilprodukte eines Produktes in ausreichender Menge vorhanden, so kann das Produkt gefertigt werden. Bei erfolgreichem Abzug werden die einzelnen Montageaufträge in der Stelle FSMoAuft hinterlegt. Der weitere Modulfluß entspricht dem Fluß im T-Modul Teilproduktfertigung.

2.5.2. Steuerungsgrößen

Die Steuerungsgrößen sind synonym zur Teilproduktfertigung.

2.5.3. Schnittstellen zu angrenzenden Modulen

Modul-Eingangs-Schnittstellen sind das Teilproduktlager FSTPL und die in der Produktionsplanung bestimmten Montageaufträge FSAbsinFer. Das Teilproduktlager FSTPL bildet die Schnittstelle zwischen den T-Modulen Teilproduktfertigung und Montage sowie dem UB-Modul Beschaffung und dem T-Modul Montage. In diesem Lager werden die Teilprodukte in den gefertigten Mengen sowie die gekauften und fremdgefertigten Teilprodukte gesammelt.

Dargestellt wird ein Lager, in dem die Teile unsortiert je nach Anlieferung und Platz im Lager gelagert werden. Dies bedeutet, daß bei Anlieferung unterschiedlicher Aufträge des gleichen Teilproduktes mehrere verschiedene Lagerorte zugrundeliegen können. Diese Form der Lagerhaltung wird insbesondere in vollautomatischen Lagersystemen, beispielsweise Hochregallager, eingesetzt.

Neben den Schnittstellen für Ausschuß-, Nacharbeits- und unerledigte Aufträge wird das Endproduktlager bedient, das eine Schnittstelle zu einem noch zu realisierenden Vertriebs- (Distributions-)Modul darstellt.

2.6. Submodul Ressourcenplanung

Für die beiden Prozeßtypen Transformation, also Fertigung oder Montage, und Translation, also Transport, sind eigenständige Submodule entwickelt worden. Modelliert werden die zeitliche Verfügbarkeit und die zeitliche Einplanung der Ressourcen Anlagen und Personal sowie der zeitliche Auftragsfluß.

2.6.1. Ressourcenplanung Fertigung/Montage

Das Submodul "Ressourcenzuteilung und Fertigung/Montage"[323] ist für die beiden T-Module Fertigung und Montage zuständig.

Der Aufbau des Submoduls ist dreigegliedert. Auf der Hauptachse wird der Ressourcenzuteilungs- und -verbrauchsprozeß dargestellt. Der Splittingsvorgang ist unten auf der Seite dargestellt. Die "Rückbuchung" der Ressourcen bei unmöglichen Aufträgen erfolgt oberhalb der Hauptachse.

---

[323] Vgl. Anhang X.3.8.;
vgl. Szyperski, Winand/Grundbegriffe/136, Stochastisches Modell.

2.6.1.1. Modulfluß

Alle Aufträge mit einem Zeitstempel kleiner oder gleich der Systemzeit auf der Stelle FSLosein eines T-Moduls, also entweder der Montage oder der Teilproduktfertigung, "warten" auf die Ressourceneinplanung für ihren aktuellen Fertigungsschritt. Als Input-Port[324] ist FSLosein die Eingangsstelle der Ressourcenzuteilung. Gemäß den Schaltregeln für Transitionen wird ein Auftrag aus FSLosein für die Transition FTResVorA und damit für die Ressourceneinplanung ausgewählt.

Mit dem Einstieg eines Auftrages in die Ressourceneinplanung werden die Belegungen der vier Ressourcenstellen abgezogen. Es kann also kein anderer Prozeß, der die Ressourcen benötigt, angestoßen werden. Durch die Schaltregeln in Petri-Netzen und die Verarbeitungsregeln der Simulationen unter Zeit in CPN ist jedoch sichergestellt, daß dieser Vorgang keine Beeinträchtigung hinsichtlich der Verarbeitung von nebenläufigen Prozessen darstellt.[325]

Bei der Ressourcenvorauswahl eines Auftrages (FTResVor) wird über den Fertigungsablaufplan ermittelt, wie die Anforderungen der aktuellen Fertigungsstufe aussehen, also ob Material gebraucht und welche Anlage für die Fertigung benötigt wird. Ist die Anlage bekannt, so ist bekannt wie die Personal- und Betriebsstoffanforderungen[326] aussehen.

Beim Personal werden dann die benötigten Mitarbeiterstellungen herausgesucht, beispielsweise alle Techniker einer Kostenstelle.

In der Transition Ressourcenzuteilung (FTResZut) wird aus der Ressourcenvorauswahl für den zugrundeliegenden Auftrag die benötigte Ressourcenmenge ausgewählt und der benötigte Zeitbedarf in die Zeitlisten für Anlage und Personal eingetragen. Die nicht benötigten Vorauswahlressourcen werden den Rest-Ressourcenlisten angefügt.

In der Transition Fertigung/Montage (FTFertMon) werden die zugteilten Ressourcen abgerufen, und eine Zeitzuteilung für den Auftrag erfolgt.[327] Zusätzlich wird je nach

---

[324] Die Schnittstellen zwischen zwei Hierarchiestufen werden in CPN Ports genannt.

[325] Vgl. Abschnitt IV.1.5.

[326] Zum Personalbedarf der Anlagen vgl. Anhang X.2.5.
Im Modell werden die Betriebsstoffe nicht betrachtet. Sie werden daher immer als eine "angepaßte" Einheit abgezogen und wieder zurückgeschrieben.

[327] Ähnlich den Ansätzen PIUSS, PROFIT wird hier eine integrierte Material- und Zeitwirtschaft vorgenommen. Sie erfolgt im Modell jedoch vollständig automatisch.
Vgl. Scheer/Wirtschaftsinformatik/207ff.

Gut- und Nacharbeitsquote eine Zuordnung zu Ausstoß, Ausschuß und Nacharbeit durchgeführt. Die Bestückung der entsprechenden Stellen erfolgt jedoch erst nach vollständiger Abarbeitung der aktuellen Fertigungsstufe. Der weitere Modulfluß wird im Abschnitt V.2.6.1.1.4. beim Auftragssplittung dargestellt.

Einflußmöglichkeiten zur Steuerung des Auftragsflusses liegen in der Modellierung von Verfahren zur Bestimmung der Auftrags- und Losreihenfolge.[328]

2.6.1.1.1. Bestimmung der Auftragszeiten

Zusätzlich zur Ressourcenplanung werden im Submodul die Auftragszeiten bestimmt. Einflußgrößen sind der früheste Verfügbarkeitstermin des Auftrages und die Verfügbarkeit der Ressourcen.

Die Fertigungszeit des Auftrages setzt sich zusammen aus den fertigungsbedingten und ressourcenbedingten Liegezeiten sowie der Veränderungszeit.

Die Veränderungszeit wird aus den Rüstzeiten der Anlage, sowie den Fertigungszeiten je Werkstück multipliziert mit der Losgröße errechnet. Die ressourcenbedingten Liegezeiten ergeben sich aus den Verfügbarkeiten der Ressourcen. Die einzelnen Zeitabschnitte werden an die Prozeßverlaufsliste des Auftrages angefügt.

Aus dem frühesten Verfügbarkeitstermin des Auftrages und den Fertigungszeiten wird der Fertigstellungstermin des Auftrages errechnet. Dieser Zeitpunkt wird dem Auftrag als Zeitstempel mitgegeben. Erst zu diesem Zeitpunkt steht er für weitere Fertigungsschritte zur Verfügung.[329]

In diesem Zusammenhang wird ein Phänomen bei der Auftragseinplanung unter Verwendung des R-Zyklus mit Petri-Netzen beschrieben.

Ausgangssituation sind zwei Aufträge, die dieselbe Anlage benötigen und zum selben Zeitpunkt verfügbar sind.

Die Auswahl eines Auftrages erfolgt über die Schaltregeln für Transitionen in Petri-Netzen, bei CPN über einen Zufallsmechanismus.

---

[328] Zur Warteschlangentheorie und -modellen
vgl. Sturm/Operations Research/108ff;
vgl. Baccelli, Makowski/Models/passim.
Ein Beispiel ist der Johnson-Algorithmus als analytisches Verfahren zur Bestimmung der zeitoptimalen Maschinenbelegung bei Fließproduktion.
Vgl. Hahn,Laßmann/Produktionswirtschaft2/146ff.

[329] Vgl. Abschnitt IV.1.5.

Aus den Verfügbarkeiten der Ressourcen und dem frühesten Verfügbarkeitszeitpunkt des Auftrages ergibt sich die Einplanung des Auftrages. Betrachtet werden zwei Aufträge mit sehr unterschiedlichen Fertigungszeiten beispielsweise 900 und 40 Minuten.

Die Zufallsauswahl in CPN kann dazu führen, daß zuerst der Auftrag900 bearbeitet wird.

Trotz der Simulationreihenfolge Auftrag900 vor Auftrag40 kann die zeitliche Einplaung Auftrag40 vor Auftrag900 erfolgen.

Bei der Simulation mit Zeit werden zu einem Simulationszeitpunkt alle Transitionen, die schaltbar sind, verarbeitet. Da beide Aufträge zum selben Zeitpunkt beispielsweise ZP = 5000 frühestens verfügbar sind, sind beide Aufträge im Sinne der Petri-Netz gleichwertig, falls keine anderen Bedingungen vorliegen.

Entsprechend der Schaltregel für Transitionen wird für die Schaltung ein Auftrag ausgewählt und verarbeitet. Fällt nun zuerst die Wahl auf den Auftrag900, so läuft folgendes Procedere ab. Die Verfügbarkeit der Anlagen und zugehörigen Mtarbeiter wird geprüft. Steht beispielsweise zum Zeitpunkt 5000 die Mensch-Maschine-Kombination nur für 100 Minuten zur Verfügung, so kann der Auftrag900 mit einer Fertigungsdauer von 900 Minuten hier nicht eingeplant werden. Seine Einplanung erfolgt zu einem späteren Zeitpunkt beispielweise ZP = 6500, zu dem die Mensch-Maschine-Kombination für den erforderlichen Zeitraum zur Verfügung steht.

Wird daran anschließend der Auftrag40 in die Ressourcenplanung genommen, so kann der Zeitraum der Verfügbarkeit der Mensch-Maschine-Kombination von 5000 bis 5100 mit 40 Minuten ausgefüllt werden.

Die zeitliche Reihenfolge der Aufträge ist also:

1. Auftrag mit 40 Minuten Fertigungszeit in dem Zeitraum 5000 bis 5040.
2. Auftrag mit 900 Minuten Fertigungszeit in dem Zeitraum 6500 bis 7400.

Die Zeitstempel der Aufträge werden entsprechend eingestellt.

Die Fertigungszeiten der Aufträge sind also ausgehend von den frühesten Verfügbarkeitszeitpunkten der Aufträge von der Verfügbarkeit der Ressourcen abhängig.

2.6.1.1.2. Unerledigte Aufträge

Die Verfügbarkeit der Ressourcen wird von dem Planungszeitraum begrenzt. Ein Überschreiten dieses Planungshorizontes ist nicht möglich.[330] Es führt zu unerledigten Aufträgen.

Eingangsvoraussetzung für die Ressourcenzuteilung eines Auftrages ist lediglich das Vorhandensein von ausreichend Material für den zu bearbeitenden Fertigungsschritt. Wird in dem Verfahren der Ressourcenauswahl und -zuteilung erkannt, daß im gesamten Planungszeitraum keine ausreichende Ressourcenkombination aus Anlagen und Personal zusammentreffen, so kann der Auftrag nicht bearbeitet werden. Er wird als "unerledigter Auftrag" in einer besonderen Liste abgelegt.

Alle Ressourcen behalten ihre Ursprungswerte. Es wird also bezogen auf die Ressourcen, auch für Material, ein Zustand "vor Einplanung" des Auftrages hergestellt. Diese Aufgaben übernimmt die Transition FTunerlAuft.

Die Abfrage, welche der Transitionen FTFertMon oder FTunerlAuft in Abhängigkeit von der Vorrätigkeit der Ressourcen schalten kann, übernimmt die Funktion FBRES.

Die Erstellung der Produktionspläne unter der Prämisse der unbegrenzten Ressourcenkapazitäten ist maßgeblicher Einflußfaktor für das Auftreten von nicht zu erledigenden Aufträgen.

2.6.1.1.3. Parallelverarbeitung

Die Einplanung der Anlagen weist entsprechend den bei PRODU vorgefundenen Gegebeneinheiten eine Besonderheit auf.

Jedem Fertigungsschritt wird über den Fertigungsablaufplan der (Teil-) Produkte eine Fertigungsanlage durch Angabe der Kostenstelle und Belegungsgruppe zugeordnet. Diese feste Zuordnung war Ausgangspunkt für die Modellierung des Submoduls "Ressourcenzuteilung und Fertigung/Montage".

Nachträglich, mit dem Einsatz der Rechnerunterstützten Fertigungssysteme und hier insbesondere dem RFS3 mit zwei parallelen CNC-Maschinen als Kern des Systems,

---

330 Der Planungshorizont wird mit der "Erstausstattung" der Belegtzeitlisten der Ressourcen festgelegt. Die Zuordnung dieser Listen zu den einzelnen Ressourcen erfolgt zur Zeit automatisch mit einer pauschalen Liste für Personal und für Anlagen. Eine nachträgliche Erweiterung ist daher zur Zeit nicht möglich.

wurde die Forderung nach einer Loslösung der direkten Anlagenzuordnung zu den einzelnen Fertigungsschritten geäußert.

In Zukunft wird jedem Fertigungsschritt ein Anlagentyp zugeordnet, so daß gleichartige Anlagen je nach Anforderung für unterschiedliche (Teil-)Produkte eingeplant werden können. Erwartet wird dadurch eine Verringerung der Liegezeiten von Produkten, da nicht mehr individuell und manuell bei Auftreten von Engpaßsituationen eine Änderung der Anlagenzuordnung für einen laufenden Fertigungsschritt erfolgen muß.

Die Aufnahme der Anlagenzuordnung über den Anlagentyp ist eine Erweiterungsmöglichkeit[331] für das realisierte Modell. Hier wird insbesondere bei der Abarbeitung von Splittingaufträgen ein starker Einfluß auf die Durchlaufzeiten vermutet.

Bei der Zuordnung von Personal zu den Anlagen wird diese Parallelität bereits berücksichtigt. In der Ressourcenvorauswahl werden alle Mitarbeiter einer Kostenstelle ausgesucht, die die benötigten Qualitfikationen aufweisen. Aus dieser Vorauswahl erfolgt dann die direkte Zuordnung der Mensch-Maschine-Kombination zu dem Fertigungsschritt und die zeitliche Belastung dieser Ressourcen. Kriterium für die Auswahl des Personals ist diejenige Mitarbeiterkombination, die zum frühest möglichen Zeitpunkt für die benötigte Fertigungsdauer zur Verfügung steht.

Mit der Umsetzung der Modellierungstechniken bei der Personaleinplanung und den Transportzeugen wird in der Modellerweiterung eine Parallelverarbeitung von Aufträgen ermöglicht.

2.6.1.1.4. Auftragssplitting

Die Personalverfügbarkeit ist auch bei der Aufteilung von Aufträgen in Splittingaufträge maßgeblich. Unter der Prämisse, daß ein Auftrag mit einer Mensch-Maschine-Kombination gefertigt werden muß, kann in einem 2-Schicht-Betrieb eine maximale zusammenhängende Arbeitszeit von 16*60 Minuten = 960 Minuten genutzt werden. Nach einer nicht genutzten 3. Schicht von 480 Minuten wird mit der gleichen oder einer ähnlichen Mensch-Maschine-Kombination weitergefertigt. Dabei besteht bisher die Austauschmöglichkeit allein im Personalanteil der Kombination.

---

[331] Da die Umstellung der Modellverarbeitung auf Parallelnutzung von Anlagen die Grundlagen der Zeitplanung der Ressourcen und hier insbesondere die Bestimmung der frühesten Verfügbarkeit von Ressourcenkombinationen als Mensch-Maschine-Kombinationen beeinflußt, wurde sie für den Fertigungsprozeß nicht aufgenommen. Für die wesentlich geringeren Kombinationsmöglichkeiten bei den Zuordnungen der Transportzeuge und deren Mitarbeiter wurden erste Erfahrungen im Hinblick auf diese Modellumstellung gesammelt.

Das Fehlen der Parallelverarbeitung bei den Anlagen führt also dazu, daß alle Splittingaufträge nacheinander verarbeitet werden. Wird die Paralleleinplanung gleichartiger Anlagen zugelassen, so können bei Verfügbarkeit von ausreichend Personal für mehrere Anlagen parallele Verarbeitungen von Splittingaufträgen erfolgen. Dies würde zu einer starken Reduzierung der Durchlaufzeiten von Aufträgen führen.

Beim Splitting wird der Teilauftrag in mehrere Splittingaufträge zerlegt, die maximal 960 Minuten Bearbeitungszeit umfasssen. Eventuell noch verbleibende Restzeiten werden zum frühest möglichen Zeitpunkt eingeplant. Daher kann zwischen dem eingeplanten "Rest"-Splittingauftrag und dem ersten "Voll"-Splittingauftrag eine hohe Liegezeit vorkommen.[332]

Die Steuerung des Splitting erfolgt über eine Kennung des Token FArf3.

Bei einer Kennung >1, also eine Auftragssplittung ist durchgeführt worden und der Auftrag ist noch nicht komplett abgearbeitet, wird ein weiterer Durchgang der Ressourcenzuteilung für diesen Auftrag durchgeführt.

Nach jedem Durchgang werden die drei Ergebnisse zu Fertigungsausstoß, Nacharbeit und Ausschuß und die Fertigungszeiten in einem Tupel zusammen mit der ursprünglichen Kennung abzüglich 1 in der Stelle FSLosSam abgelegt. Ist diese Kennung 0, so erfolgt mit der Transition FTLosVert eine Zuteilung auf die entsprechenden Stellen FSLosaus, FSNach und FSAussch und die Aktualisierung der Prozeßverlaufsliste mit allen Splittingschritten sowie die Zuordnung des Zeitstempels.

Wird während des Einplanungsprozesses festgestellt, daß eine oder mehrere Ressourcen für einen Splittingauftrag fehlen, so wird der gesamte Auftrag als unerledigter Auftrag gebucht und alle Ressourcen in ihrer ursprünglichen Ausstattung zurückgeschrieben.

Während der gesamten Splittingverarbeitung haben andere Module keinen Zugriff auf die Ressourcen, da die Schnittstellen noch nicht belegt sind.

---

[332] Aufträge werden ausgehend von ihrer frühesten Verfügbarkeitszeit zum frühest möglichen Zeitpunkt in Abhängigkeit von der Ressourcenverfügbarkeit eingeplant. Damit wird erreicht, daß in Situationen, in denen mehrere große und kleine Aufträge gleichberechtigt auf die Ressourcenzuordnung warten, mit den kleinen Aufträgen Restzeiten der 2-Schicht-Zeitspanne ausgenutzt werden können. Diese allgemeine Regel wird auch bei Splittingaufträgen angewandt. Die mögliche Verzerrung im Hinblick auf die Durchlaufzeiten eines Auftrages, der aus vielen Splittingaufträgen besteht, und einen minimalen Rest-Splittingauftag zu einem wesentlich früheren Zeitpunkt eingeplant bekommt, muß im Modell in Kauf genommen werden. Durch Analyse der Prozeßverlaufslisten kann dieses "Zerrbild" ohne große Informationsverluste manuell ausgeglichen werden. Hier liegt auch eine Erweiterungsmöglichkeit des Modells.

2.6.1.2. Steuerungsgrößen

Steuerungsgrößen im Submodul "Ressourcenzuteilung und Fertigung/Montage" sind die Ressourcenverfügbarkeiten als zeitliche Bereitstellung der benötigten Ressourcenkombinationen in erforderlichen Mengen.

Die Materialverfügbarkeit entscheidet über den Eintritt in die Ressourceneinplanung. Mit der Manipulation der Mengen und zeitlichen Staffelung von Materialien können Auftrágsflüsse beeinflußt werden.

Die Grundbelegung der Belegtzeitlisten der Ressourcen Personal und Anlagen ist ein weiterer Einflußfaktor für den Modellauf. Hier besteht die Möglichkeit der Modellierung unterschiedlicher Arbeitszeitmodelle.

Die Struktur der Mensch-Maschine-Kombinationen als Kombinationen einer Maschine mit einer bestimmten Mitarbeiteranforderung, wie sie im Modell realisiert wurde, kann durch die Modellierung von Team- oder Gruppenarbeiten oder sonstige Arbeitsmodelle verändert werden.

Über Prioritätsregeln und entsprechende Verarbeitungsregeln kann die bevorzugte oder zwingende Abarbeitung eines Auftrages modelliert werden.

2.6.1.3. Schnittstellen zu angrenzenden Modulen

Schnittstellen zu den T-Modulen Teilproduktfertigung oder Montage sind die Stellen FSLosein und FSLosaus als Einsatz und Ausstoß der einzelnen Fertigungs- und Transportaktivitäten. Neben dem Modul-Output des Werkstückausstoßes wird hier der Anteil der Auschuß- und Nacharbeitsfertigung und bei nicht ausreichender Ressourcenausstattung eine Liste der unerledigten Aufträge ermittelt.

Mit den Ressourcenstellen sind Schnittstellen zu noch zu entwickelnden Ressourcenmodulen, z.B. Personal- und Anlagenplanung, sowie zwischen den einzelnen Submodulen geschaffen.

2.6.2. Ressourcenplanung Transport

Vom Ansatz her ist das Submodul der Ressourceneinplanung für die Transportaktivitäten dem Submodul für die Fertigung nachempfunden. Es weist einige Vereinfachungen und Spezialisierungen auf, die sich aus der Datenkonstellation ergeben.

Das Submodul Ressourcenzuteilung ist für beide Transportaktivitäten, Fertigungs- und Produktionstransport, zuständig.

2.6.2.1. Modulfluß

Mit der Festschreibung der Transportzeit auf maximal 30 Minuten fällt die Notwendigkeit der Modellierung von Splittingaufträgen weg.

Bei PRODU werden bei der Planung der Auftragsfertigungszeiten die Übergänge zwischen den einzelnen Fertigungsstufen, also Transport und fertigungsbedingte Liegezeiten, über Erfahrungswerte festgelegt.

Im Modell werden diese Angaben in den Fertigungsablaufplan aufgenommen. Kriterien für die Bestimmung der Transport- und Liegezeiten "TZ+LZ" sind von der Arbeitsvorbereitung angegebene zusätzliche Merkmale im Fertigungablaufplan und die Prüfung, ob ein Kostenstellenwechsel vorliegt. TZ+LZ kann damit die vier Ausprägungen 0,8,16 oder 32 Stunden annehmen.

Im Modell wird ein Anteil aus TZ+LZ von 30 Minuten (Ausnahme TZ+LZ = 0) je Fertigungsschritt als Transportzeit angenommen. Der Rest wird als fertigungsbedingte Liegezeit (TLZ-Liegezeit) übernommen.

Die geringe Anzahl der Transportzeuge in Zusammenhang mit der Zuordnung nur einer Mitarbeiterqualifikation, den Hilfskräften, zu den Anlagen, grenzt die Kombinationsmöglichkeiten für die Mensch-Maschine-Kombinationen im Transport stark ein. Da alle Transportzeuge derselben Kostenstelle zugeordnet sind, war hier die Anpassung der Funktionen zur Bestimmung der frühest möglichen Verfügbarkeit der Ressourcen mit akzeptablen Aufwand verbunden. Mehrere Aufträge können also gleichzeitig bzw. zeitlich überlappend transportiert werden.

In Anlehnung an die Einplanung von Mitarbeitern wird das Transportzeug dem Auftrag zugeordnet. In Abbhängigkeit von der gleichzeitigen Verfügbarkeit einer ausgewählten Hilfskraft wird eine Mensch-Maschine-Kombination zum frühest möglichen Zeitpunkt verfügbar.

2.6.2.2. Steuerungsgrößen

Bei den Transportaktivitäten bei PRODU wird kein Material benötigt. Die Steuerungsgrößen Ressourcen sind daher auf Betriebsmittel, Anlagen und Personal beschränkt.

Die Zeitzuordnung erfolgt in Anlehnung an die Erfahrungswerte bei PRODU für die Übergänge zwischen zwei Fertigungsschritten, als Kombination aus Transportzeit und fertigungstechnisch bedingten Liegezeiten.

Damit ist gewährleistet, daß die bei PRODU bekannten Übergangszeiten zwischen zwei Fertigungsschritten detailliert berücksichtigt werden.

2.6.2.3. Schnittstellen zu angrenzenden Modulen

Die Schnittstellen entsprechen denen des Submoduls für die Fertigung und Montage.

2.7. Die Anwendung externer Daten

Maßgebliche Steuerungsgrößen der unterschiedlichen Module sind unter anderem Fertigungsstruktur, Fertigungsablaufpläne und Stücklisten.

Die Weiter- oder Neuentwicklung von Produkten und der Fertigungstechniken durch die Anschaffung neuer Anlagen muß bei der Simulation berücksichtigt werden können. Der Aufbau des Unternehmungsmodells PRODU mit der Nutzung externer Daten ermöglicht Simulationen auf aktuellem Stand.

Absatzpläne, Fertigungsablaufpläne, Stücklisten, Ressourcenpools und Ressourcenzuordnungen (Mensch-Maschine-Kombinationen, Produkt-Material-Zuordnungen etc.) werden in externen Dateien abgelegt und stehen damit sowohl dem Modell, als auch den Änderungen bei PRODU jederzeit zur Verfügung.[333]

Die Modellrealisation des Fertigungsbereichs ist die Grundlage zur Analyse ausgewählter Wirkungen einer Umstellung des Fertigungsbereichs auf Rechnerunterstützte Fertigungssysteme. Bevor einige Szenarien zur Einschätzung der Mächtigkeit der Modellanwendung vorgestellt werden, soll die Umsetzung der im Fertigungsbereich erarbeiteten Erkenntnisse auf andere Unternehmungsbereiche aufgezeigt werden.

---

[333] Zur Nutzung externer Dateien und zur Einbeziehung in den Simulationslauf vgl. Abschnitt IV.1.1.2. Im vorliegenden Modell wurden die benötigten Daten bei PRODU aus den vorhandenen Dateien und Datenbanken extrahiert und mit Hilfe angepaßter Schnittstellenprogramme für die Modellbelange aufbereitet. Aktualität wird erreicht, indem ein direkter Zugriff auf die benötigten Originaldaten erfolgt, z.B. durch Absenden eines SQL-Statements. Das Netz wartet bis die benötigten Informationen in einer Datei zur Verfügung stehen.

Damit wird die umfassende Anwendbarkeit des Modells, sowohl für Produktionsabläufe als auch Belange des Dienstleistungssektors[334] transparent.

3. Übertragbarkeit der Modellkonstrukte auf das Bereichs-Modul Rechnungswesen

Basis der Modellierung soll auch hier die Darstellung der Unternehmungsprozesse durch die beiden Prozeßtypen Transformation und Translation im reziproken Zusammenhang des R-Zyklus sein.

Zur Umsetzung der Modellierung des Fertigungsbereichs auf andere Unternehmungsbereiche müssen die Grundelemente des realisierten Modells spezifiziert werden.

Mit der Analyse von Wirkungen Rechnerunterstützter Fertigungssysteme ist die Ausgestaltung des Rechnungswesenmoduls nicht vordergründig. Zur wirtschaftlichen Bewertung der RFS konnte auf die bei PRODU eingesetzten Verfahren zur Kostenrechnung zurückgegriffen werden.

3.1. Elemente der realisierten Modellierung

Elemente des Fertigungsprozesses sind die Produkte in ihrer Strukturierung, der Fertigungsablaufplan und die zur Fertigung benötigten Ressourcen. Mit der Isolation dieser drei Elemente in Zusammenhang mit dem R-Zyklus wird der Fertigungsprozeß bzw. der Leistungserstellungsprozeß im Rechnungswesen darstellbar.

3.2. Produkte und Stücklisten im Rechnungswesen

Produkte im Rechnungswesens sind beispielsweise Kostenrechnungen, Cash-flow-Rechnungen oder Investitionsrechnungen. Bei den Kostenrechnungen können z.B. Voll- und Teilkostenrechnungen sowie Kostenstellen- oder Kostenträgerrechnungen unterschieden werden.

Der Stückliste aus der Fertigung entspricht in der Kostenträgerrechnung beispielsweise die Kostenrechnung der einzelnen Kostenträger, unter anderem der einzelnen Aufträge, die damit als Teilprodukte anzusehen sind.

---

[334] Kundenorientierung und stärkerer Wettbewerbsdruck führen zu einer Gestaltung der Absatzobjekte (Produkte) aus mehreren gleich- oder verschiedenartigen Wirtschaftsgütern, die sowohl Dienstleistungen, beispielsweise Serviceleistungen, als auch Sachgüter umfassen. Die Trennung von Produktionsleistung und Dienstleistung sollte vor diesem Hintergund überwunden werden.
Vgl. Engelhardt u.a./Leistungsbündel/passim.

3.3. Fertigungsablaufpläne und Ressourcen

Erster Schritt zur Kostenermittlung ist die kostenstellenweise Ermittlung der auftragsbezogenen Tätigkeiten.[335] Stellenübergreifend werden die Kosten dem Kostenträger zugerechnet. In den einzelnen Fertigungsstufen werden für alle Teilprodukte die zugehörigen Kostenarten ermittelt, unter anderem Personal-, Material- und Gemeinkosten.

Ressourcen des Rechnungswesens sind die dortigen Mitarbeiter und die benötigten Anlagen, beispielsweise Rechner, sowie das benötigte Material, beispielsweise Papier oder Disketten.

3.4. Der R-Zyklus im Rechnungswesen

Der Transformationsprozeß besteht in der Datenerhebung und -aufbereitung.

Der Translationsprozeß kann zum einen die zeitliche Überbrückung zwischen den einzelnen Arbeitsgängen darstellen, zum anderen den "Transportprozeß" zum nächsten Fertigungsschritt. Dieser Transportprozeß besteht in der Weiterleitung und Bereitstellung der Daten für den nächsten Schritt, beispielsweise der Zusammenfassung mehrerer Teilkosten zu einer Kostengröße.

4. Erweiterungen der Modellrealisation

Neben den bereits genannten Erweiterungsmöglichkeiten sind Moduldifferenzierungen und die Berücksichtigung einer mehrstufigen Fertigung zu nennen.

4.1. Moduldifferenzierungen

Neben dem weiteren Ausbau des Fertigungsbereichs ist die Realisation weiterer (Unternehmungs-)Bereiche und die Einbeziehung von Umwelteinflüssen von Interesse.

Mit der Modellierung von Lageraktivitäten und unterschiedlichen Lagerhaltungskonzepten[336] könnte unter anderem der Zusammenhang zwischen Lagerfertigung und der Erfüllung von Kundenwünschen verdeutlicht werden. Die Lagermodellierung ist nur ein Beispiel für die explizite Modellierung der im realisierten Modell als Transi-

---

[335] Vgl. Franz/Prozeßkostenrechnung/198.

[336] Vgl. Abschnitt V.2.4.1.

tionen erfaßten Aktivitäten, die in einer Erweiterung als eigenständige Module aufgenommen werden können.

In Ressourcenmodulen könnte der Einfluß der Änderung von Arbeitsinhalten[337] auf die Motivation der Mitarbeiter und damit indirekt auf die Fertigungsqualität modelliert werden.

Transportaktivitäten werden durch den Zusammenhang zwischen organisatorischer Gestaltung der Fertigung und den damit verbundenen Wegen zwischen den Fertigungsschritten detailliert erfaßbar. Die "Hinterlegung" eines Werksplanes, in dem die Standorte der einzelnen Maschinen festgelegt sind, und die Einbringung von Modellen zur Wegeoptmierung ist hier eine aussagefähige und interessante Lösung. Damit können die Übergänge zwischen zwei Fertigungsstufen, die zur Zeit über TLZ-Liegezeiten bestimmt werden, detailliert erfaßt und analysiert werden.

Ansätze des Outsourcing bzw. Profit-Center[338] sind zusätzliche Erweiterungsmöglichkeiten. Outsourcing (Einsatz externer Dienstleister[339], Subunternehmer[340]) könnte beispielsweise darin bestehen, bestimmte Dienstleistungen, beispielsweise Transporte zwischen unterschiedlichen Standorten, durch Fremdfirmen erledigen zu lassen.

4.2. Mehrstufige Fertigung

Die Umstellung auf eine mehrstufige Fertigung kann durch den Einbau einer Schnittstelle zwischen den T-Modulen Teilproduktfertigung und Montage eingeführt werden. Entsprechend der Strukturstückliste werden dann Teilprodukte gefertigt und im Montage-Modul zu Baukästen (Zwischenprodukten) zusammengesetzt. Daran anschließend erfolgt die Weiterverarbeitung in der Teilproduktfertigung mit anschließender Montage zur nächst höheren Strukturstufe. Dieser Kreislauf wird bis zur Endmontage wiederholt. Baukästen sind dabei zum einen Teilprodukte, die einer weiteren Verarbeitung bedürfen, zum anderen im Sinne der Montage Teilprodukte, die zur nächst höheren Strukturstufe zusammengefügt werden. Damit kann also mit dem vorliegenden Modell mit einigen Anpassungen auch ein n-stufiges Fertigungsverfahren dargestellt und analysiert werden.

---

[337] Vgl. Abschnitt II.1.2.1.2.

[338] Vgl. Staehle/Management/426f.

[339] Vgl. Eberlein/Kompetent/passim.

[340] Vgl. Staehle/Management/427.

5. Anwendungsspektrum des Modells

Bevor das Modell im Hinblick auf die Wirkungsanalyse angewandt wird, werden hier einige Gedanken zur Anwendungsbreite, Ausgestalt- und Übertragbarkeit des Modells formuliert.

Ein Vorteil des Modellierungsansatzes liegt in der strengen Lokalität der einzelnen Module. Damit können unterschiedliche Experten, beispielsweise die Mitarbeiter der einzelnen Bereiche, ihren Modellausschnitt konzipieren und realisieren. Sie können also bezogen auf ihre Problemstellungen Strukturen und Prozesse ihres Bereiches abbilden. Einzige Voraussetzung zur Einbindung in das Gesamtmodell ist die korrekte Bestückung der Schnittstellen zwischen den Moduln.

Anwendungen des Modells können in Unternehmungen unterschiedlicher Branchen liegen. So kann der Gedanke der Stückliste in Kombination mit Fertigungsablaufplänen auch in der Lebensmittelproduktion eingesetzt werden. Hier ist für den Begriff der Stückliste der Begriff der Rezeptur gebräuchlich. Rezeptur und Arbeits-(Herstellungs-) anweisungen sind inhaltlich mit dem obigen Begriffspaaar identisch. So kann über den R-Zyklus auch die Produktion von Wurstwaren etc. gesteuert werden.

In Unternehmungen der Versicherungsbranche ist die Planung und Steuerung von Massendatenverarbeitungen ein Problembereich, deren Lösung über den R-Zyklus unterstützt werden kann. Modelliert wird das Spannungsfeld zwischen Routinen zur Massendatenspeicherung im Tagesgeschäft und Routinen zur Datenauswertung und Datenaktualisierung durch externe Nutzer (Client Server Konzept mit einem großen zentralen Datenpool).

6. Modellanwendung im Hinblick auf die Wirkungsanalyse von Rechnerunterstützten Fertigungssystemen

Die umfassenden Einflußmöglichkeiten des Modellanwenders auf den Modellauf durch Änderung der Steuerungsgrößen wurden in den vorherigen Abschnitten dargelegt.

Mit der rechnerunterstützten Realisation des Modells lassen sich explizit Wirkungen von Rechnerunterstützten Fertigungssystemen hinsichtlich Veränderungen in der Ressourcennutzung und den zeitlichen Fertigungsdaten untersuchen. Über unterschiedliche Szenarien können die Auswirkungen der Fertigungsumstellung auf die Auslastung von Ressourcen, die organisatorische Gestaltung des Fertigungsbereichs und die Durchlaufzeiten von Aufträgen nachvollzogen werden.

Die Bewertungen[341] der im Unternehmungsmodell beobachteten Wirkungen werden als Sekundärmodell auf das Petri-Netz-Modell "aufgesetzt". Der Schwerpunkt liegt in einer Kostenbetrachtung mit anschließenden Überlegungen zur Wirtschaftlichkeit von RFS. Basis sind die aus dem Unternehmungsmodell ermittelten Daten zu Veränderungen der Ressourcennutzung und zu Durchlaufzeiten von Aufträgen.

6.1. Szenarien zum Modellverlauf

Den Szenarien liegt im Schwerpunkt eine auftragsunabhängige Fertigung zugrunde, die sich bei PRODU in einer Klein- und Mittelserienfertigung äußert. Die Szenarien beziehen sich auf unterschiedliche Absatzpläne, Variationen der Fertigungsablaufpläne und der Ressourcenzusammensetzung und -gestaltung bei bekannten Produkten und zugehörigen Stücklisten. Der Simulationslauf wird jeweils ohne manuelle Eingriffe im modellierten Standardmodus durchgeführt. Die Absatzpläne werden für unterschiedliche Planungszeiträume (Wochen und Quartalsbetrachtungen) hinsichtlich der Produktvielfalt, der Losgrößen und der zeitlichen Staffelung der Aufträge variiert.

Die Fertigungsablaufpläne und damit die Fertigungstruktur werden hinsichtlich der vorliegenden Problematik variiert. Im Vergleich zu einer Fertigungsstruktur vor Einführung der Rechnerunterstützten Fertigungssysteme "Fertigung-alt" werden unterschiedliche Fertigungsstrukturen der Fertigung nach Einführung Rechnerunterstützter Fertigunggssysteme "Fertigung-RFS" untersucht. Die Variationsmöglichkeiten der Fertigung-RFS liegen in der Berücksichtigung RFS-begleitender Maßnahmen, die beispielsweise aus einer lokalen Konzentration mehrerer Fertigungsanlagen bestehen. Die Fertigungsablaufpläne werden je nach Fertigungsstruktur mit und ohne Berücksichtigung der Rechnerunterstützten Fertigung zusammengestellt.[342]

Die Ressourcenkombination wird entsprechend der Fertigung-alt oder Fertigung-RFS berücksichtigt. Material wird jeweils in ausreichender Menge zur Verfügung gestellt.

Neben der Untersuchung der Wirkungen der Fertigungsumstellung auf Ressourcenauslastung und Durchlaufzeiten können anhand der untersuchten Szenarien auch andere Einsatzmöglichkeiten des Unternehmungsmodells aufgezeigt wrden. So werden insbesondere bei der Analyse der Durchlaufzeiten Engpaßfaktoren und ihre Beseitigung mit den daraus resultierenden neuen Engpaßfaktoren herauskristallisiert. Neben der Untersuchung der Engpaßfaktoren kann anhand der Belegtzeitlisten der Ressourcen eine Personal- und Anlageneinsatzplanung vorgenommen werden.

---

[341] Vgl. Matthes/Systematik/passim.

[342] Vgl. Anhang X.2.2.

Die Analyse der Wirkungen basiert jeweils auf einem paarweisen Vergleich der Fertigung-alt mit einer Fertigung-RFS. Die ermittelten Ergebnisse sind also situationsabhängig.[343] Ein anderer Analyseweg wäre die Durchführung von Monte-Carlo-Simulationen[344]. Mit dieser Vorgehensweise könnten Aussagen hinsichtlich Wirkungen von RFS auf der Basis einer umfassenden statistischen Grundlage getroffen werden.

Die Entwicklung des Unternehmungsmodells PRODU basiert auf der Forderung von PRODU nach einem Instrument zur Abbildung der eigenen Verhaltensweisen. Ergebnisse des Modells sollten damit Aussagen über situationsabhängige Szenarien sein. Dieser Weg wurde daher auch für die Wirkungsanalyse beschritten. Ein anderer, softwaretechnischer Aspekt führt zur Analyse ausgewählter Szenarien.

6.2. Modellaufzeiten und Simulationen

Eine Beschränkung der Anzahl Simulationsläufe für die vorliegende Arbeit liegt in den zum Teil hohen Laufzeiten des Modells. Die Modellkonstruktion mit detaillierter Erfassung einzelner Simulations- und damit Fertigungsschritte in den Zeitlisten der Ressourcen und Aufträge sowie die umfassende Datengrundlage führte bei realitätsnahen Szenarien zu Laufzeiten von einer Woche.

Anzahl Aufträge (ohne Splitting); Produkte	Simulationsschritte Fertigung-alt	Simulationsschritte Fertigung-RFS	Modelllaufzeit Fertigung-alt	Modelllaufzeit Fertigung-RFS
10; P2,P3	1409	1086	25 Min	10 Min
20; P2, P3	2306	1750	1Std40Min	40 Min
40; P2, P3	4064	3060	7Std	3Std30Min
80; P2, P3	7555	5714	24Std	7Std10Min
160; P2, P3	14648	10824	46Std	21Std
320; P2, P3		21640		84Std
576; P1,P2,P3,P4		17557		154Std

Tabelle 4: Modellaufzeiten unterschiedlicher Szenarien

Die Tabelle enthält Laufzeiten der Szenarien zur Untersuchung der Einflüsse der Losgößenreduktion. Ausgangslosgröße 700 Werkstücke P2 und 150 Werkstücke P3. Mit jeder Verdoppelung der Aufträge wird in etwa ein Halbierung der Losgrößen vorgenommen. Zusätzlich wird ein Szenario mit den vier Produktgruppen von PRODU aufgeführt, mit den Losgrößen 500 P1, 700 P2, 150 P3 und 250 P4. In diesem Szenario

343 Zur Verallgemeinerung der Ergebnisse vgl. Abschnitt VII.3.

344 Zur Monte-Carlo-Technik
vgl. Hiller, Liebermann/Operations Research/789ff.

werden aus Zeitmangel (Planungszeitraum zu klein gewählt) sieben Aufträge im Montagemodul nicht vollständig abgearbeitet.[345]

Ein Grund für diese langen Laufzeiten ist neben der Modellkomplexität und Datenvielfalt, die Berechnung der Schaltbarkeit von Transitionen[346]. Sie basiert auf den Stelleninhalten aus Anzahl Token eines bestimmten Datentyps und der Anzahl der Inputstellen in Zusammenhang mit den Schaltregeln. CPN wählt unter allen Kombinationsmöglichkeiten aller Belegungen der Inputstellen eine Belegung der Input-Token bezogen auf die Schaltregeln aus. Mit steigender Stellen- und Tokenanzahl wachsen die Kombinationsmöglichkeiten.[347] Bei zu geringer Zuordnung von Speicherplatz kann dieses kombinatorische Problem zum Abbruch des Simulationslaufes führen.

Ein Tuning des Modells kann zum einen in der Einschränkung der Kombinationsmöglichkeiten durch die Angabe von Schaltregeln bestehen. Dieses Vorgehen wird zum Beispiel bei der Materialzuordnung durch die Funktion FBMAT erreicht, die die verfügbaren Token auf die Aufträge einschränkt, für die genügend Material zur Verfügung steht.[348]

Eine weitere Möglichkeit des Tunings ist die Trennung der inhaltlichen Schaltprüfung und -durchführung von der Kombinatorik. Wird durch zusätzliche Stellen die Tokenauswahl von inhaltlichen Belangen getrennt, so kann die Auswahl mit einfachen Daten geschehen. Nachträglich wird den ausgewählten Token die inhaltliche Ergänzung zugeführt.[349]

---

[345] Vgl. Abschnitt V.2.2. und V.2.6.1.1.2.

[346] Vgl. Abschnitt III.5..

[347] Berechnung Schaltbarkeit bei 2 Inputstellen mit jeweils 3 Token:
$3*3=9$ Auswahlmöglichkeiten der Belegung der Token mit Werten.
Allgemein: $K = \prod n_i$ für $i=1,...,m$
K = Kombinationsmöglichkeiten, n = Anzahl Token einer Stelle, i= Anzahl Stellen.

[348] Vgl. Abschnitt IV.1.1.1.

[349] In der bisherigen Modellentwicklung wurde versucht, Netz-Elemente mit realen Gegebenheiten zu kombinieren und die Anzahl der modelltechnischen Netz-Elemente auf ein Minimum zu beschränken.

VI. Modell der Wirkungsanalyse

In den einleitenden Abschnitten wurde dargelegt, daß jedes Geschehen als Wirkung aufgefaßt werden kann, die wiederum Auslöser weiterer Wirkungen ist.

Das Unternehmungsmodell PRODU ermöglicht eine detaillierte, unternehmungsübergreifende Erfassung, Darstellung und Analyse der Wirkungen von RFS.

Nach einer Präzisierung des Begriffes Wirkungen werden darauf aufbauend die Elemente der Wirkungsanalyse vorgestellt.

1. Zum Begriff Wirkungen

Untersuchungsgegenstand ist der Einsatz von Rechnerunterstützten Fertigungssystemen im Fertigungsbereich einer Produktionsunternehmung. Bezugspunkte der Betrachtung und damit Betrachtungsobjekte werden von den Unternehmungszielen bestimmt, die gleichzeitig die Kriterien, Maßstäbe und Bewertungsgrundlagen liefern.

Das Unternehmungszielsystem ist die Grundlage für die Unterscheidung der Wirkungen in direkte und indirekte Wirkungen.

1.1. Direkte Wirkungen

Prämisse für die Erfassung und Analyse direkter Wirkungen ist ein konstantes Zielsystem.[350]

Der Vergleich zweier oder mehrerer Szenarien erfolgt im Hinblick auf die, durch das Zielsystem vorgebenen Beobachtungspunkte, beispielsweise Zeit- oder Kostenziele der Unternehmung. Diese Betrachtungsobjekte werden bezüglich der Veränderungen analysiert.

Untersucht wird, welche Beiträge zur Zielerreichung durch eine untersuchte Maßnahme erreicht werden.

Die Analyse der direkten Wirkungen ist eine statische, zeitpunktbezogene Betrachtung. Die Untersuchung von Wirkungen als Prozeß[351] wird mit der Betrachtung von Wirkungsketten sowie von indirekten Wirkungen erreicht.

---

[350] Vgl. Abschnitt II.1.3.

[351] Vgl. Abschnitt I.

1.2. Wirkungsketten

Der Begriff der Wirkungsketten wird hier auf die direkten Wirkungen bezogen. Sie bedingen ein konstantes Zielsystem. Bei der Betrachtung der direkten Wirkungen einer Maßnahme können Wirkungen über mehrere Stufen beobachtet werden.

Eine Wirkungskette ergibt sich beispielsweise aus der Verringerung der Fertigungsschritte durch die Einführung von Rechnerunterstützten Fertigungssystemen. Die Straffung des Fertigungsablaufes führt zu weniger Transportvorgängen und damit zu geringeren Wege- und Liegezeiten. Durch die so erreichte Reduktion der Durchlaufzeiten von Aufträgen kann dem Kunden ein früherer Liefertermin zugesagt werden.

Entsprechend der Vernetzung von Aktivitäten ist auch mit einer Vernetzung unterschiedlicher Wirkungen und Wirkungsketten zu rechnen. In der vorliegenden Arbeit werden jedoch hauptsächlich Einzelwirkungen oder Wirkungsketten untersucht.

1.3. Indirekte Wirkungen

Mit der Bestimmung von indirekten Wirkungen wird die Prämisse des konstanten Zielsystems aufgegeben. Es wird die Veränderung (Dynamik) bzw. Anpassung der Ziele im Zeitablauf berücksichtigt.[352]

Aus der Betrachtung der direkten Wirkungen einer Maßnahme, hier Realisation von RFS, können für den Entscheidungsträger Möglichkeiten eröffnet werden, die in der bisherigen Unternehmungssituation nicht absehbar und möglich waren. Mit der Realisation einer Maßnahme können Potentiale zur Veränderung und Anpassung der Unternehmung eröffnet oder Potentialverschiebungen erreicht werden.

Realisierte Wirkungen einer Maßnahme stoßen dann einen Prozeß der Planung und Realisation von Folgemaßnahmen an, aufbauend auf der geänderten Ausgangslage. Maßnahmen als Eingriff in den Unternehmungsprozeßverbund führen also zu Änderungen des Zielsystems hinsichtlich seiner Inhalte, Struktur und speziell der Zielgewichtungen und damit Erfüllungspotentiale.

Damit werden indirekte Wirkungen wie folgt spezifiziert:

Indirekte Wirkungen resultieren aus Folgemaßnahmen der Handelnden, die sich aus der Realisierung von "Möglichkeitspotentialen" einer vorausgegangenen Maßnahme ergeben. Die "Grundmaßnahme" bezieht sich dabei auf die Erfüllung eines

---

[352] Vgl. Szyperski/Setzen/34ff.

"Grund"zielsystems. Die Realisation dieser Grundmaßnahme löst einen Prozeß der Zielanpassung aus. Die Folgemaßnahmen dienen dann der Erfüllung der durch die Grundmaßnahme ermöglichten Zieländerungen. Die Folgemaßnahmen stellen einen neuen kreativen Akt dar. Indirekte Wirkungen entstehen aus der Erfüllung von Zieländerungspotentialen.[353]

2. Elemente des Modells der Wirkungsanalyse

Die umfassende Beschreibung und Bewertung der Wirkungen Rechnerunterstützter Fertigungssysteme bedingt eine umfassende Analyse der Aktivitätennetze. Im Extremfall müssen alle nur denkbaren Aspekte der Netze miteinander verknüpft und verglichen werden.[354] Dieser Fall der vollständigen Enumeration ist sowohl in der praktischen Anwendung als auch in der theoretischer Betrachtung schwer durchzuführen.

Im folgenden sollen daher Suchstrategien entwickelt werden, die die Flut der möglichen Vergleiche auf überschaubare Vergleichsobjekte einschränkt. Ausgangspunkt dafür sind die Zielsysteme der Unternehmung.

Zentrale Bestandteile des Modells der Wirkungsanalyse sind daher die Zielsysteme der Unternehmung und das Unternehmungsmodell PRODU, das die Daten zur Ermittlung der Zielerreichung liefert.

2.1. Aufbau der Wirkungsanalyse

Basis der Wirkungsanalyse ist das Unternehmungsmodell PRODU. Umfang, Inhalt und Aufbau des Aktivitätennetzes ist von den zu untersuchenden Fragestellungen abhängig. Die Orientierung erfolgt an den Zielsystemen der Unternehmung (Individualzielsysteme und Unternehmungszielsysteme), die den Unternehmungsprozeßverbund steuern und Grundlage für eine Bewertung sind.

Die folgende Grafik gibt einen Überblick über den Aufbau des Modells.

---

[353] Vgl. Abschnitt VI.2.

[354] Ein, in dieser Arbeit nicht untersuchter Lösungsweg ist die Anwendung neuronaler Netze zur Auswahl und Bewertung dieser Verknüpfungsaspekte.
Zu neuronalen Netzen
vgl. Brause/Netze/passim;
vgl. Kratzer/Netze/passim, insbesondere 26ff;
zu konnexionistischen Modellen
vgl. Hruschka, Natter/Analyse/429.

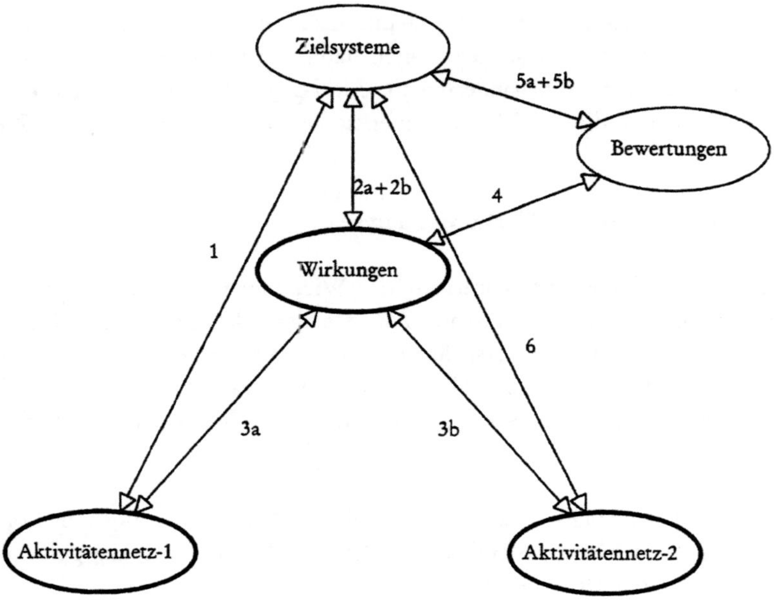

Abbildung 28: Elemente des Modells der Wirkungsanalyse

Die folgenden Beschreibungen gehen von bekannten, bei PRODU ermittelten Zielsystemen aus. Damit werden Probleme der Bestimmung von Zielsystemen einer Unternehmung mit ihren Zielkonflikten, Zielkonkurrenz etc. nicht weiter thematisiert.

2.1.1. Aktivitätennetze

Die Bestimmung und Analyse von Wirkungen ist abhängig von der Aussagekraft und dem Umfang des Unternehmungsmodells. Mit dem Unternehmungsmodell auf der Basis des R-Zyklus können alle Unternehmungsbereiche, in der für die Wirkungsanalyse erforderlichen Detailliertheit modelliert werden.

Zur Beschreibung des Modells der Wirkungsanalyse wird der realisierte Modellausschnitt der Unternehmung PRODU zugrundegelegt. Die untersuchte Maßnahme ist die Umstellung der Fertigung auf Rechnerunterstützte Fertigungssysteme.

Mit dem Unternehmungsmodell PRODU können die Unternehmungsabläufe vor Einführung von RFS (Fertigung-alt) und nach Einführung von RFS (Fertigung-RFS) simuliert werden. Durch einen paarweisen Vergleich beider Szenarien werden die Veränderungen im Unternehmungsprozeßverbund erfaßbar und damit einer Wirkungsanalyse zugänglich.

Die Umstellung der Fertigung auf Rechnerunterstützte Fertigungssysteme ist kein Prozeß der lediglich zwei oder mehr genau definierte Zustände aufweist und diese einem Vergleich zugänglich macht. Die Umstellung der Fertigung ist ein mehr oder weniger kontinuierlicher Prozeß.

Daher kann die Grundlage der Wirkungsanalyse von zwei auf mehr Aktivitätennetze erweitert werden. Im weiteren Verlauf wird jedoch von zwei Aktivitätennetzen, die zwei Zustände der Unternehmung PRODU repräsentieren, ausgegangen.

Die Fertigung-alt ist dabei der Zustand bei PRODU vor Beginn des Projektes der umfassenden Fertigungsumstellung. In diesem Zustand sind bereits hochtechnisierte Anlagen wie NC- und CNC-Maschinen als Insellösungen vorhanden.

Das Projekt der Fertigungsumstellung umfaßt bei PRODU neben der Einführung von Rechnerunterstützten Fertigungssystemen unterschiedlicher Ordnung die Einbindung des Fertigungsbereichs in ein unternehmungsübergreifendes Informationssystem.

Als Fertigung-RFS wird ein Zwischenzustand des Projektes betrachtet, in dem zwei RFS (RFS2 und RFS3) in unterschiedlichen Stadien, abhängig von der Berücksichtigung der RFS-begleitenden Maßnahmen, realisiert sind.

2.1.2. Zielsysteme

Als Zielsysteme werden Zielsysteme der Unternehmung abgebildet.[355] Für die Wirkungsanalyse wird neben dem Unternehmungszielsystem ein Veränderungszielsystem dargestellt.

Das Veränderungszielsystem ist das der Maßnahme unmittelbar zuordnenbare Spektrum der Unternehmungsziele.

2.1.3. Wirkungen

Die Wirkungen ergeben sich aus dem Vergleich der Aktivitätennetze im Hinblick auf die Zielsysteme. Bezogen auf ausgewählte Szenarien bei PRODU werden direkte Wirkungen und Wirkungsketten beschrieben und analysiert. Zieländerungspotentiale als Grundlage für indirekte Wirkungen werden beispielhaft aufgezeigt.

---

[355] In dieser Arbeit erfolgt bei den Zielsystemen der Unternehmung eine Beschränkung auf das Unternehmungszielsystem ohne ausgeprägte Berücksichtigung der Individualzielsysteme. Vgl. Abschnitt II.1.3.

Der erste Schritt (2a) ist die Analyse der Wirkungen auf der Basis des Veränderungszielsystems der Unternehmung. Diese Wirkungen müssen in einem zweiten Schritt (2b) im Unternehmungszusammenhang betrachtet werden. Basis der Wirkungen im Unternehmungsprozeßverbund ist damit das umfassendere Unternehmungszielsystem.

2.1.4. Bewertungen

Bewertungen werden bezogen auf die Zielsysteme vorgenommen. In einem ersten Schritt werden die Wirkungen bezogen auf das Veränderungszielsystem bewertet. (5a) Die so ermittelten Zielerreichungen ausgewählter Ziele werden in einem zweiten Schritt im Umfeld des umfassenderen Unternehmungszielsystems bewertet. (5b)

Mit dieser zweistufigen Bewertung wird erreicht, daß durchgeführte Maßnahmen im Unternehmungsprozeßverbund integriert betrachtet werden. So wird vermieden, daß die Erfüllung isolierter Ziele zu einer Verschlechterung der Gesamtsituation führen kann.

Ein Beispiel solch isolierter Zielerfüllung ist die im Marketing zunehmend akzeptierte Forderung, "unternehmerische Aktivitäten strikt an den Wünschen und Erwartungen der (potentiellen) Kunden des Unternehmens auszurichten. Diese Kundenorientierung geht im Einzelfall so weit, daß letztlich nur mehr die subjektive Perzeption des Kunden entscheidend ist, nicht aber die objektiven Produkteigenschaften."[356]

2.2. Ablauf der Wirkungsanalyse

Im folgenden wird der Ablauf des Wirkungsmodells anhand des realisierten Unternehmungsmodells PRODU und der Maßnahme der Einführung Rechnerunterstützter Fertigungssysteme dargestellt.

2.2.1. Soll-Ist-Vergleich

Ausgangspunkt der Veränderungen im Fertigungsbereich von PRODU ist die Bewertung der Fertigungsstruktur bezogen auf das Unternehmungszielsystem.

Dabei wird festgestellt, daß bestimmte Ziele nicht zur Zufriedenheit erfüllt werden (Zielerfüllungsgrade), beispielsweise Ziele zur Verbesserung der Kostenstruktur und/ oder Erhöhung der Flexibilität. Aus diesem Soll-Ist-Vergleich (1) werden die nicht erfüllten Ziele gesammelt und Maßnahmen zur besseren Zielerfüllung gesucht.

---

[356] Scholz/Personalmanagement/34.

Das Unternehmungszielsystem bestimmt den Aufbau des Aktivitätennetzes. Mit dem Schwerpunkt des zu untersuchenden Unternehmungszielausschnittes im Fertigungsbereich ist das Unternehmungsmodell PRODU rechnerunterstützt realisiert worden.

2.2.2. Veränderungszielsystem

Aus diesem Soll-Ist-Vergleich wird im zweiten Schritt ein Veränderungszielsystem entwickelt. Das Veränderungszielsystem focussiert die "Beobachtungspunkte" für eine erste Analyse der Wirkungen auf ausgewählte Ziele (2a), die in einem zweiten Schritt auf den Unternehmungsprozeßverbund erweitert wird (2b). Es werden also die Unternehmungsbereiche und -abläufe bestimmt, die einer Wirkungsanalyse zugeführt werden.

Mit dem paarweisen Vergleich gleichartiger Szenarien können die Wirkungen bezogen auf dieses Veränderungszielsystem untersucht werden. Mit der Entwicklung gleichartiger Szenarien kann unter anderem das Zielbündel zur Flexibilisierung der Fertigung durch Rechnerunterstützte Fertigungssysteme, das sowohl in der Literatur als auch der Praxis als wichtige Wirkung der Fertigungsumstellung ständig genannt wird, untersucht werden.[357]

2.2.3. Maßnahmen

Im dritten Schritt werden Maßnahmen zur Erfüllung dieser Veränderungsziele ermittelt. Maßnahmen können beispielsweise sein: Anpassung des Produktionsprogramms an geänderte Anforderungen bei gleichbleibender Fertigungsstruktur durch Veränderung der Losgrößen oder der Produktpalette. Eine weitere Maßnahme wäre die Veränderung der Fertigungsstruktur und/oder des Maschinenparks. Dieser zweite Fall soll hier näher untersucht werden.

Das Aktivitätennetz-1 und das Aktivitätennetz-2 repräsentieren die beiden Simulationsläufe des Unternehmungsmodells PRODU für den paarweisen Vergleich der Fertigung-alt (Aktivitätennetz-1) und Fertigung-RFS (Aktivitätennetz-2).

Mit einem Vergleich der beiden Unternehmungsabläufe in den durch das Veränderungszielsystem vorgegebenen Beobachtungspunkten können Veränderungen festgestellt werden. (3a + 3b)

Diese Veränderungen werden bezüglich ihrer Zielerfüllungsgrade für die Ziele des Veränderungszielsystems untersucht.

---

[357] Vgl. Geschka, Hammer/Szenario-Technik/255.

2.2.4. Zielsysteme als Basis der Bewertung

Die Wirkungen der betrachteten Maßnahmen werden bezogen auf die Beobachtungspunkte zusammengestellt (4) und einer Bewertung zugeführt.

Die Bewertung geschieht in einem ersten Schritt bezogen auf das Veränderungszielsystem (5a) und im zweiten Schritt bezogen auf das Unternehmungszielsystem (5b).

Je nach Zielerfüllungsgrad werden die Maßnahmen in der vorgesehenen Form durchgeführt. Ist keine Verbesserung der Zielerfüllung erreicht oder wird sogar ein schlechteres Ergebnis erzielt, so werden die Maßnahmen überprüft. Ergebnis der Überprüfung kann die Nichtdurchführung geplanter Maßnahmen oder die Schaffung eines Maßnahmenbündels zur besseren Zielerfüllung sein.

2.2.5. Untersuchung indirekter Wirkungen

Die Bewertung der Wirkungen bezogen auf das Unternehmungszielsystem ist Ausgangspunkt für den Anpassungsprozeß des Zielsystems durch Ausnutzung von neugeschaffenen Potentialen.

Mit diesem Bewertungsprozeß wird ein neuer Zielfindungsprozeß unter Einbeziehung der eröffenten Potentiale angestoßen. Mit dem Soll-Ist-Vergleich von Aktivitätennetz-2 (Fertigung-RFS) (6) beginnt die Suche nach geeigneten Maßnahmen zur Zielerreichung des neu entwickelten Zielsystems.

Die Analyse der Wirkungen dieser Maßnahmen beginnt entsprechend der Analyse der Fertigung-RFS in der Ausgangssituation (Aktivitätennetz-1).

VII. Wirkungsanalyse ausgewählter Szenarien der Modellunternehmung PRODU

Die Ausgestaltung des Unternehmungsmodells und die Datengrundlage bestimmen die Aussagekraft der Wirkungsanalyse. In der vorliegenden Arbeit ist das Unternehmungsmodell PRODU im Bereich Fertigung für Problemstellungen des Ressourceneinsatzes und der Ressourcenauslastung sowie der Auftragszeiten detailliert modelliert worden.

Mit der Festlegung der zu untersuchenden Maßnahme als Umstellung der Fertigung auf Rechneruntertützte Fertigungssysteme, liegt der Ausgangspunkt und damit Schwerpunkt der Wirkungsanalysen auf dem Fertigungsbereich.

Weitere Wirkungsbetrachtungen liegen im Bereich der Bewertung der Rechnerunterstützten Fertigungssysteme durch Kosten- und Wirtschaftlichkeitsanalysen. Diese Analysen werden als Sekundärmodell auf die ermittelten Daten des Unternehmungsmodells PRODU aufgesetzt.

Nach einem Überblick über das mit der Maßnahme verbundene Änderungszielsystem bei PRODU wird anhand ausgewählter Ziele ein Weg zur Wirkungsanalyse mit Unterstützung des erarbeiteten Modells aufgezeigt. Grundlage sind ausgewählte Szenarien zum Unternehmungsprozeßverbund PRODU.

1. Das Unternehmungszielsystem von PRODU

Das Unternehmungszielsystem von PRODU ist nur in Auszügen in hierarchischer Gliederung schriftlich fixiert.[358]

Die Erfüllung der marktwirtschaftlichen, produktionswirtschaftlichen, finanzwirtschaftlichen und personalbezogenen Ziele erfolgt im Hinblick auf die Kundenorientierung.

Der Vergleich mit den Mitbewerbern und die Entwicklung der Unternehmungssituation von PRODU auf den Märkten führte zu der Einsicht, daß die bisherige Unternehmungsstrategie der Marktführerschaft bei gleichzeitiger Qualitäts-, aber auch Preisführerschaft in der Zukunft nicht zu halten sei.

Die Mitbewerber haben bezogen auf die Produktqualität stark aufgeholt, wenn auch die Produkt-Qualitäten von PRODU bislang nicht erreicht. Ein Vorteil der Mitbe-

[358] Ein Auszug aus dem Zielsystem von PRODU ist im Anhang X.1. dargestellt.

werber liegt in einer wesentlich besseren Kostensituation, die sich in den Preisen widerspiegelt.

Der wesentliche Vorteil der Konkurrenz liegt jedoch in der Kürze der Lieferzeiten und insbesondere der Einhaltung von Terminzusagen.

2. Die Veränderungsziele von PRODU

Erhaltung und Ausbau der Marktpositionen will PRODU durch die Schaffung eines durchgängigen Informationssystems in Zusammenhang mit der Änderung der Fertigungsstruktur erreichen.

Die mit der Maßnahme der Fertigungsumstellung verbundenen Ziele, die Veränderungsziele, beziehen sich im Fertigungsbereich auf Erhöhung der Flexibilität, Durchlaufzeitenverringerung, Verbesserung der Ressourcenausnutzung und kundennähere Fertigung, also kleinere Losgrößen und Variantenfertigung. Neben weiteren vielfältigen Zielen ist ein Schwerpunkt die Kostensenkung, um Freiräume bei der Preisgestaltung zu erzielen.

Mit der Verringerung der Durchlaufzeiten und den kundennäheren Losgrößen werden kürzere Lieferzeiten und insbesondere im Zusammenhang mit einem durchgängigen Informationssystem eine Verbesserung der Terminvorhersage erwartet.

Ein Schwerpunkt des Veränderungszielsystems ist die Erhöhung der Flexibilität. Flexibilität als Unternehmungsziel wird im folgenden näher untersucht.

2.1. Flexibilität als Unternehmungsziel

Flexibilität ist die Fähigkeit einer Unternehmung, sich durch Anpassung, Umstellung und Umgruppierung der Mittel, Kräfte, Verfahren und Ziele, den Änderungen in der Umwelt und im eigenen Betrieb anzupassen.[359]

"Die qualitative Elastizität des Leistungsablaufs kann sich einmal in der Anpasssungsfähigkeit der einzelnen Produktionsmittel und -kräfte äußern und zum anderen in der Art ihres Zusammenwirkens."[360] Weiterhin ist die Flexibilität in der Fertigung bezüglich des gerade ausgeführten Produktionsprozesses eine technische Überkapazität, die ein Potential darstellt, das bei einer Veränderung des geplanten Zustandes genutzt

---

[359] Riebel verwendet in diesem Zusammenhang den Begriff Elastizität. Vgl. Riebel/Elastizität/87.

[360] Riebel/Elastizität/122.

werden kann.[361] Der Flexibilitätsbedarf ergibt sich durch Prognose von Ausmaß, Art und Zeitpunkt der Veränderungen. Entsprechend dieser subjektiven Einschätzungen der Entscheidungsträger muß dieser Bedarf durch Zusatzinvestitionen abgedeckt werden, die sich als Prämie für eine Versicherung gegen Veränderungen in der Zukunft interpretieren läßt.[362]

Es können drei Arten von Flexibilität unterschieden werden: quantitativ, qualitativ und zeitlich. Die Dimensionen der quantitativen Flexibilität sind Erweiterungs-, Kompensations- und Speicherfähigkeit. Die Dimensionen der qualitativen Flexibilität sind Vielseitigkeit bzw. Umrüstfähigkeit, Fertigungsredundanz, Anpassungs- und Umbaufähigkeit. Die Dimensionen der zeitlichen Flexibilität sind Durchlauffreizügigkeit und automatisierte Umstellungsprozesse.[363]

Die Flexibilität der Fertigung kann jedoch mit Blick auf den Unternehmungsprozeßverbund nur ein Ausgangspunkt für eine flexiblere, also kundennähere Produktion sein.

Ausgehend von der Fertigungsflexibilität wird die Forderung nach Flexibilität der Unternehmung aufgestellt, die darauf abzielt, daß die gesamte Unternehmung fähig ist, sich an veränderte Umweltbedingungen anzupassen.[364] Zu untersuchen sind hier die Entscheidungs-, Planungs- und Organisationsflexibilität.[365]

2.2. Maßnahmen zur Zielerreichung

Bereits in den 70er Jahren wurden bei PRODU in der Fertigung die ersten NC- und CNC-Maschinen beschafft. Anfang der 80er Jahre wurde die "Kommerzielle Datenverarbeitung" mit einem PPS-System eingeführt. Die "Technische Datenverarbeitung" umfaßt in der Konstruktion ein CAD-System, in der Arbeitsvorbereitung ein NC-Programmiersystem und die Werkzeugverwaltung über eine spezielle Datenbank. Softwareprodukte für die Kostenrechnung, das Berichtswesen, Funktionen der Buchhaltung und Bilanzen, die Personalplanung und eine Kommunikationssoftware sind im Einsatz. Eine bereichsübergreifende Vernetzung der Systeme ist nicht realisiert.

---

361 Vgl. Wildemann/FFS/6,20.

362 Vgl. Wildemann/Investitionsplanung/72.

363 Vgl. Scharf/Fertigungssysteme/109ff;
vgl. Wildemann/FFS/5.

364 Vgl. Gerwin/Flexibility/passim.

365 Vgl. Kaluza/Flexibilität/1175f.

Die Erfahrungen und Erkenntnisse aus der Anwendung der DV-Unterstützung in der Fertigung und insbesondere in angrenzenden Bereichen führten zu der Forderung nach einem einheitlichen, unternehmungsübergreifenden Informationssystem und der weiteren Einführung rechnerunterstützter Systeme im Fertigungsbereich.

Diese Forderung wird durch die Einführung der Rechnerunterstützten Fertigungssysteme unterschiedlicher Ordnung erfüllt.[366] Zusätzlich wird die Fertigungsorganisation auf eine erzeugnisorientierte Fertigung umgestellt.

2.3. Fertigungs-Flexibilität bei PRODU

Die Produktpalette von PRODU mit seinen spezialisierten Abläufen und hohen Materialanforderungen erfordert unter dem Blickwinkel der Datenintegration eine produktbezogene Ausgestaltung der Fertigung. Diese Unternehmungsstrategie wurde auch bei der Einführung von RFS beibehalten.

Die produktspezifische Ausgestaltung der RFS erfolgt in Richtung auf zukünftige Mengensteigerungen, sowie Verschiebungen in der Mengenstruktur durch Erschließung neuer Märkte. Die Nutzung der dritten mitarbeiterarmen Schicht kann durch die Möglichkeit der Werkstückpufferung im System erreicht werden. Die quantitative Flexibilität ist damit voll erfüllt.

Die Dimensionen der qualitativen Flexibilität werden im Hinblick auf Fertigungsredundanz, insbesondere bei RFS3 durch die Ausstattung mit zwei gleichen Fertigungsanlagen, sowie durch die Beibehaltung eines Werkstattbereichs erfüllt. Die Ausgestaltung von RFS3 mit zwei gleichen Fertigungsanlagen dient sowohl dem Erreichen der benötigten Fertigungsmengen als auch der Überbrückung von Störungen einer Anlage. Die Fähigkeit der Systeme, verschiedene Fertigungsaufgaben zu erfüllen, ist durch die Produktspezifizierung auf die Produktvarianten eingeschränkt. Unter langfristigen Gesichtspunkten ist der Umbau der Systeme für neue Fertigungsaufgaben durch die Modularisierung der Fertigungssysteme gegeben.

Die Einbindung der RFS in ein unternehmungsübergreifendes Informationssystem, die Ausgestaltung mit systeminternen Fertigungsleitsystemen sowie großen Werkzeugspeichern führt zu Verkürzungen der Umrüstzeiten und damit zu einer hohen zeitlichen Flexibilität.

Zur Messung der Erfüllung des Zieles Erhöhung der Fertigungsflexibilität wurden für PRODU Zielkriterien und Maßstäbe zur Zielbewertung entwickelt.

---

[366] Vgl. Abschnitt II.3.

Die Analyse der Flexibilität kann sowohl ressourcenbezogen als auch auftragsbezogen erfolgen.

2.3.1. Ressourcenbezogene Flexibilitätsanalyse

Kriterien der ressourcenbezogenen Betrachtung der Flexibilität ergeben sich aus den Dimensionen der Flexibilität[367]. Die Erfüllung dieser Flexibilitätskriterien bei PRODU wurde bereits im vorherigen Abschnitt dargestellt. Mit der Entwicklung eines auftragsbezogenen Flexibilitätsmaßes wird der unternehmungsübergreifende Aspekt der Flexibilität stärker berücksichtigt.

2.3.2. Auftragsbezogene Flexibilitätsanalyse

Zur Flexibilisierung der Unternehmung muß unternehmungsübergreifend die Flexibilität in den Teilbereichen der Unternehmung, also Beschaffung, Produktion, Absatz sowie Finanzierung, aufeinander abgestimmt werden.[368]

Mit der Entwicklung eines auftragsbezogenen Flexibilitätsmaßes wird ein erster Schritt hin zur unternehmungsübergreifenden Flexibilitätsanalyse getan. Grundlage der auftragsbezogenen Flexibilitätsanalyse ist ein typischer Auftrag eines Produktes. Bei Betrachtung des gesamten Produktionsprogramms erfolgt eine Durchschnittsbildung für Aufträge gleicher Produkte.

Das Flexibilitätsmaß (FLEX) ist das Verhältnis der Durchlaufzeiten pro Werkstück bei großen Losen (DLZg) zur Durchlaufzeit bei kleinen Losen (DLZk).

Flexibilitätsmaß $\quad$ FLEX = DLZg / DLZk

Bei der Durchlaufzeit werden sowohl die Veränderungszeiten als auch die Liegezeiten berücksichtigt.[369] Darunter sind neben den anlagenbedingten Fertigungszeiten auch die Verfügbarkeit anderer Ressourcen beispielsweise Personal oder Material zu verstehen. Indirekt werden also angrenzende Unternehmungsbereiche, unter anderem die Beschaffung, mit in die Betrachtung einbezogen.

Die Interpretation der Ausprägungen orientiert sich an der Festlegung des Schwellenwertes für die Flexibilität auf 1. Bei FLEX $<=$ 1 liegt keine Flexibilität vor. Bei FLEX $>$ 1 liegt Flexibilität vor.

---

[367] Vgl. Abschnitt VII.2.1.

[368] Vgl. Kaluza/Flexibilität/1177ff.

[369] Vgl. Abschnitt V.1.1.2.4.

Die Erfüllung der Veränderungsziele wird mit dem Unternehmungsmodell PRODU durch Simulation unterschiedlicher Szenarien untersucht.

3. Szenarien zur Untersuchung der Zielerfüllung

Die Untersuchung der Erfüllung der Flexibilitäts- und anderer Veränderungsziele erfolgt durch Analyse unterschiedlicher Szenarien. Variationen der Szenarien liegen in der Produktpalette, dem Absatzprogramm und der Fertigungsorganisation.

Die Betrachtung der Wirkungen Rechnerunterstützter Fertigungssysteme basiert auf dem paarweisen Vergleich zweier Szenarien, deren Unterscheidung in der Fertigungsorganisation liegt. Verglichen wird ein Szenario vor Umstellung des Fertigungsbereichs (Fertigung-alt) mit einem Szenario nach der Umstellung auf Rechnerunterstützte Fertigungssysteme (Fertigung-RFS).

Die Fertigungsgestaltung zur Fertigung-alt bleibt konstant. Variationen treten hinsichtlich der Fertigungsgestaltung-RFS auf. Hier wird je nach Problemstellung eine unterschiedliche Fertigungsorganisation betrachtet.

Das Produktionsprogramm bei PRODU umfaßt vier Produkte. Für die Wirkungsanalyse liegt der Schwerpunkt der Betrachtungen auf den Rechnerunterstützten Fertigungssystemen RFS2 und RFS3 und damit den Produkten P27232 und P37402 mit ihren jeweiligen Teilprodukten.

Die folgenden Anlagen werden bei der Fertigung und Montage von beiden Produktgruppen genutzt:

Kostenstelle	Belegungs-gruppe	Anlagenbeschreibung
"112"	"0"	Absaugplatz
"139"	"10"	Zusammenstellen Beistellteile
"110"	"945"	Einstellplatz
"114"	"970"	Lackiererei
"118"	"976"	Reinigungsanlage.

Tabelle 5: Von Montage und Teilproduktfertigung gemeinsam genutzte Anlagen

Beide betrachteten Produktgruppen benötigen auch nach der Fertigungsumstellung, trotz der produktbezogenen Gestaltung der RFS2 und RFS3 bestimmte Anlagen gemeinsam, z.B. ("118","976").

Das Auftreten von Synergie- und Konfliktpotentialen, die in der Praxis ständig vorkommen, verlangt nach einem umfassenden Modell zur Analyse der Prozeßverbünde.

Die gewählte Szenarienkonstellation mit der Berücksichtigung von Fertigungsabhängigkeiten auch bei reduzierter Produktpalette führt zu Wirkungsanalysen, deren ermittelte Effekte den in der Praxis beobachteten Wirkungen entsprechen. Mit der modellhaften Erfassung werden die Effekte einer fundierten Analyse der Gründe und Zusammenhänge zugänglich.

Die Focussierung auf bestimmte Effekte und die sich daraus ergebende Reduktion der Inhaltsfülle von Szenarien ist erforderlich, um eine Erklärungsmöglichkeit für bestimmte Phänomene zu schaffen. Mit der Reduktion der Komplexität der Szenarien werden bestimmte Wirkungen der Einführung von Rechnerunterstützten Fertigungssystemen provoziert und verstärkt und damit einer Beschreibung zugänglich gemacht.[370]

Die reduzierten Szenarien bilden die Basis für eine zielgerichtete Analyse komplexerer Szenarien und der Beobachtungen der Praxis. Die dort verstärkt auftretenden Überlappungen der Phänomene, können mit der Kenntnis bestimmter Phänomene strukturiert und entzerrt werden. Damit ist eine Grundlage für eine erweiterte Analyse geschaffen, die neue Erkenntnisse ermöglicht.

Aus der Vielfalt der untersuchten Szenarien wird in der Arbeit jeweils ein typisches Szenario zur Beschreibung und Analyse von ausgewählten Effekten der Fertigungsumstellung dargestellt.

3.1. Überblick zur Gestaltung der Szenarien

Variationen der Szenariengestaltung liegen im Absatzprogramm, der Produktpalette und der Fertigungsorganisation. Es werden folgende Szenarien näher beschrieben:

- 4-Produkt-Szenario
- 2-Produkt-Szenario mit 2 Absatzaufträgen
- 2-Produkt-Szenarien mit RFS-begleitenden Maßnahmen
- 4-Produkt-Szenario

[370] Zur Sicherstellung der Aussagefähigkeit und Auswertbarkeit dieser reduzierten Szenarien im Hinblick auf die Anwendbarkeit der Ergebnisse auf umfassendere, praxisnähere Simulationen, wurde eine Vielzahl unterschiedlicher Simulationsläufe durchgeführt. Eine Analyse dieser Grundlage hat gezeigt, daß bestimmte Effekte sowohl bei reduzierten als auch bei komplexeren Szenarien auftreten. Sie treten jedoch bei den reduzierten Szenarien stärker hervor. Damit ist sichergestellt, daß die Effekte der dargestellten, reduzierten Szenarien sich weiterhin aus der Fertigungskonstellation und nicht aus der Focussierung ergeben.

Auf der Grundlage eines umfassenden Absatzprogramms aus den vier Produkten von PRODU mit den Losgrößen 500 Produkte P12862, 700 Produkte P27232, 150 Produkte P37402 und 250 Produkte P45075 wurden Absatzprogramme mit den beiden Produktgruppen P2 und P3 entwickelt. Beim 4-Produkt-Szenario wird alle zwei Wochen ein Auftragspaket von vierzehn Teilprodukten in die Teilproduktfertigung (alle Teilprodukte der vier Produkte) gegeben. Insgesamt sind 144 Fertigungs- und Montageaufträge in der Fertigung zu erledigen.

- 2-Produkt-Szenarien

Die Gesamtabsatzmengen der 2-Produktszenarien entsprechen jeweils ca. 700 Produkte P27232 und ca. 150 Produkte P37402. Die Variation liegt in der Auftragsstruktur des Absatzprogramms.

Ausgehend von einem Absatzprogramm mit zwei Absatzaufträgen mit jeweils der Gesamtabsatzmenge der beiden Produkte, wird die Auftragsanzahl verdoppelt bei gleichzeitiger Halbierung der Losgrößen. Die einzelnen Aufträge werden zeitlich gestaffelt jeweils paarweise in die Fertigung gegeben. So entstehen die im Anhang X.2.6. aufgeführten Absatzprogramme der Szenarien mit 64, 32, 16, 8, 4 und 2 Absatzaufträgen mit der Produktpalette aus P27232 und P37402.

Die zeitliche Staffelung der Absatzaufträge wird im Modul Produktionsplanung für die Teilproduktfertigungsaufträge übernommen. Beim Szenario der 2-Absatzaufträge sind insgesamt 10 Teilproduktfertigungs- bzw. Montageaufträge in der Fertigung. Die Anzahl der Aufträge wird bei 64 Absatzaufträgen gesteigert auf 320 Fertigungs-/Montageaufträge.

Nach einer gewissen Anfangsphase wird sowohl in den 2-Produkt als auch im 4-Produkt-Szenario ein Fertigungszustand erreicht, in dem Aufträge unterschiedlicher Fertigungsstadien zusammenwirken.

Die Fertigungsorganisation der Fertigung-alt wird konstant gehalten. Die Variation der Fertigung-RFS liegt in der Ausgestaltung von RFS3 und den RFS-begleitenden Maßnahmen.[371]

Die Grundausbaustufe von RFS3 erstreckt sich auf eine Fertigungsanlage mit der gesamten Peripherie. In der zweiten Ausbaustufe wird eine zweite, gleichartige Ferti-

---

[371] Zur Ausgestaltung von RFS3 vgl. Abschnitt II.3.3.
Einen ersten Einblick möglicher RFS-begleitender Maßnahmen liefert Abschnitt II.2.1.4.2.

gungsanlage in das RFS3-System integriert.[372] Die Mitarbeiterstruktur der zugehörigen Kostenstelle wird entsprechend erweitert.

Die RFS-begleitenden Maßnahmen ergeben sich zum einen aus der Umgestaltung der Fertigung in eine erzeugnisorientierte Fertigungsstruktur. Die zur Fertigung eines Produktes benötigten Anlagen werden also räumlich zusammengefaßt, so daß eine Verringerung der Übergangszeiten zwischen den einzelnen Fertigungsschritten erreicht wird.

Im Modell werden diese Maßnahmen durch die Verringerung der TLZ-Liegezeiten zwischen den einzelnen Fertigungsstufen der RFS-Teilprodukte datenmäßig erfaßt. Die TLZ-Liegezeiten werden auf 0 reduziert, da keine fertigungsrelevanten Liegezeiten, unter anderem zum Abkühlen, auftreten. Für die RFS-unabhängigen Teilprodukte und Fertigungssstufen bleiben die Übergangszeiten unverändert.

Eine weitere organistorische Maßnahme wurde aus der Analyse vielfältiger Szenarien und Beobachtungen der Praxis notwendig. Die Einführung von RFS3 sowie die organisatorischen Umstellungen führten nur zu geringfügigen Verbesserungen in den Durchlaufzeiten der Aufträge für P37402. Als Ursache hierfür wurde das Teilprodukt 2 (TP33858), das weiterhin RFS-unabhängig gefertigt wird, festgestellt.

Die Fertigungsanalyse von TP2 hat ergeben, daß der Engpaß der Fertigung von TP33858 in der Fertigungsstufe 2 mit der Anlage (("112","607"), Radial-Bohrmaschine) liegt.

Daraufhin wurde für TP33858 in der Fertigungsstufe 2 eine Parallelverarbeitung realisiert. In der Fertigungsstufe 2 wird keine spezifische Anlage mehr zugeordnet, sondern eine Anlagenklasse.

Parallel genutzt werden die beiden Radial-Bohrmaschinen der Kostenstellen 112 und 312. Mit dieser fertigungsablauftechnischen Maßnahme konnte der Engpaß behoben werden.

Im Modell wird diese Parallelverarbeitung durch die Halbierung der Fertigungszeit der Fertigungsstufe 2 des Teilproduktes TP3385 erfaßt.

---

[372] Da im Modell bisher keine Parallelverarbeitung für Fertigungsanlagen realiert wurde, wird zur Simulation der zweiten Ausbaustufe eine Hilfskonstruktion gewählt. Die Fertigungsablaufpläne der Fertigung-RFS für die Produktgruppe 3 werden so geändert, daß die Teilprodukte TP33818, TP33887 und TP33888 einer Fertigungsanlage des RFS3 zugeordnet werden, das Teilprodukt TP33583 wird der zweiten Fertigungsanlage zugeordnet.

3.2. Analyse der Auftragszeiten der Fertigung-alt

Die Ursachenanalyse des Fertigungsengpasses hat die Bedeutung der einzelnen Auftragszeiten, beispielweise Liege- und Veränderungszeiten für den Auftragsfluß aufgezeigt.

Die Analyse der Auftragszeiten erfolgt am 2-Produkt-Szenario mit dem Absatzprogramm aus je einem Auftrag P27232 und P37402 in der Fertigung-alt. In der Produktionsprogrammplanung entstehen acht Teilproduktfertigungsaufträge und zwei Montageaufträge. Die Teilproduktfertigungsaufträge starten zum Zeitpunkt 0 (Montag, 0,00 Uhr der 1. Planungswoche). Nach der Fertigung der jeweiligen Teilprodukte beginnt die Montage.

In der Fertigung-RFS ist RFS3 in seiner ersten Ausbaustufe realisiert. Es enthält also nur eine Fertigungsanlage. RFS-begleitende Maßnahmen sind nicht realisiert.

Die folgende Tabelle gibt einen Überblick über die Fertigungszeiten der einzelnen Teilaufträge der Fertigung-alt. Die Ergebnisse der Auswertung der Teilproduktfertigung (Beispiel 2ATP5) und Montage (Beispiel 2A) sind hier zusammengefaßt.

Fertigung-alt					
Auftrag	Beginn Zeitpunkt	Ende Zeitpunkt	Dauer Veränderungszeit	Dauer TLZ-Liegezeit	Dauer ressourcenbedingte Liegezeit
1A	75575	115868	15387	2280	22626
2A	54085	137449	29776	6420	47168
1ATP1	420	71460	23527	10740	37193
1ATP2	420	75575	23919	10380	41276
1ATP3	420	32540	9440	4200	18900
2ATP1	700	32855	14605	450	17800
2ATP2	420	34225	13281	2760	18184
2ATP3	955	42180	2120	1350	38710
2ATP4	420	43120	3700	2250	37170
2ATP5	420	54085	18058	7380	28647

Tabelle 6: Auftragszeiten Fertigung-alt in Minuten, vor Einführung RFS[373]

[373] Alle Ergebnisse der Modelläufe, beispielsweise Auswertungen, aber auch die Belegtzeit- und Prozeßverlaufslisten werden in der Arbeit in Tabellenform aufgearbeitet dargestellt.

Die Namensvergabe der Teilproduktfertigungsaufträge erfolgt automatisch im Modell als Zusatz zur Bezeichnung des Montageauftrages. Z.B. 2ATP5 ist das Teilprodukt TP33583, gemäß Stückliste das 5. Teilprodukt von Produkt P37402.

In den Spalten der Tabelle sind die jeweiligen Beginn- und Endzeitpunkte der Auftragsbearbeitung und die Veränderungs- und Liegezeiten dargestellt. Die Liegezeiten umfassen fertigungsbedingte (TLZ)-Liegezeiten (z.B. Abkühl- und Lagerzeiten) und ressourcenbedingte Liegezeiten, die sich aus der Verfügbarkeit von Ressourcen ergeben.

Im folgenden werden die einzelnen Zeitkomponenten eines Auftrages beispielhaft diskutiert.

3.2.1. Beginn und Ende der Auftragseinplanung

Die Auswahl der Fertigungsaufträge erfolgt über die Transitions-Schaltregel unter Berücksichtigung der Ressourcenverfügbarkeit.

Der früheste Beginnzeitpunkt der Fertigungsaufträge ist 420, Beginn der 1. Schicht am Montag 7,00 Uhr. Spätere Beginnzeitpunkte der Fertigungsaufträge ergeben sich aus der Belegung benötigter Ressourcen durch vorherige Fertigungsaufträge. Sind alle Teilprodukte in ausreichender Menge erstellt, beginnt die Montage des Produktes.

Auffällig ist der verzögerte Beginn des Fertigungsauftrages 2ATP3 (Teilprodukt TP3388).

Grundlage der Betrachtung sind die Fertigungsablaufpläne der (Teil-) Produkte und Auszüge aus den Belegtzeitlisten der benötigten Ressourcen, also der Anlage (("112","946"), Einstellplatz) und den Hilfskräften der Kostenstelle "112". Der Kostenstelle "112" sind für jede Schicht drei Mitarbeiter zugeordnet mit den Personalnummern "0000082", "0000084" und "0000086".

Aus den Fertigungsablaufplänen ergibt sich, daß drei Teilprodukte die Anlage ("112","946") in der ersten Fertigungsstufe benötigen: Teilprodukte TP33818, TP33887 und TP33888, Auftragsnummern 2ATP1, 2ATP3 und 2ATP4.

Die Tabelle gibt die Reihenfolge der Verarbeitung wieder: 2ATP4 vor 2ATP1 vor 2ATP3.

Die Ausgestaltung des Personalpools mit drei Hilfskräften für Kostenstelle "112" würde drei parallele Fertigungsaufträge verkraften. Der Einstellplatz für NC-

Maschinen ist nur einmal in der Fertigung verfügbar. Da für parallel anfallende Fertigungsaufträge keine Ausweichmöglichkeiten bestehen, liegt die Vermutung nahe, daß die Anlage den Engpaß darstellt. Die folgenden Auszüge aus den Belegtzeitlisten der Anlage und Mitarbeiter belegen diese Vermutung.

Mitarbeiter
(Personalnummer, Stellung, Kostenstellenzugehörigkeit, Belegtzeitlistenausschnitt)

"0000082","HK",["112"]

Beginn [Min]	Ende [Min]	Aktivität
0	420	"PRIVAT"
420	1000	"1&1ATP2FWS1"
1380	1860	"PRIVAT"

"0000084","HK",["112"]

Beginn [Min]	Ende [Min]	Aktivität
0	420	"PRIVAT"
420	700	"1&2ATP4FWS1"
700	955	"1&2ATP1FWS1"
955	1235	"1&2ATP3FWS1"
1380	1860	"PRIVAT"

"0000086","HK",["112"]

Beginn [Min]	Ende [Min]	Aktivität
0	420	"PRIVAT"
1380	1860	"PRIVAT"

Anlage "946","112"

Beginn [Min]	Ende [Min]	Aktivität
0	0	"BRACHZEIT"
420	700	"1&2ATP4FWS1"
700	955	"1&2ATP1FWS1"
955	1235	"1&2ATP3FWS1"

Tabelle 7: Ausgewählte Belegtzeitlisten-Ausschnitte

Die Auszüge aus den Belegtzeitlisten der Mitarbeiter zeigen, daß der früheste Beginnzeitpunkt von 420 Minuten zur Teilproduktfertigung mit dem Beginn der ersten Schicht am Montag 7,00 Uhr (420)[374] zusammenfällt.

Betrachtet man den Auftrag 2ATP3, so ist erkennbar, daß die Verzögerung des Beginns von 2ATP3 nicht in der Personalverfügbarkeit begründet ist. Denn die Hilfskraft "0000086" steht zum Zeitpunkt 420 für 280 Minuten zur Verfügung. Die Belegtzeitliste der Anlage zeigt, daß die Anlage bis zum Zeitpunkt 955, dem Beginnzeitpunkt von 2ATP3, mit anderen Aufträgen belegt ist.

Die Verfügbarkeit der Anlage bestimmt also den Beginn der Einplanung der betrachteten Aufträge.[375]

Der Endtermin der einzelnen Aufträge ergibt sich als Fertigstellungstermin des letzten Fertigungsschrittes. Mit dem Beginn- und Endezeitpunkt wird also die gesamte Fertigungszeit eines Auftrages erfaßt, die sich aus den Veränderungszeiten der einzelnen Fertigungsschritte und den fertigungs- und ressourcenbedingten Liegezeiten ergibt.

3.2.2. Liege- und Veränderungszeiten der Aufträge

Bei der Analyse der Aufträge sind Liege- und Veränderungszeiten zu unterscheiden. Liegezeiten unterteilen sich in fertigungsbedingte (TLZ-) Liegezeiten, die entsprechend den bei PRODU zugrundegelegten Durchschnittszeiten im Modell enthalten sind, und ressourcenbedingte Liegezeiten, die sich aus den Verfügbarkeiten der Ressourcen ergeben.

3.2.2.1. Veränderungszeiten und fertigungsbedingte Liegezeiten

Grundlage für die Berechnung der Veränderungszeiten und TLZ-Liegezeiten sind die Angaben im Fertigungsablaufplan für die einzelnen Fertigungsschritte.

Die Veränderungszeiten errechnen sich als Summe der Fertigungszeiten über alle Fertigungsstufen und der Transportzeiten (30 Minuten je Transportvorgang).

---

[374] Die Angabe in Klammern ist die Umrechnung der Zeitangaben in CPN-Zeitangaben als integer.

[375] Zur Vergleichbarkeit der beiden Szenarien Fertigung-alt und Fertigung-RFS werden die Simulationen im automatischen Modus von CPN durchgeführt, ohne manuelle Eingriffe. Dementsprechend wird die Möglichkeit der manuellen Produktionsplanung und -steuerung an dieser Stelle nicht genutzt.

Die Fertigungszeiten je Fertigungsstufe werden nach der folgenden ML-Formel minutengenau ermittelt:

FLfez = FLarz+floor (real FLaws * FLsfz+0.5)

Legende:
FLfez Fertigungszeit als Veränderungszeit
FLarz Anlagenrüstzeit
FLsfz Fertigungszeit je Stück
FLaws Anzahl Werkstücke Los
floor CPN-Funktion (real → integer)
real CPN-Funktion (integer → real)
0.5 Faktor zur Einhaltung der kaufmännischen Rundung

Die Berechnung der Fertigungszeiten ist abhängig von der Losgröße der aktuellen Fertigungsstufe. Für die folgenden Fertigungsstufen ist der Ausstoß der aktuellen Stufe gemäß den Fertigungsquoten für Ausstoß, Nacharbeit und Ausschuß zu berücksichtigen.

Die fertigungsbedingten Liegezeiten (TLZ-Liegezeiten) ergeben sich aus den bei PRODU zugrundegegelegten Durchschnittswerten abzüglich 30 Minuten für den Transportvorgang (Ausnahme TLZ = 0).

3.2.2.2. Ressourcenbedingte Liegezeiten

Von besonderem Interesse bei der Betrachtung der Zeitanteile eines Auftrages sind die ressourcenbedingten Liegezeiten, die sich aus der Simulation mit mehreren Aufträgen ergeben. Grundlage dieser Liegezeiten sind die Verfügbarkeiten der einzelnen Ressourcen.

Liegezeiten beeinflussen in besonderem Maße die Durchlaufzeiten von Aufträgen. Da hier hohe Einsparungspotentiale im Hinblick auf eine Verkürzung der Durchlaufzeiten gesehen werden, sollen beispielhaft einige Gründe für die hohen Liegezeiten der Aufträge 2A und 2ATP3 herauskristallisiert werden.

Grundlage der Betrachtung sind die im Anhang aufgeführten Prozeßverlaufslisten der angegebenen Aufträge.[376]

---

[376] siehe Anhang X.4.1.

- Analyse Auftrag 2ATP3:

Die Analyse der Prozeßverlaufsliste zeigt, daß vor Beginn der Fertigungsstufe 2 eine ressourcenbedingte Liegezeit von 31.916 Minuten anfällt. Die Gründe hierfür werden im folgenden schrittweise erarbeitet.

Der Fertigungsablaufplan zeigt, daß für Fertigungsstufe 2 des Teilproduktes TP33887 die Anlage ("112","590"), CNC-Bearbeitungszentrum benötigt wird. Ein Blick auf die Belegtzeitliste dieser Anlage gibt Aufschluß über den Grund der langen Liegezeit.[377]

Der Auftrag 2ATP3 ist zum Zeitpunkt 1715 für die Durchführung der Fertigungsstufe 2 bereit. Vor diesem Zeitpunkt sind bereits die beiden Aufträge 2ATP1 und 2ATP4 für die Fertigung auf dem CNC-Bearbeitungszentrum bereit. Sie werden also vorab gefertigt.

Die Fertigungszeiten je Werkstück sind ausschlaggebend für die Fertigungszeit der Stufe. Die Fertigungsablaufpläne zeigen, daß 2ATP3 und 2ATP4 jeweils 7 Minuten pro Werkstück benötigen, während 2ATP1 89 Minuten je Werkstück verbraucht.

Der Auftrag 2ATP1 mit seinen 16 Splittingaufträgen liegt nun zusammen mit den drei Splittingaufträgen von 2ATP1 vor dem Auftrag 2ATP3.

Der Grund für die lange Liegezeit liegt also hauptsächlich in der langen Fertigungszeit von 2ATP1 in Fertigungsstufe 2, der zeitlich vor 2ATP3 zur Fertigung anstand.

- Analyse des Auftrages 2A

Die Analyse des Auftrages 2A zeigt, daß die hohe Liegezeit von 47.168 über alle Fertigungsstufen verteilt ist. Aufällig sind 12 Liegezeiten über 1000 Minuten. Die Gründe liegen in den meisten Fällen in der Wochenendregelung der Mitarbeiter in einem 2-Schicht-Betrieb.

Die Gründe für die Liegezeit von 3180 Minuten vor Beginn von Fertigungsstufe 7 und von 3385 Minuten vor der Verarbeitung des sechsten Splittingauftrages der Fertigungsstufe 7 liegen in der Verfügbarkeit des Facharbeiters "0000045", der für die Anlage ("118","29") benötigt wird.

---

[377] siehe Anhang X.4.2.

Beginn [Min]	Ende [Min]	Aktivität	Bemerkung
107940	110880	"PRIVAT"	Freitag 23,00Uhr-Sonntag 0,00Uhr
110880	111300	"PRIVAT"	Sonntag 0,00Uhr-Montag 7,00Uhr
111300	111340	"1&2AFWS7"	
...			
117060	117995	"5&2AFWS7"	
118020	120960	"PRIVAT"	Freitag 23,00Uhr-Sonntag 0,00Uhr
120960	121380	"PRIVAT"	Sonntag 0,00 Uhr-Montag 7,00Uhr
121380	121765	"6&2AFWS7"	

Tabelle 8: Auszug der Belegtzeitliste Mitarbeiter "0000045","FA",["118"]

Eine Ursache für die teilweise sehr hohen Liegezeiten liegt in PRODU als 2-Schicht-Betrieb begründet. In den Belegtzeitlisten der Anlagen sind 24-Stunden Verfügbarkeit modelliert, es werden also keine Betriebsstillstandzeiten berücksichtigt.

Die Mitarbeiter sind jedoch nur für 2 Schichten eingeteilt. Diese Diskrepanz zwischen einem 24-Stunden-Betrieb und einem 2-Schicht-Betrieb macht sich insbesondere an den Wochenenden bemerkbar.

3.2.3. Betriebsstillstandzeiten und mitarbeiterarme Schicht

Eine Änderungsmöglichkeit des Modells liegt in der Berücksichtigung der Betriebsstillstandzeiten bei den Anlagen.

Im Hinblick auf die Einführung von RFS und die damit verbundene Möglichkeit der Nutzung der 3. mitarbeiterlosen oder mitarbeiterarmen Schicht, erscheint die realisierte Modellierung zur Vergleichbarkeit der Szenarien sinnvoll.

Bei der Analyse der Auslastung der Ressourcen muß dieser zielbezogene und flexibilitätssteigernde Aspekt der Kapazitätserweiterung mit berücksichtigt werden. Die Auslastungen werden also geringer sein als bei expliziter Berücksichtigung der Betriebsstillstandzeiten im Modell.

3.3. Der R-Zyklus in der Zeitmodellierung in Petri-Netzen

Neben der Modellierung von Betriebsstillstandzeiten und der Verfügbarkeit der Ressourcen ist der früheste Verfügbarkeitszeitpunkt der Aufträge maßgeblich für die Reihenfolgeplanung.

Hier kann am Beispiel der Anlage "590","112" auf eine Besonderheit der zeitlichen Einplanung in bezug auf die Simualtionsreihenfolge der Aufträge hingewiesen werden.

Beginn [Min]	Ende [Min]	Aktivität
0	0	"BRACHZEIT"
955	1170	"1&2ATP1FWS2"
1180	1420	"1&2ATP4FWS2"
1860	2750	"2&2ATP1FWS2"
3300	4190	"3&2ATP1FWS2"
...		
30660	31550	"16&2ATP1FWS2"
32100	33059	"2&2ATP4FWS2"

Tabelle 9: Auszug Belegtzeitliste[378] CNC-Bearbeitungszentrum ("590","112")

Der Auftrag 2ATP1 ist zum Zeitpunkt 955 zur Fertigung der Stufe 2 bereit. Er liegt damit vor dem Auftrag 2ATP4, der erst zum Zeitpunkt 1180 bereitsteht.

Die Einplanung des Auftrages 2ATP4 kann eigentlich erst nach der Fertigstellung von 2ATP1, also nach dem Zeitpunkt 31550 erfolgen.

Bei der Einplanung des Teilauftrages 2ATP1 konnte der Zeitraum zwischen 1170 und 1860 nicht mit einem Splittingauftrag belegt werden. Die Zeitspanne von 690 Minuten ist für die Einplanung eines "vollen" Splittingauftrages von 2ATP1 zu kurz.[379] Der erste Splittingauftrag von 2ATP4 von 240 Minuten kann hier jedoch eingefügt werden.

Die Bestimmung der Verfügbarkeit der Mensch-Maschine-Kombination richtet sich nach dem frühesten Zeitpunkt ihrer Verfügbarkeit. Damit wird der erste, von der Dauer geeignete, freie Zeitraum für eine Fertigung genutzt. Da zum Zeitpunkt 1180 sowohl Anlage als auch Personal in der richtigen Zusammensetzung und ausreichender Zeitdauer von 240 Minuten bereitstehen, wird der erste Splittingauftrag hier eingeplant. Die sequentielle Abarbeitung der Splittingaufträge führt dazu, daß die beiden

[378] Vgl. Anhang X.4.2.

[379] Splittingaufträge werden so erzeugt, daß sie in einer zusammenhängenden Schicht (hier Schicht 1 und 2) gearbeitet werden können. Dabei werden mögliche Restzeiten nicht berücksichtigt.

folgenden Splittingaufträge von 959 und 91 Minuten erst nach dem Auftrag 2ATP1 erfolgen.[380]

Diese Verarbeitung ist insbesondere bei der Einplanung von Kurzzeit-Aufträgen interessant, die ohne Splitting gefertigt werden können.

Mit der Anwendung des R-Zyklus können also zeitliche Fertigungsreihenfolge und Simulationreihenfolge von Aufträgen divergieren.

Der Auszug aus der Prozeßverlaufsliste des Auftrages 2ATP4 zeigt, daß der Teilauftrag zum Zeitpunkt 1180 zur Fertigung der zweiten Fertigungsstufe bereitstand. Er wird zu diesem Zeitpunkt eingeplant.

4. Wirkungsanalyse auf der Basis von Fertigungszielen

Die Fertigungsziele
- Verbesserung der Ressourcenauslastung,
- Reduktion der Liegezeiten und
- Verringerung der Durchlaufzeiten von Aufträgen

werden in der Wirkungsanalyse auf der Basis von Simulationen mit dem Unternehmungsmodell PRODU untersucht.

Die Wirkungsanalyse beruht auf dem paarweisen Vergleich der Ergebnisse zweier unabhängiger Simulationsläufe im Automatikmodus von ausgewählten Szenarien zur Fertigung-alt und Fertigung-RFS.

Die ceteris paribus Bedingung zur Vergleichbarkeit der Szenarien bezieht sich auf die Szenariengestaltung, beispielsweise der Produktgestaltung und Absatzpläne. Einziger Szenarien-Unterschied liegt in der Fertigungsorganisation, die zum einen die Fertigung-alt zum anderen die Fertigung-RFS umfaßt.

4.1. Wirkungen bezogen auf Ressourcenauslastungen

Die Analyse der Veränderungen in den Auslastungen ausgewählter Ressourcen erfolgt mit unterschiedlichen Szenarien. Für die ausgewählten Ressourcen werden die wöchentlichen Auslastungen zugrundegelegt.

---

[380] Splittingaufträge werden in einer vorgegebenen Reihenfolge abgearbeitet: 1. Splittingauftrag entspricht der anlagenbezogenen Rüstzeit, letzter Splittingauftrag entspricht der Fertigung der Restwerkstücke. Für die weiteren Splittingaufträge werden die Werkstücke gleichmäßig so verteilt, daß die größtmögliche Anzahl Werkstücke, die in einer zusammenhängenden Schicht verarbeitet werden können, zusammengefaßt werden. Der Restauftrag kann daher nicht vorab eingeplant werden. In der Verarbeitung von Splittingaufträgen liegt eine Verbesserungsmöglichkeit des Modells.

Zum einen wird die Veränderung der Ressourcenauslastung durch eine veränderte Fertigungsstruktur bezogen auf die Losgrößengestaltung der Aufträge untersucht, zum anderen ist der Einfluß auf die Ressourcenauslastung durch die Fertigungsumstellung auf RFS zu betrachten.

- Ressourcenauslastung bei Losgrößenvariation

Untersuchte Szenarien in der Fertigung-alt sind die 2-Produkt-Szenarien mit einem 2-Auftrags-Absatzprogramm und Losgrößen von 700 für P27232 bzw. 150 Stück für P37402 sowie mit einem 32-Auftrags-Absatzprogramm und Losgrößen von 45 für P27232 und 10 für P37402.

Betrachtet wird der Hilfsmontageplatz "116","908".

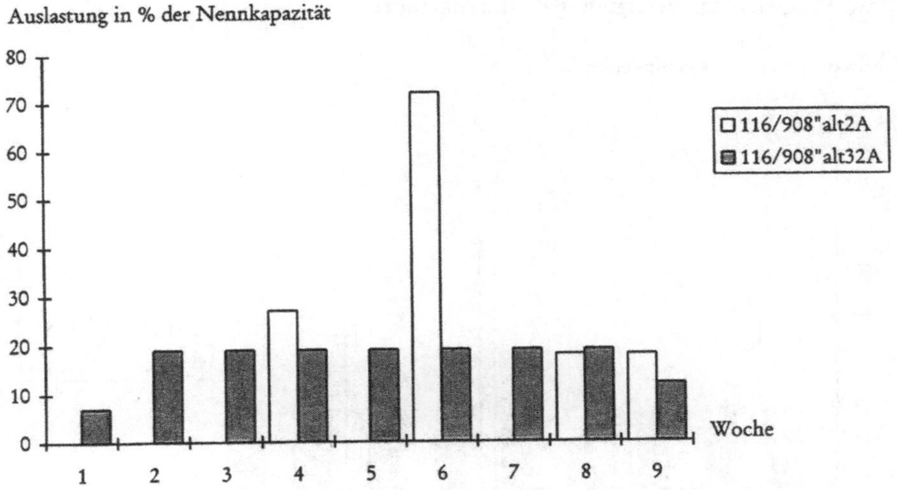

Abbildung 29: Auslastung des Hilfsmontageplatzes bei unterschiedlichen Losgrößen

Beim Vergleich der Auslastung des Hifsmontageplatzes bei unterschiedlichen Losgrößengestaltungen der Fertigung wird deutlich, daß die Auslastung bei kleineren Losgrößen im betrachteten Zeitraum auf einem niedrigeren Niveau, jedoch auf einem relativ konstanten Wert um 20% liegt.

Die konstante Auslastung auf niedrigem Niveau führt zu Freiräumen in der Gestaltung des Fertigungsprogramms, da der Hilfsmontageplatz hier keinen Engpaß darstellen wird.

Demgegenüber besteht bei der Programmgestaltung mit wenigen Aufträgen und hohen Losgrößen die Gefahr, daß der Hilfsmontageplatz zu einem Engpaß führt. Im dargestellten Szenario mit zwei Absatzaufträgen geschieht dies in der sechsten Planungswoche.

- Ressourcenauslastung bei rechnerunterstützter Fertigung

Deutlich wird, daß Ergebnisse von Szenarien-Vergleichen, wie sie im folgenden durchgeführt werden, zum einen auf die veränderte Fertigungsorganisation durch Rechnerunterstützte Fertigungssysteme zurückzuführen ist. Jeweils im Einzelfall zu berücksichtigen sind jedoch auch Einflüsse anderer Parameter auf die Ergebnisse der Simulationen.

Die Untersuchung der Einflüsse Rechnerunterstützter Fertigungssysteme auf die Auslastung der Ressourcen wird mit den oben dargestellten Szenarien für die Fertigung-alt im Vergleich zur Fertigung-RFS durchgeführt.

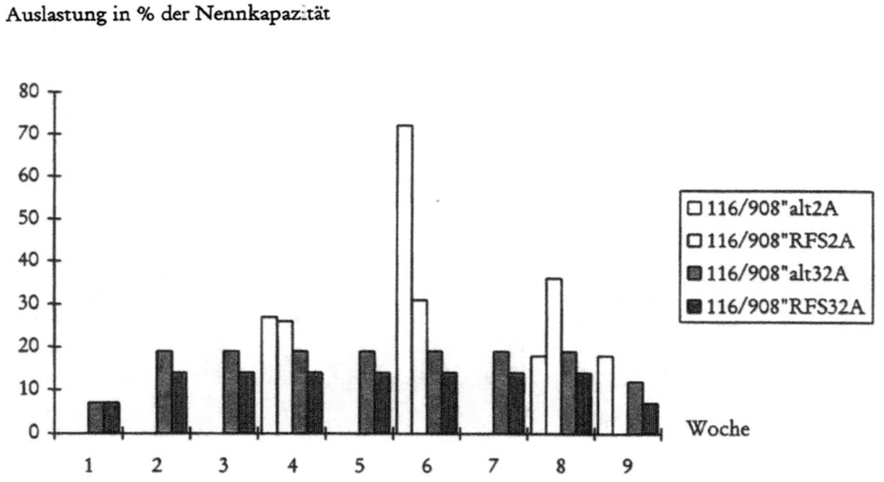

Abbildung 30: Auslastung Hilfsmontage in unterschiedlichen Szenarien

Die Analyse der vier Szenarien zeigt, daß bei kleinen Losgrößen weiterhin eine kontinuierliche Auslastung, jedoch auf einem geringeren Niveau von ca. 15% erreicht wird.

Die Einführung von RFS in Zusammenhang mit der Programmgestaltung mit großen Losgrößen führt zu einer Entlastung des Hilfsmontageplatzes in der sechsten Woche.

Sowohl die Entlastung des Engpasses in der sechsten Woche, als auch das geringere Auslastungsniveau sind auf die Einführung von RFS2 zurückzuführen, da bei der rechnerunterstützten Fertigung des Teilproduktes TP28004 die Hilfsmontage wegfällt.

- Ressourcenauslastung und Fertigungsumstrukturierungen

Die Analyse des gesamten Maschinenparks bei PRODU nach der Umstellung der Fertigung führt zu einer Umstrukturierung der Anlagen. So werden beispielsweise die Einstellplätze für NC-Maschinen reduziert. Ein Bohrzentrum aus den 70er Jahren kann stillgelegt werden. Eine CNC-Fräs- und Bohrmaschine, die in der Fertigung-alt der Produktgruppe 3 zugeordnet war, wird in den Werkstattbereich integriert.

Die freigesetzten Mitarbeiter der betroffenen Kostenstellen werden für die Tätigkeit mit den Rechnerunterstützten Fertigungssystemen umgeschult, bei gleicher Qualifikation in andere Kostenstellen versetzt oder durch Fluktuation freigesetzt.

- Ressourcenauslastung bei unterschiedlicher Struktur der Fertigung-RFS

Im Hinblick auf eine flexiblere Produktionsprogrammgestaltung ist die Fragestellung nach der Auslastung ausgewählter Ressourcen bei Änderungen der Fertigungsorganisation von Interesse.

Untersucht wird nun das 2-Produktszenario mit 32 Absatzaufträgen in der Fertigungsgestaltung mit RFS3 in unterschiedlichen Ausbaustufen und unter Berücksichtigung RFS-begleitender Maßnahmen. Zusätzlich wird das 4-Produkt-Szenario in der zweiten Ausbaustufe RFS3 mit allen RFS-begleitenden Maßnahmen betrachtet.

Als Ressourcen werden betrachtet
- (("118","976",), Lackiererei),
- (("117","536"), CNC-Bohr- und Fräsmaschine)
- (("117","670"), CNC-Bohrzentrum) und anschließend
- (("301","481"), RFS3 in erster Ausbaustufe)
- (("301","481"),("301""482"), RFS3 in zweiter Ausbaustufe).

Woche	1	2	3	4	5	6	7	8
Fertigung-alt								
"118""976"	0	2	3	3	3	3	3	3
"117""536"	18	18	18	18	18	18	18	18
"117""670"	5	9	9	9	9	9	9	9
1. Ausbaustufe								
"118""976"	1	2	3	3	3	3	3	3
"117""536"	0	0	0	0	0	0	0	0
"117""670"	0	0	0	0	0	0	0	0
2. Ausbaustufe								
"118""976"	1	2	3	3	3	3	3	3
2. Ausbaustufe + Parallelverarbeitung TP2								
"118""976"	1	2	3	3	3	3	3	3
2. Ausbaustufe + TP2 parallel + TLZ = 0								
"118""976"	2	2	3	3	3	3	3	3
Produktgruppen P1 bis P4								
"118""976"	0	4	6	4	0	11	6	11
"117""536"	0	0	0	0	0	0	0	0
"117""670"	20	39	0	56	2	34	56	27

Tabelle 10: Auslastung ausgewählter Ressourcen in % pro Woche der 2-Schicht-Nennkapazität

Die dargestellten Ressourcen weisen unterschiedliche Entwicklungen während der Fertigungsumstellungen auf.

Die Auslastung der Lackiererei ist beständig über alle Szenarien bei 3%. Auch in dem umfassenden Szenario steigt die Auslastung nur bis maximal 11% an. Mit der Umstellung der Fertigung auf RFS ist also in der Lackiererei kein Einfluß auf die Auslastung zu erreichen. Die geringe Auslastung führt zu Überlegungen, ob die gefertigten Produkte nicht in Fremdfertigung lackiert werden können.

Die Fräs- und Bohrmaschine ist beim 2-Produktszenario in der Fertigung-alt zu 18% ausgelastet. Mit der Umstellung der Fertigung wird diese Anlage nicht mehr benötigt. Sie wird nach der Fertigungsumstellung auch von den anderen Produkten nicht angefordert, wie das 4-Produkt-Szenario zeigt.

Das Bohrzentrum ist im 2-Produkt-Szenario in der Fertigung-alt zu 9% ausgelastet. Mit der Umstellung der Fertigung wird dieses Zentrum für diese beiden Produkte nicht mehr benötigt. Das 4-Produkt-Szenario zeigt jedoch, daß eine weitere Nutzung durch die Produktgruppen 1 und 4 erfolgt. In der, in der Tabelle nicht erfaßten 19. und 20. Woche wird das Bohrzentrum mit einer Auslastung von ca. 90% zum Engpaß dieser Fertigung. Diese Auslastung wird trotz der Entlastung durch RFS3 erreicht.

Interessant ist auch der Einfluß von organisatorischen Maßnahmen auf die Auslastung von RFS3.

Woche	1	2	3	4	5	6	7	8
1. Ausbaustufe								
"301""481"	53	53	53	53	53	53	53	52
2. Ausbaustufe								
"301""481"	24	24	24	24	24	24	24	24
"301""482"	29	29	29	29	29	29	29	29
2. Ausbaustufe + Parallelverarbeitung TP2								
"301""481"	24	24	24	24	24	24	24	24
"301""482"	29	29	29	29	29	29	29	29
2. Ausbaustufe + TP2 parallel + TLZ = 0								
"301""481"	24	24	24	24	24	24	23	24
"301""482"	29	29	29	29	29	29	29	29
Produktgruppen P1 bis P4								
"301""481"	88	76	88	76	88	76	88	76
"301""482"	88	91	88	91	88	91	82	91

Tabelle 11: Auslastung in % pro Woche der 2-Schicht-Nennkapazität in unterschiedlichen Szenarien

Über alle Szenarien bleibt die Auslastung des RFS3 konstant. Die Fertigungsauslastung ist also robust gegenüber organisatorischen Änderungen und allein abhängig vom Produktionsprogramm. Damit ist sichergestellt, daß die RFS-begleitenden Maßnahmen nicht zu einem erneuten Engpaß im Rechnerunterstützten Fertigungssystem führen.

Mit dem realitätsnahen Szenario über alle vier Produkte von PRODU und größeren Losgrößen der Aufträge wird deutlich, daß RFS3 mit der erforderlichen Jahresproduktion von 1200 Produkten P37402 im 2-Schicht-Betrieb ausgelastet ist.

Die Überbrückung der 3. mannarmen Schicht durch Nutzung des Werkstückpuffers muß also bei steigendem Bedarf realisiert werden.

Die Einführung eines 3-Schicht-Betriebes ist auch im Hinblick auf eine Reduktion der Durchlaufzeiten von Interesse.

4.2. Wirkungen bezogen auf Auftragszeiten

Die Analyse der Auftragszeiten, also ausgewählter Zeitkomponenten eines Auftragsflusses, beispielsweise den Liegezeiten, sowie die Durchlaufzeiten der Aufträge werden weiterhin auf der Basis eines 2-Schicht-Betriebes durchgeführt.

4.2.1. Wirkungen bezogen auf einzelne Zeitkomponenten

Die Analyse der Zeitkomponenten von Aufträgen erfolgt anhand des 2-Produkt-Szenarios mit einem 2-Auftrags-Absatzprogramm. In der Fertigung-RFS ist RFS3 in seiner ersten Ausbaustufe realisiert, RFS-begleitende Maßnahmen sind nicht durchgeführt. In der folgenden Tabelle sind die Auftragszeiten der Fertigung-RFS zusammengefaßt.

	Beginn [Min]	Ende [Min]	Veränderung	TLZ-Liegezeit	Liegezeit
1A	71183	111300	15387	2280	22450
2A	43075	127369	29776	6420	48098
1ATP1	420	45935	15768	6090	24077
1ATP2	420	71183	23727	10380	37076
1ATP3	420	32512	9388	4200	18924
2ATP1	521	41490	8822	1890	30778
2ATP2	420	34225	13281	2760	18184
2ATP3	572	43075	1106	2340	39629
2ATP4	470	32580	2795	3240	26545
2ATP5	420	32485	11343	3750	17392

Tabelle 12: Auftragszeiten Fertigung-RFS, nach Einführung von RFS in Minuten; Simulationsbeginn bei t=0

Im Vergleich mit den Daten der Tabelle 6 werden die Wirkungen der Rechnerunterstützten Fertigung herausgearbeitet.[381]

4.2.1.1. Beginn und Ende der Auftragseinplanung

Die zeitliche Reihenfolge der Auftragseinplanung der Produktgruppe 3 ist bei der Fertigung-RFS wie folgt: 2ATP5 vor 2ATP4 vor 2ATP1 vor 2ATP3.

Bei der Fertigung-alt stellte der Einstellplatz "112","946" einen Engpaß dar, der zu einem verzögerten Beginn der Aufträge 2ATP1 und 2ATP3 führte. Dieser Einstellplatz wird durch die Einführung des Rechnerunterstützten Fertigungssystems entlastet.

Die Einstellung des RFS3 mit einer Zeitdauer von 50 Minuten erfolgt direkt im System. Umfassendere Einstellungsmaßnahme werden im Zuge der Anlagenwartung, also unabhängig von der Maschinenlaufzeit vorgenommen. Die Verzögerung der Beginn-Zeitpunkte der Aufträge 2ATP4, 2ATP1 und 2ATP3 ist auf die Einstellungszeiten zurückzuführen.

Die Analyse der Fertigstellungstermine der Aufträge gibt Aufschluß über die Durchlaufzeiten.

Bei Produktgruppe 2 wird trotz der eingeschränkten Produktflexibilität von RFS2, das nur Teilprodukt 1 fertigt, eine Einsparung im vorliegenden Szenario von knapp einer halben Woche erreicht.

Bei Produktgruppe 3 wird eine Einsparung von einer Woche realisiert.

Die Gründe für diese Verkürzung der Durchlaufzeiten können sowohl in der Verkürzung der fertigungsbedingten als auch der ressourcenbedingten Liegezeiten und in den Veränderungszeiten liegen.

4.2.1.2. Veränderungs- und fertigungsbedingte Liegezeiten

Zur Betrachtung der Veränderungs- und Liegezeiten der Szenarien Fertigung-RFS und Fertigung-alt wird aus Sicht der Fertigung-RFS die Differenz zwischen den beiden Szenarien ermittelt.

---

[381] Vgl. Abschnitt VII.3.2.

	Differenz	
	Veränderungszeit	TLZ-Liegezeit
1A	0	0
2A	0	0
1ATP1	-7759	-4650
1ATP2	-192	0
1ATP3	-52	0
2ATP1	-5783	1440
2ATP2	0	0
2ATP3	-1014	990
2ATP4	-905	990
2ATP5	-6715	-3630

Tabelle 13: Differenz der Veränderungs- und TLZ-Liegezeiten in Minuten

Bei den Veränderungszeiten fällt auf, daß bei den Aufträgen, deren Fertigung unabhängig vom RFS durchgeführt wird, keine oder nur geringfügige Unterschiede auftreten. Die geringfügigen Unterschiede bei 1ATP2 und 1ATP3 ergeben sich aus dem Szenarienverlauf-RFS. Während im Szenarienablauf-alt keine Nacharbeits- oder Fehlproduktion auftritt, werden im Szenario-RFS bei 2ATP2 in der Fertigungsstufe 2 sieben Werkstücke und in Fertigungsstufe 3 neun Werkstücke in die Nacharbeit geführt. Bei Auftrag 2ATP3 werden in Fertigungsstufe 3 vierzehn Werkstücke zur Nacharbeit gegeben. Die Losgröße für die nachfolgenden Fertigungsstufen verringert sich also dementsprechend.

Die Verringerung der Veränderungszeiten der RFS-Aufträge läßt sich aus den Fertigungszeiten-RFS gegenüber den Fertigungszeiten-alt ableiten. Am Beispiel von 3ATP5 soll diese Veränderung nachvollzogen werden.

3ATP5 ist der Auftrag zur Fertigung des Loses von 150 Stück des Teilproduktes TP33583. Bei beiden Szenarien (Fertigung-alt und Fertigung-RFS) treten über alle Fertigungsstufen weder Nacharbeits- noch Fehlproduktionen auf.

Die Veränderungszeit der Fertigungsstufen 1 bis 11 der Fertigung-alt beträgt 720+96,2*150+8*30=15390 Minuten. Diese Fertigungsstufen werden in der Fertigung-RFS durch die Fertigung mit RFS3 ersetzt. Die Veränderungszeit beträgt dann 50+57,3*150+39=8675. Die Fertigungsumstellung führt zu einer Verringerung der Durchlaufzeit für die ersten Fertigungsstufen von 6715 Minuten.

Die Differenzen in den fertigungsbedingten Liegezeiten ergeben sich aus der Struktur der Fertigung-RFS.

Die in diesem Szenario lokal isolierte Stellung von RFS3 führt bei den TLZ-Liegezeiten in den Fertigungsstufen 1,3 und 4 zu einer Erhöhung der Liegezeiten. Dies ist mit den erhöhten Übergangszeiten zwischen den Fertigungsstufen-RFS und der nachfolgenden Fertigungsstufe zu erklären.

Beim Teilprodukt TP33583 übernimmt RFS3 mehrere Fertigungsstufen der Fertigung-alt. Aus den Verringerungen der Fertigungssstufen der mit RFS gefertigten Teilprodukte ergibt sich trotz der lokalen Isolation eine Reduktion der TLZ-Liegezeiten.

4.2.1.3. Ressourcenbedingte Liegezeiten

Erwartungsgemäß ist die ressourcenbedingte Liegezeit bei den meisten mit RFS gefertigten Aufträgen stark zurückgegangen.[382] Die Ursache hierfür liegt unter anderem in der Verringerung der Fertigungsstufen. Auffällig sind jedoch die (Teil-)Aufträge 1ATP2 und 2ATP1, die im folgenden analysiert werden.

- Analyse des Teilauftrages 1ATP2.

Die ressourcenbedingte Liegezeit des Auftrages zur Fertigung des Teilproduktes TP28116 reduziert sich nach der Umstellung des Fertigungsbereichs um 4.200 Minuten. TP28116 wird jedoch weiterhin RFS-unabhängig gefertigt. Der Fertigungsablaufplan dieses Teilproduktes bleibt auch nach der Fertigungsumstellung unverändert. Als Ursache dieser Liegezeitverringerung wird die Entlastung einer oder mehrerer Engpaß-Anlagen in der Fertigung-alt vermutet.

Ein Vergleich der Fertigungsablaufpläne der Teilprodukte von Produktgruppe 2 zeigt, daß die Anlagen (("117","603"), Reihenbohrmaschine) und (("116","908"), Hilfsmontage) durch die Einführung von RFS2 entlastet werden.

Ein Weg zur Bestimmung der Ursachen bezieht über einen Vergleich die Prozeßverlaufslisten aller Teilprodukte ein, die eine oder beide Anlagen nutzen. Mit dieser Vorgehensweise kann detailliert bestimmt werden, ob zu einem gewissen Zeitpunkt im vorliegenden Szenarienverlauf mehrere Teilprodukte eine Anlage nutzen wollten, diese Anlage also zu diesem Zeitpunkt einen Engpaß bildet.

Ein anderer Weg betrachtet die Analyse der Auslastung von Ressourcen. Hier kann die wochengenaue Bestimmung der Anlagenauslastung einen Hinweise auf einen Engpaß geben. Liegen bei den Wochen-Auslastungswerten der Fertigung-alt und der

[382] Vgl. Tabelle 6 und Tabelle 12.

Fertigung-RFS ähnliche Verteilungen vor, so wird hier kein Grund für die Einsparung der Liegezeit von 1ATP2 gesehen.

Szenario Fertigung	Anlage KST,BGR	Woche3	Woche4	Woche5	Woche6
alt	"117","603"	54	73	71	0
RFS	"117","603"	0	73	70	0
alt	"116","908"	0	27	0	72
RFS	"116","908"	0	26	0	31

KST = Kostenstelle, BGR = Belegungsgruppe

Tabelle 14: wöchentliche Anlagenauslastung in % der 2-Schicht Nennkapazität

Die Analyse der Reihenbohrmaschine "117","603" in Zusammenhang mit den Prozeßverlaufslisten von 1ATP1 und 1ATP2 zeigt, daß der Wegfall der Anlagennutzung in der 3. Woche mit der Einführung der Fertigung-RFS zusammenhängt. Die hohe Auslastung der 4. und 5. Fertigungswoche wird mit dem Auftrag 1ATP2 erreicht. Sie bleibt nach der Fertigungsumstellung unverändert. Die Reihenbohrmaschine ist also für die Änderung der Liegezeiten nicht verantwortlich.

Die Analyse der Auslastung des Hilfsmontageplatzes "116","908" zeigt eine hohe Auslastung in der 6. Fertigungswoche, die nach Einführung von RFS2 von 72% auf 31% fällt.[383]

Beginn [Min]	Ende [Min]	Aktivität
46682	46692	"1&1ATP1FWS9"
50400	50400	"BRACHZEIT"
50820	51780	"2&1ATP1FWS9"
52260	53220	"3&1ATP1FWS9"
53700	53880	"4&1ATP1FWS9"
53880	53900	"1&1ATP2FWS4"
55140	56100	"2&1ATP2FWS4"
56580	57300	"3&1ATP2FWS4"
60480	60480	"BRACHZEIT"
...		
75575	75590	"1&1AFWS1"[384]

Tabelle 15: Auszug Belegtzeitliste der Anlage ("116","908")

383 Vgl. auch Grafik in Abschnitt VII.4.1.

384 Zusätzlich wird deutlich, daß auch andere (Teil-)Produkte diesen Hilfsmontageplatz benötigen, z.B. die Montage von Produkt P27232.

In der Fertigung-alt wird der Hilfsmontageplatz in der 6. Fertigungswoche zu einem Fertigungsengpaß. Dies kann anhand der Belegtzeitlisten der Anlage und der Prozeßverlaufliste des Auftrages 1ATP2 verifiziert werden.

Beginn [Min]	Ende [Min]	Aktivität
56580	57300	"Fert.stufe:4SP:3"
56100	56580	"Liegezeit"
55140	56100	"Fert.stufe:4SP:2"
53900	55140	"Liegezeit"
53880	53900	"Fert.stufe:4SP:1"
47887	53880	"Liegezeit"
45997	47887	"TLZ-Liegezeit Fert.stufe:3"

Tabelle 16: Auszug Prozeßverlaufsliste des Auftrages 1ATP2

Die Prozeßverlaufsliste des Auftrages 1ATP2 zeigt, daß der Auftrag zum Zeitpunkt 47.887 zur Fertigung der Stufe 4 bereitstand.

Die Belegtzeitliste der Anlage zeigt, daß die Anlage zu diesem Zeitpunkt nicht verfügbar ist, da bereits zum Zeitpunkt 46.683 mit der Fertigung von Auftrag 1ATP1 in der Fertigungsstufe 9 begonnen wird. Auftrag 1ATP2 kann also erst nach Fertigstellung dieses Auftrages begonnen werden.

Die Fertigungsstufe 9 des Teilproduktes TP28004 (Auftrag 1ATP1) wird durch Fertigung-RFS ersetzt. Unter der Voraussetzung, daß keine anderen (Teil-)Produkte zeitgleich den Hilfsmontageplatz nutzen, verringert sich die ressourcenbedingte Liegezeit des Auftrages 1ATP2 sehr stark, im vorliegenden Fall um 4200 Minuten.

- Analyse des Auftrages 2ATP1.

Bei der Fertigung-RFS des Teilproduktes TP33818 fällt eine um 12.978 Minuten (ca. 1 1/4 Wochen) höhere Liegezeit an als bei der Fertigung-alt. Die Analyse der Prozeßverlaufsliste kann hier Aufschluß über die Ursache geben.

Die Analyse der Prozeßverlaufsliste des Auftrages 2ATP1 zeigt eine Wartezeit von 20.009 Minuten bei der Fertigungsstufe 2, Anlage ("301","481") RFS3. Die Vermutung, daß RFS3 einen Engpaß der Fertigung darstellt, kann durch Untersuchung der Belegtzeitliste von RFS3 bestätigt werden.

Beginn [Min]	Ende [Min]	Aktivität	Zeittdauer [Min]
20580	21539	"Fert.stufe:2SP:2"	959
571	20580	"Liegezeit"	20009
571	571	"Fert.stufe:2SP:1"	0
571	571	"Liegezeit"	0
521	571	"Fert.stufe:1SP:1"	50
0	521	"Liegezeit"	521
0	0	"BeginnTP-Fertigung"	0

Tabelle 17: Auszug Prozeßverlaufliste Auftrag "2ATP1" für Teilprodukt "TP33818"

Beginn [Min]	Ende [Min]	Aktivität
0	0	"BRACHZEIT"
420	470	"1&2ATP5FWS1"
470	520	"1&2ATP4FWS1"
520	520	"1&2ATP5FWS2"
521	571	"1&2ATP1FWS1"
571	571	"1&2ATP1FWS2"
572	622	"1&2ATP3FWS1"
622	1539*	"2&2ATP5FWS2"
1860*	2777	"3&2ATP5FWS2"
3300	4217	"4&2ATP5FWS2"
4740	5657	"5&2ATP5FWS2"
6180	7097	"6&2ATP5FWS2"
10080	10080	"BRACHZEIT"
10080	10080	"BRACHZEIT"
10500	11417	"7&2ATP5FWS2"
11940	12857	"8&2ATP5FWS2"
13380	14297	"9&2ATP5FWS2"
14820	15737	"10&2ATP5FWS2"
16260	16604	"11&2ATP5FWS2"
16605	17250	"1&2ATP4FWS2"
20160	20160	"BRACHZEIT"
20160	20160	"BRACHZEIT"
20580	21539	"2&2ATP1FWS2"
22020	22979	"3&2ATP1FWS2"

* die Zeitlücken ergeben sich aus der Nicht-Nutzung der 3. Schicht

Tabelle 18: Auszug der Belegtzeitliste RFS3; Simulationsbeginn bei $t=0$

Die Verringerung der Liegezeit durch die Zusammenfassung mehrerer Fertigungsstufen in eine Fertigungsstufe RFS wird durch die hohe Belastung von RFS3 nivelliert. Wird ein Auftrag mit langer Fertigungszeit durch RFS3 gefertigt, beispielsweise 2ATP5, so wird RFS3 zum Engpaß für andere Teilprodukte, die auch RFS3 benötigen. Die Ausstattung von RFS3 mit zwei gleichartigen Anlagen kann hier zu einer Entlastung führen.

4.2.2. Wirkungen bezogen auf die Durchlaufzeiten von Aufträgen

Mit der Betrachtung der Durchlaufzeiten werden die einzelnen Zeitkomponenten im Zusammenhang untersucht.

Die Durchlaufzeit (Fertigungszeit) eines Auftrages setzt sich zusammen aus Liegezeit (nach Bearbeitung, Kontrolle, Rüsten), Transportzeit (zur nächsten Arbeitsstelle), Liegezeit (vor der Bearbeitung, Kontrolle, Rüsten), Rüstzeit, Bearbeitungszeit und Kontrollzeit. Der Anteil der Durchführungszeit an der Durchlaufzeit beträgt in der Regel nur 2 bis 10%.[385]

Die Analyse der Veränderungen der Durchlaufzeiten basiert auf einem paarweisen Vergleich des 2-Produkt-Szenarios mit dem 2-Auftrags-Absatzprogramm. Die Fertigungsorganisation der Fertigung-RFS hat hinsichtlich der Fertigungsstruktur folgende Merkmale:

- Ausgestaltung des RFS3 mit zwei gleichartigen Fertigungsanlagen
- entsprechende Erweiterungen der Mitarbeiter der Kostenstelle 301
- RFS-begleitende Maßnahmen durch räumliche Zusammenfassung der Fertigungsanlagen und damit Verringerung der Übergangszeiten bei den RFS-gefertigten Produkten
- zusätzlich Parallelverarbeitung für die Fertigungsstufe 2 des Teilproduktes TP33858 (TP2).

Alle Teilproduktfertigungsaufträge werden zum Zeitpunkt 0 gestartet. Die Durchlaufzeiten der Teilprodukte über alle Fertigungsstufen kann mit der Fertigung-RFS um fast 4 Wochen (37920 Minuten bei 2ATP4) reduziert werden.

385 Vgl. Wiendahl/Fertigungssteuerung/32 und 51ff.

	Fertigung-RFS	Fertigung-alt	Differenz
1A	111300	115868	-4568
2A	121609	137449	-15840
1ATP1	35893	71460	-35567
1ATP2	71223	75575	-4352
1ATP3	32540	32540	0
2ATP1	25660	32855	-7195
2ATP2	31345	34225	-2880
2ATP3	24355	42180	-17825
2ATP4	5200	43120	-37920
2ATP5	26720	54085	-27365

Tabelle 19: Fertigstellungstermine Aufträge in Minuten

Auffällig dabei ist, daß bei der Produktgruppe 2 trotz der immensen Einsparung bei der Fertigung-RFS von Teilprodukt 1 von ca. 3,5 Wochen (35.567 Minuten), die Einsparung bezogen auf die Gesamtdurchlaufzeit nur 1/2 Woche (4.568 Minuten) beträgt. Eine ähnliche Tendenz ist auch bei der Produktgruppe 3 zu beobachten.

Die Gründe für diese Diskrepanz in der Einsparung liegen in der Fertigungskonstellation der Teilprodukte. Der Beginn der Montage erfolgt erst, wenn alle Teilprodukte in ausreichender Menge zur Verfügung stehen. Daher bestimmen die Teilprodukte mit den längsten Durchlaufzeiten den Montagebeginn und damit die Gesamtdurchlaufzeit der Aufträge.

Bei der Produktgruppe 2 bleibt die Durchlaufzeit des Teilproduktes 2, TP28116, auch nach der Fertigungsumstellung relativ konstant bei ca. 7 Wochen. Die Reduzierung der Fertigungszeit von Teilprodukt 2 bei der Fertigung-RFS um ca. 50% führt daher nur zu einer unwesentlichen Verkürzung der Durchlaufzeit des Gesamtauftrages.

Bei der Produktgruppe 3 bestimmt das Teilprodukt 2, TP33858, mit einer Durchlaufzeit von ca. 3 Wochen den Beginnzeitpunkt der Montage in der Fertigung-RFS.

Die parallele Nutzung der beiden Radial-Bohrmaschinen in der Fertigungsstufe 2 von Teilprodukt TP33858 führt bezogen auf die Fertigung über alle Fertigungsstufen zu einer Reduktion der Durchlaufzeit von Teilprodukt 2 von ca. 11 %.

Zur Nutzung der Einsparungspotentiale durch die Fertigung mit RFS3 in Zusammenhang mit RFS-begleitenden Maßnahmen müssen noch weitere Maßnahmen zur Verringerung der Durchlaufzeiten von TP33858 durchgeführt werden. Denkbar wäre hier eine Lagerfertigung für dieses Teilprodukt.

Die Einsparungspotentiale durch die Einführung der Rechnerunterstützten Fertigungssysteme werden also teilweise durch die RFS-unabhängigen Teilprodukte aufgehoben.

Offen bleibt die Frage, inwieweit eine Losgrößenreduktion die RFS-Potentiale in Kombination mit der klassischen Fertigung besser nutzt.

4.2.3. Der Einfluß von Losgrößen auf Durchlaufzeiten

Zur Betrachtung der Losgrößen[386] als Einflußfaktor der Fertigung werden die 2-Produkt-Szenarien ausgehend vom Absatzprogramm mit 2 Aufträgen bis zum Absatzprogramm mit 64 Aufträgen in der Fertigung-RFS in der obigen Ausgestaltung untersucht.

Analysiert werden die Fertigungsaufträge für die Produktgruppe 3 nach der Fertigungsumstellung. Zur Vergleichbarkeit der Szenarien wurde für alle Szenarien die durchschnittliche Durchlaufzeit über alle Fertigungsstufen gleichartiger Aufträge, z.B. Fertigung von Teilprodukt TP33887 (TP3), ermittelt. Mit dieser durchschnittlichen Durchlaufzeit in Zusammenhang mit den szenarienspezifischen Losgrößen wurde die Durchlaufzeit pro Werkstück ermittelt.

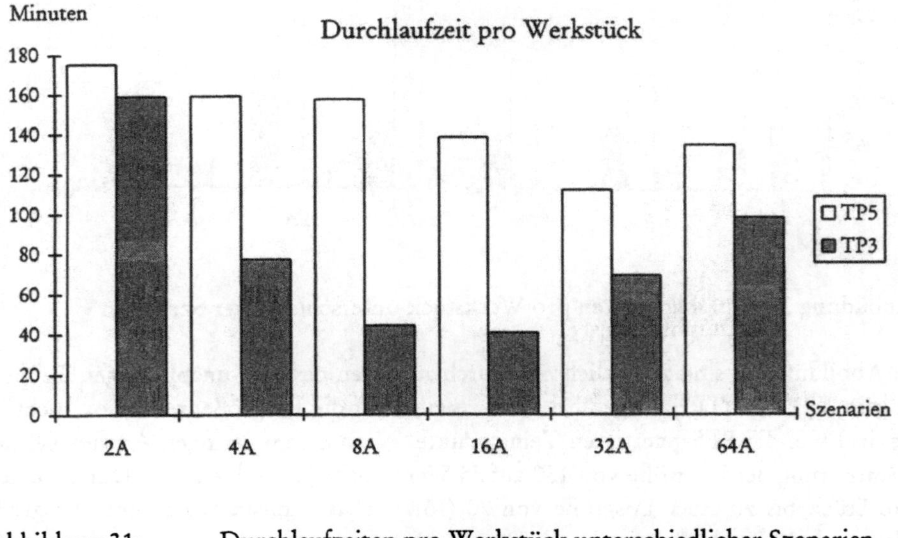

Abbildung 31: Durchlaufzeiten pro Werkstück unterschiedlicher Szenarien

---

[386] Beispiele zu Modellen und Heuristiken zur Lösung des Losgrößenproblems
vgl. Neumann, Morlock/Operations Research/625ff;
vgl. Tempelmeier/Verfahren/217.

In der Abbildung 31 sind die Durchlaufzeiten pro Werkstück für einen durchschnittlichen Auftrag für die Teilprodukte TP33583 (TP5) und TP33887 (TP3) grafisch aufbereitet.

Ausgehend von der Losgröße 150 (2A), die aus der Fertigung-alt übernommen wurde, wird die Losgröße schrittweise halbiert bei Verdoppelung der Auftragsanzahl. Mit der Losgrößenverringerung ist in den ersten Schritten eine Verringerung der Durchlaufzeiten verbunden. Nach Überschreitung einer für die vorliegenden Szenarien "optimalen" Losgröße, steigt die Durchlaufzeit wieder an.

Die optimale Losgröße liegt für Teilprodukt TP33887 (TP3) zwischen 19 und 22 Werkstücken je Los, bei Teilprodukt TP33583 (TP5) zwischen 9 und 10 Werkstücken je Los.

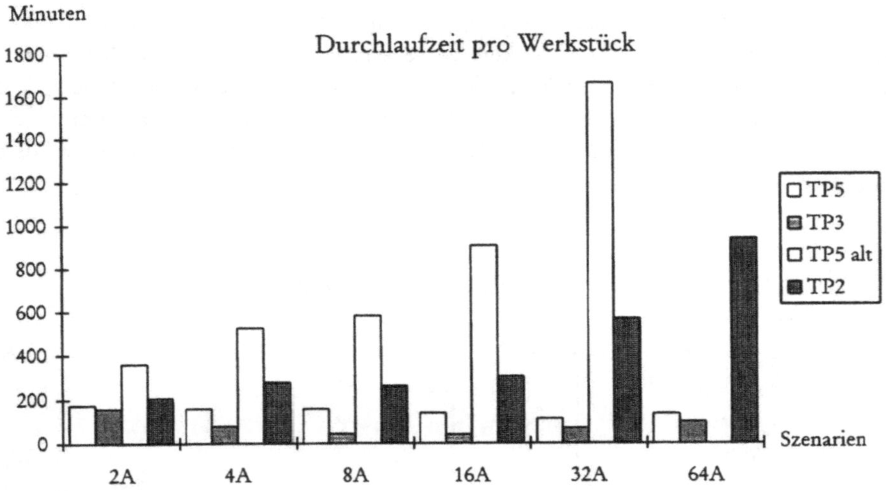

Abbildung 32: Durchlaufzeiten pro Werkstück unterschiedlicher Szenarien

In Abbildung 32 sind zusätzlich die Durchlaufzeiten des RFS-unabhängigen Teilproduktes TP33858 (TP2) aufgeführt. TP2 reagiert auf die Losgrößenreduktion nicht so flexibel wie die RFS-gefertigten Teilprodukte. Nach einem geringen Anstieg bei der Reduzierung der Losgröße von 150 auf 75 Werkstücke je Los bleibt die Durchlaufzeit pro Stück bis zu einer Losgröße von 20 (16A) relativ konstant. Bei einer Losgröße kleiner als 20 Werkstücke steigt die Durchlaufzeit steil an.

Die in der Fertigung-alt festgelegte Losgröße von 150 Stück für die Produktgruppe 3 ist für das RFS-unabhängige Teilprodukt weiterhin als angemessen anzusehen. Die

Losgröße von 150 Werkstücken in der Fertigung-alt wird auch durch die Betrachtung der Durchlaufzeiten des Teilproduktes TP33583 (TP5) in der Fertigung-alt bestätigt. Für dieses Teilprodukt ist in der Fertigung-alt ein steiler Anstieg der Durchlaufzeiten bei einer Reduzierung der Losgröße festzustellen.

Die Flexibilisierung der Auftragsgestaltung durch kleinere Losgrößen und damit kundennähere Fertigung kann mit der Fertigung-alt nicht realisiert werden. Die Losgrößenflexibilität bedingt die Umstellung der Fertigung auf Rechnerunterstützte Fertigungssyteme.

4.3. Flexibilität als Entscheidungskriterium zur RFS-Einführung

Die Losgrößenflexibilität als eine Dimension der ressourcenbezogenen Flexibilität wird mit der Umstellung der Fertigung bei PRODU auf Rechnerunterstützte Fertigungssysteme erreicht. Mit der Analyse der auftragsbezogenen Flexibilität können neben der Fertigung weitere Bereiche in die Betrachtung einbezogen werden. Grundlage der Analysen ist das Flexibilitätsmaß FLEX.[387]

Auf der Basis dieses Flexibilitätsmaßes wird ein Entscheidungskriterium entwickelt, das Investitionsentscheidungen über RFS auf der Basis des Zielbündels Flexibilität unterstützt.

Über einen paarweisen Vergleich der Fertigung-alt und der Fertigung-RFS wird das Flexibilitätsmaß FLEX für vergleichbare Aufträge ermittelt.

Je nach Ausprägung von FLEX werden Entscheidungen über die Einführung Rechnerunterstützter Fertigungssysteme getroffen. Zur Entscheidung über die Einführung Rechnerunterstützter Fertigungssysteme muß FLEX für alle Teilprodukte und das Produkt bestimmt werden.

Die folgende Matrix gibt einen Überblick über Entscheidungen zur Einführung von RFS auf der Grundlage des Flexibilitätsmaßes FLEX.

---

[387] Vgl. Abschnitt VII.2.3.2.

Alt \ RFS	> 1 (Flexibilität)	< = 1 (keine Flexibilität)
> 1 (Flexibilität)	FLEXalt > = FLEX rfs kein RFS einführen FLEXalt < FLEXrfs RFS einführen	kein RFS einführen
< = 1 (keine Flexibilität)	RFS einführen	kein RFS einführen

Abbildung 33: Entscheidungsmatrix auf der Basis der Flexibilität

Am Beispiel des Teilproduktes TP33583 (TP5) wird der Weg zur Bestimmung von FLEX aufgezeigt. Die betrachteten Szenarien sind bereits aus den Abschnitt VII.2.2. und VII.4.2.3. bekannt. Die Durchlaufzeiten pro Werkstück werden in der folgenden Tabelle zusammengefaßt.

Szenarien	2A	4A	8A	16A	32A	64A
Fertigung-alt, TP5	358	524	580	904	1660	
Fertigung-RFS, TP5	175	159	157	138	112	134

Tabelle 20: Durchlaufzeiten pro Werkstück TP33583 in Minuten

Das Verhältnis der Durchlaufzeiten von Aufträgen mit großen Losgrößen zu Aufträgen mit kleinen Losgrößen ergibt für die Fertigung-RFS folgenden Wert.

FLEXrfs = 175 / 112 = 1,56

Das Flexibilitätsmaß der Fertigung-alt errechnet sich entsprechend als

FLEXalt = 358 / 1660 = 0,22

Für TP33583 (TP5) entspricht der Vergleich von FLEXalt zu FLEXrfs dem linken unteren Quadranten der Entscheidungsmatrix, (FLEXalt < = 1 und FLEXrfs > 1). Aus der Sicht dieses Teilproduktes müssen Rechnerunterstützte Fertigungssysteme eingeführt werden.

Werden nun für alle Teilprodukte und Produkte die Flexibilitätsmaße in die Entscheidungsmatix eingetragen, so bekommt der Entscheidungsträger einen Überblick über den Einfluß der rechnerunterstützten Fertigung auf die auftragsbezogene Flexibilität. Auf dieser Grundlage kann die Investitionsentscheidung getroffen werden.

5. Wirtschaftlichkeitsbetrachtungen zu RFS

Mit der Erhöhung der auftragsbezogenen Flexibilität durch die Umstellung der Fertigung auf Rechnerunterstützte Fertigungssysteme wird bei PRODU eine kundennähere Fertigung ermöglicht. Mit der Realisation dieser Potentiale können Marktanteile zurückgewonnen werden und neue Märkte eröffnet werden.

5.1. Wirkungen der RFS bei absatzbezogenen Betrachtungen

Marktanalysen bisheriger und zukünftiger Märkte für die Produktgruppe 3 ergeben die folgenden prognostizierten Absatzzahlen.

Stückzahl/Periode	1	2	3	4	5
P37402	555	680	740	805	860

Tabelle 21: Absatzentwicklung P37402

Für die Absatzsteigerungen können mehrere Gründe herauskristallisiert werden. Zum einen führt eine stärkere Kundenorientierung zur Entwicklung von Varianten des Produktes P37402. Mit der Variantenfertigung können neue Märkte erschlossen werden. Dies führt in der Periode 2 zu einer Absatzsteigerung von 22 %. In den darauffolgenden Perioden liegt die Steigerung zwischen 7% und 9%.

Analysen der Fertigungsstruktur ergeben, daß die Fertigung-alt mit einer Jahresproduktion von 560 Stück P37402 ausgelastet ist.

Die Umstellung auf rechnerunterstützte Fertigungssysteme, hier insbesondere RFS3, wird in der 3. Periode vollzogen sein. RFS3 ist dann mit zwei Fertigungsmaschinen ausgelegt, so daß die Nutzung der dritten, mitarbeiterarmen Schicht ermöglicht wird.

Mit der Ausstattung von RFS3 mit einem anlageninternen Informationssystem, dem Fertigungsleitsystem, wird eine durchgängige Anbindung des RFS3 an das unternehmungsinterne Informationssystem erreicht. Terminvorhersagen und insbesondere die Einhaltung von Terminen können damit schneller und präziser erfolgen. Damit wird ein großer Wettbewerbsnachteil gegenüber den Mitbewerbern aufgehoben.

Unter diesem Blickwinkel werden Wirtschaftlichkeitsbetrachtungen zur Umstellung der Fertigung auf Rechnerunterstützte Fertigungssysteme durchgeführt. Wirkungen auf die Kosten und den Cash-flow von PRODU werden untersucht und eine Investitionsrechnung wird durchgeführt.

5.2. Wirkungen von RFS auf die Kostensituation von PRODU

Grundlage der Kostenbetrachtungen ist die bei PRODU praktizierte Maschinenstundensatzermittlung.[388] Dabei werden die Kostenarten Raum-, Energie-, Personal- und Anlagenkosten inclusive Werkzeug-, Hilfs- und Betriebsstoffkosten sowie Gemeinkosten einbezogen. Hinzu kommen die kalkulatorischen Abschreibungen und Zinsen.

Bei der Berechnung der Soll-Laufstunden von RFS3 wird die Nutzung der 3. Schicht als mitarbeiterarme Schicht berücksichtigt. Mit einer Auslastung von 80% bei 240 Fertigungs-Kalendertagen wird damit eine Soll-Laufleistung von 4608 Stunden pro Jahr erreicht.

Mit diesen Annahmen ergibt sich ein Maschinenstundensatz für RFS3 von 223,86 DM/h.

5.2.1. Kostenvergleich Fertigung-alt und Fertigung-RFS

Auf der Grundlage der Maschinenstundensätze der Anlagen, die für die Fertigung der Produktgruppe 3 benötigt werden, wird im folgenden eine Kostenbetrachtung der Fertigung-alt und Fertigung-RFS durchgeführt.

Fertigung	Kosten DM/Auftrag	Losgröße Stück/Auftrag	Kosten DM/Stück	Differenz DM/Stück	Differenz %
alt	5.000.683,00	150	33.338,00		
RFS	491.067,00	10	49.107,00	15769,00	47,30

Tabelle 22: Kosten Fertigung-alt und Fertigung-RFS

Der Kostenvergleich erfolgt für die im vorherigen Abschnitt ermittelten Szenarien mit den jeweiligen "optimalen" Losgrößen, d.h. Losgröße Fertigung-alt = 150 und Losgröße Fertigung-RFS = 10.

---

388 Ein Beipiel der Maschinenstundensatzermittlung ist im Anhang X.5. aufgeführt. Die eingehenden Daten sowie alle Kosten- und Preisdaten der folgenden Abschnitte sind anonymisiert worden. Die dargestellten Effekte entsprechen den bei PRODU vorgefundenen Gegebenheiten.

Dabei wird zunächst für die einzelnen Fertigungsschritte die fertigungsstufenbezogene Fertigungszeit berechnet und mit dem Maschinenstundensatz der Fertigungsanlage multipliziert. Summiert über alle Fertigungsstufen ergeben sich für die Fertigung-alt auftragsbezogene Kosten in Höhe von ca. 5 Mio DM, für die Fertigung-RFS von ca. 491.000 DM. Umgerechnet auf die Kosten pro Stück ergibt sich damit durch die Umstellung der Fertigung auf Rechnerunterstützte Fertigungssysteme eine Erhöhung der Stückkosten für Produkt P37402 um 47,3% auf 49.107 DM.

Grund für die starke Stückkostenerhöhung ist die hohe Investitionssumme, die sich über die kalkulatorischen Abschreibungen und Zinsen auf den Maschinenstundensatz für RFS3 niederschlägt.

5.2.2. Beurteilung des Kostenvergleichs

Der Kostenvergleich über Maschinenstundensätze beruht auf globalen Annahmen, die zum Teil der Fertigung mit Rechnerunterstützten Fertigungssystemen nicht gerecht werden.

Allgemein werden bei einer Kostenbetrachtung über Maschinenstundensätze die Bereitschaftskosten nicht berücksichtigt.[389]

Die Ermittlung der Kosten als Produkt aus Mengenkomponente und Preiskomponente unterstellt faktisch, daß der "Wertansatz über den relevanten Variationsbereich der Mengenkomponente konstant bleibt."[390] Diese Annahme ist bei vielen Kostenarten nicht oder nur teilweise erfüllt. Bei der Maschinenstundensatzrechnung trifft diese Annahme insbesondere bei der Zurechnung der Personalkosten nicht zu. Speziell bei RFS korrespondieren Personalzuordnung und Anlagennutzung nicht.[391]

5.2.2.1. Auslastung der Anlage

Bei der Ermittlung des Maschinenstundensatzes für RFS3 wurde eine Auslastung von 80% für RFS3 zugrundegelegt. Mit der Investition in Rechnerunterstützte Fertigungssysteme bei PRODU ist die Erwartung verknüpft, daß die Auslastung die sonst üblichen 80% übersteigt.

Mit der Erhöhung der Auslastung auf 90% verringert sich der Maschinenstundensatz für RFS3 von 223,86 DM/h auf 208,13 DM/h.

---

[389] Zu den Bereitschaftkosten
vgl. Riebel/Einzelkostenrechnung/87ff.

[390] Vgl. Riebel/Einzelkostenrechnung/415.

[391] Vgl. Abschnitt VII.5.2.2.4. und Anhang X.2.5.

5.2.2.2. Kalkulatorische Größen

Der Abschreibungszeitraum von 5 Jahren ist für die vorliegende Investition sehr knapp gewählt. Bereits bei 6 Jahren Abschreibungszeit und einer Auslastung von 80% wird der Maschinenstundensatz auf 206,86 DM/h gesenkt.

Bei Berücksichtigung einer Auslastung von 90% und einer Abschreibungszeit von 6 Jahren reduziert sich der Maschinenstundensatz auf 193,02 DM/h.

Die Kosten pro Stück in der Fertigung-RFS reduzieren sich dann auf 44.814 DM. Damit wird die Kostensteigerung pro Stück gegenüber der Fertigung-alt von 47,3% auf 34,4% reduziert.

5.2.2.3. Gemeinkosten

Die Gemeinkosten werden produktorientiert "per Zuschlagssatz auf Produkte verteilt, ohne daß das Verursachungsprinzip berücksichtigt wird."[392] Für eine Reihe von Kostenstellen des indirekten Leistungsbereichs ist diese Berechnungsgrundlage nicht angemessen. So ist zum Beispiel die Ausführung einer Bestellung praktisch stückzahlunabhängig, jedoch direkt proportional zu der Anzahl der Einzelvorgänge "Bestellen".[393]

Mit der Automatisierung der Fertigung wird den sekundären Bereichen der Produktion eine immer größere Bedeutung zukommen, beispielsweise dem Beschaffungsbereich in der just-in-time Produktion. In neueren Ansätzen der Kostenrechnung wird dieser Umstand durch Prozeßorientierung der Kostenrechnung berücksichtigt.[394]

Die Bezugsgrößen aus dem direkten Leistungsbereich können dann nicht mehr Leistungsmaßstab des indirekten Leistungsbereichs sein. So wird vermieden, daß eine Weiterrechnung auf der Basis von Zuschlagsrechnungen zu falschen Grenzselbstkosten und damit zu fehlerhaften, deckungsbeitragsorientierten Vertriebsentscheidungen führen.[395]

5.2.2.4. Personalbedarf von RFS3

Ein weiterer wichtiger Punkt der Kostenbetrachtung von Rechnerunterstützten Fertigungssytemen sind die Personalkosten. Mit der Umstellung der Fertigung auf Rech-

---

[392] Schimank/Entscheidungsunterstützung/234.

[393] Vgl. Müller/Entwicklungstendenzen/336.

[394] Wäscher/Gemeinkostenmanagement/passim.

[395] Vgl. Müller/Entwicklungstendenzen/336f.

nerunterstützte Fertigungssysteme wird als ein vorrangiges Unterziel im Rahmen der Kostenzielsetzung die Reduktion der Personalkosten gesehen.

Die Ausgestaltung von RFS3 mit seinen anlageninternen Lagerflächen, den umfangreichen Werkzeugspeichern und der anlageninternen Qualitätsprüfung ermöglicht die Reduktion der Personalzuordnung zur Anlage. Zur Bestückung der Anlage mit Vorprodukten und zum Entladen der gefertigten Teile wird eine Hilfskraft benötigt. Die Einrichtung der Anlage und die Prüfung der Fertigungsqualität, sowie die Behebung von Fertigungsmängeln erfolgt durch höher spezialisiertes und qualifiziertes Personal.

Die Mitarbeiter werden nur noch für einen Bruchteil der Maschinenlaufzeiten benötigt, so daß sie mehrere Anlagen betreuen können. Dieser Sachverhalt bleibt bei der Kostenbetrachtung über Maschinenstundensätze unberücksichtigt.

5.2.2.5. Fertigungsqualität und Ausschußquoten

Ein weiterer wichtiger Faktor bei der Beurteilung des Kostenvergleichs ist die Fertigungsqualität. RFS3 ersetzt teilweise hochwertige Anlagen, beispielsweise CNC-Bearbeitungszentren. Da diese Zentren trotz ihres hohen Alters auch mit geringen Ausschußquoten arbeiten, wird durch diese Maßnahme bei PRODU nur eine geringfügige Reduktion des Ausschusses erreicht.

Der Schwerpunkt der Ausschußreduktion liegt in der Ausgestaltung von RFS2 und RFS3 mit einer anlageninternen Qualitätssicherung. Jedes einzelne Werkstück wird sofort nach der Fertigung durch die Fertigungsanlage auf seine Qualität überprüft. Wird eine Fehlfertigung festgestellt, so wird die Fertigung angehalten und eine Warnung erfolgt. Kann der Fehler automatisch behoben werden, so startet die Fertigung nach Fehlerbehebung selbständig.

Die Qualitätskosten, bestehend aus Fehlerverhütungs-, Prüf- und Fehlerkosten,[396] werden gesenkt.

Die Senkung der Qualitätskosten wird weiterhin durch die Anlagenausstattung mit einem Werkzeugspeicher erreicht. Dadurch wird, im Gegensatz zu herkömmlichen Anlagen bei einem Fehler der Werkzeuge automatisch ein Wechsel vorgenommen. Auf diese Weise kann eine abgebrochene Bohrspitze nur jeweils ein bis drei Werkstücke ruinieren. Nach Erkennen der Fehlfertigung durch die interne Qualitätskontrolle wird ein Werkzeugcheck durchgeführt und das defekte Werkzeug durch sein Doppel ersetzt.

---

[396] Zur Kostenerfassung und zum Einfluß von Fehlerverhütungsmaßnahmen auf die Kostenstruktur vgl. Horvath/Qualität/121ff.

Beide Maßnahmen, also Fertigungs- und Werkzeugcheck, führen zu einer drastischen Verringerung der Ausschußquote. Denn im Gegensatz zu einer Organisation mit losbezogener, nachgelagerter Qualitätskontrolle werden nur einzelne Werkstücke nicht korrekt gefertigt.

5.2.2.6. Materialqualität

Mit der Umstellung der Fertigung auf RFS ist teilweise die Erhöhung der Materialqualität verbunden. Die Kostenbeurteilung der rechnerunterstützten Fertigung mit Hilfe des Maschinenstundensatzes vernachlässigt die Materialkosten.

5.2.2.7 Erfahrungskurveneffekte

Fertigungsqualität, Fertigungszeiten, Ausschußquoten und Materialeinsatz sind vier Aspekte, die sich mit steigender Erfahrung im Umgang mit RFS und mit steigender Fertigungsmenge verändern.

Aus diesen Lernkurven- und Spezialisierungseffekten resultiert eine Kostenwirksamkeit[397] (tendenziell Kostensenkung), die durch die konstante Maschinenstundensatzberechnung nicht berücksichtigt wird.

Während die obigen Aspekte eher mit der kumulierten Fertigungsmenge korrelieren, ist bei der organisatorischen Anpassung der Fertigung-RFS durch RFS-begleitende Maßnahmen eher eine Korrelation mit der Zeit festzustellen.[398]

5.2.2.8. Kostenrechnung als Grundlage weiterführender Beurteilungen

Die eingeschränkte Aussagefähigkeit der dargestellten Kostenbetrachtung erfordert zur Beurteilung der Investition ein weiteres Beurteilungskriterium. Hier bietet sich die dynamische Investitionsrechnung in Form der Kapitalwertmethode an. Mit der dynamischen Investitionsrechnung wird neben den weiteren Kostenarten in Form von Auszahlungen und Einzahlungen, der Zeitbezug einer Investition berücksichtigt.

Zur Bestimmung der Einzahlungen sind neben Mengenbetrachtungen insbesondere Überlegungen zur Preisgestaltung erforderlich. Ein- und Auszahlungen werden vor Durchführung der Investitionsrechnung in einer Cash-flow-Betrachtung untersucht.

---

[397] Vgl. Kloock u.a./Erfahrungskurve/23;
vgl. Hedley/Approach/passim.

[398] Vgl. Kloock u.a./Erfahrungskurve/8.

5.2.3. Überlegungen zur Preisgestaltung

Der Preis von Produkten ist zum einen starker Einflußfaktor für Erfolge am Markt, zum anderen dient er der Deckung der Kosten. Die Problematik der Preisermittlung und -bestimmung im Spannungsfeld der produktions- und absatzwirtschaftlichen Sicht[399] wird hier nicht näher beleuchtet.

In der durchgeführten Investitionsrechnung wird der bei PRODU erreichte oder prognostizierte Marktpreis[400] zugrundegelegt. PRODU hat in den letzten Jahren durch die Verschärfung der Wettbewerbssituation seine Preise senken müssen. Für P37402 ist der Preis auf 52.500,00 DM gefallen. Mit der Verbesserung der Termintreue und der weiteren Steigerung der Produktqualität wird erwartet, daß in Zukunft Preissteigerungen durchzusetzen sind. Für P37402 wird eine Steigerung auf 57.000,00 DM erwartet.

5.3. Wirkungen auf den Cash-Flow

Zur Erfassung der monetären Strömungsgrößen zwischen Unternehmung und Umsystem und der monetären Bestandsgrößen der Unternehmung unter dem Gesichtspunkt der Zahlungswirksamkeit[401] wird hier eine vereinfachte Cash-Flow-Rechnung durchgeführt.

"Als Cash-flow wird der uneingeschränkt für Finanzierungszwecke zur Verfügung stehende finanzwirtschaftliche Umsatz-Überschuß der Planperiode angesehen."[402] Damit ist der Cash-flow für die Unternehmungsleitung ein Maßstab des Innenfinanzierungsvermögens.

Die Cash-flow-Ermittlung kann sowohl indirekt, aus der bilanziellen Ergebnisplanung, als auch direkt aus den entsprechenden strategischen, operativen und gesamtunternehmungsbezogenen Planungen entnommen werden.[403]

Die totale direkte Zahlungsplanung kann sukzessiv, d.h. über die partiellen Zahlungsplanungen aufgestellt werden. Die direkte Ableitung der Cash-flow-Beträge für künftige Perioden erfolgt unmittelbar aus den Teilplanungen der operativen Planung (laufende Einzahlungen und Auszahlungen) und der gesamtunternehmungsbezogenen bilanziellen Ergebnisplanung (Ausschüttung, Steuern, neutrale Zahlungen) sowie der

---

399 Vgl. Riebel/Einzelkostenrechnung/498ff.

400 Vgl. Kilger/Einführung/280.

401 Vgl. Hahn/PuK/419f.

402 Hahn/PuK/427.

403 Vgl. Hahn/PuK/425.

Außenfinanzierungsplanung (Zinsen). Es handelt sich um sämtliche erfolgswirksamen Ein- und Auszahlungen.[404]

Zur direkten Ermittlung des Cash-flow werden in dieser Arbeit die operativen Planungen zugrundegelegt. Weitere Bestandteile bleiben unberücksichtigt. Mit dieser eingeschränkten Cash-flow Bestimmung wird ein Beitrag zur Bestimmung der Zielerfüllung der Liquiditätssicherung bei RFS-Maßnahmen geleistet.

Die Cash-flow Berechnung beschränkt sich damit auf die Einzahlungen aus dem Absatz des Produkt- bzw. Leistungsprogramms und den Auszahlungen zur Beschaffung von Einsatzgütern /-leistungen, beispielsweise Material und Personal.[405]

5.3.1. Periodenbezogene Auszahlungen

Die Auszahlungen werden aus den Fertigungskosten zuzüglich Material- und Gemeinkosten ermittelt.

Periode	1	2	3	4	5
Absatzmenge [Stück/a]	555	680	740	805	860
Fertigungskosten [DM/Stück]	28829	29406	29994	30594	31206
Materialkosten [DM/Stück]	18500	18870	19247	19632	20025
Gemeinkosten [DM/Stück]	1000	1020	1040	1061	1082
Gemeinkosten [DM/Periode]	2250000	2295000	2340900	2387718	2435472
Herstellkosten [DM/Periode]	29072833	35816291	39549533	43674216	47424934
Anlagenstillegung [DM/Periode]		500000	200000		
organisatorische Veränderungen [DM/Periode]	500000	500000			

Tabelle 23: Auszahlungen pro Periode für P37402 und RFS3-begleitende Maßnahmen

Die Fertigungskosten pro Stück ergeben sich aus der Kostenberechnung mit dem Maschinenstundensatz. Für RFS3 wird er dabei um die kalkulatorischen Größen und die

[404] Vgl. Hahn/PuK/427f.

[405] Vgl. Hahn/PuK/422.

Gemeinkosten verringert. Die Fertigungskosten enthalten damit die Anlagen- und Personalkosten für RFS3. Die Maschinenstundensätze der weiteren Anlagen bleiben konstant, enthalten also die Investitions- und Gemeinkosten.

Die Auszahlungen der Periode errechnen sich wie folgt:

Auszahlungen = (FKS+MKS+GKS)*STZ +GKP

GKS	Gemeinkosten pro Stück	MKS	Materialkosten pro Stück
GKP	produktbezogene Gemeinkosten	STZ	Stückzahl
FKS	Fertigungskosten pro Stück		

Die Herstellkosten der Produktgruppe3 liegen in der ersten Periode bei 29 Mio DM. Mit steigender Stückzahl steigen sie bis 47,4 Mio DM an.

Mit der Einführung von Rechnerunterstützten Fertigungssystemen werden einige Anlagen entlastet oder sie werden nicht mehr benötigt. Die Stillegung dieser Anlagen beginnt in der zweiten Periode. Die Stillegungskosten betragen in der zweiten Periode 0,5 Mio DM und in der dritten Periode 0,2 Mio DM.

Die Umstellung der Fertigung bedarf zusätzlich zur Installation Rechnerunterstützter Fertigungssysteme RFS-begleitender Maßnahmen. Sie umfassen insbesondere Anpassungen der Fertigungsstruktur an die veränderten Abläufe. Für diese organisatorischen Maßnahmen werden in den ersten beiden Perioden Kosten in Höhe von 0,5 Mio DM zugrundegelegt.

5.3.2. Periodenbezogene Einzahlungen

Die Einzahlungen der Periode ergeben sich als Produkt der periodenbezogenen Absatzmengen und der Marktpreise.

Periode	1	2	3	4	5
Absatzmenge	555	680	740	805	860
Marktpreis	52500	53550	54621	55713	56828
Absatzwert	29137500	36414000	40419540	44849303	48871812

Tabelle 24: Einzahlungen der Periode für P37402

Mit steigender Absatzmenge und steigenden Marktpreisen erhöht sich der Absatzwert für die Produktgruppe P3 um ca. 68% auf 48,9 Mio DM.

5.3.3. Bewertung des Cash-flow

Der Cash-flow der Perioden errechnet sich als Differenz der Ein- und Auszahlungen.

Zur Berechnung der Einzahlungen wird der Marktpreis zugrundegelegt. Dieser Marktpreis ergibt sich aus der Kostensituation der Fertigung-alt und den am Markt durchzusetzenden Preisen.

Für Preise und Kosten wird eine periodenbezogene Steigerungsrate von 2% einbezogen.

Periode	1	2	3	4	5
Einzahlungen	29137500	36414000	40419540	44849303	48871812
Auszahlungen	29072833	35816291	39549533	43674216	47424934
Cash-flow	64667	597709	870007	1175087	1446878
Cash-flow incl. Abschreibungen	-405333	127709	400007	705087	976878
Cash-flow incl. Abschreibungen und Stillegung	-405333	-372291	200007	705087	976878
Cash-flow incl. Abschreibung, Stillegung, organisatorische Maßnahmen	-905333	-872291	200007	705087	976878

Tabelle 25: Cash-Flow in DM/Periode von Produkt P37402 mit RFS3-begleitenden Maßnahmen

Mit den obigen Annahmen wird in der ersten Periode ein positiver Cash-flow von 64.667 DM erzielt, der in den folgenden Perioden aufgrund der steigenden Absatzmengen ansteigt. In der fünften Periode wird ein Cash-flow von knapp 1,5 Mio DM erreicht.

In dieser Rechnung ist bei den Auszahlungen der Anteil der Investitionskosten für RFS3 nicht enthalten. Diese Vorgehensweise ist sinnvoll, da auch die Preisgestaltung auf die Fertigung-alt ausgerichtet ist. Auch im Preis ist also kein Anteil für Abschreibungen RFS3 enthalten. Die Preisgestaltung entspricht damit den Marktanalysen, die besagen, daß zum gegenwärtigen Zeitpunkt keine Preisanhebung durchzusetzen ist. Der Preis-alt muß also für die Beurteilung der Fertigung-RFS zugrundegelegt werden. Mit dem "alten" Preis muß die Investition in RFS3 "bezahlt" werden.

In der Cash-flow Rechnung wird RFS3 durch eine periodenbezogene Abschreibung berücksichtigt. Maßstab ist eine lineare Abschreibung über 5 Jahre. Dies entspricht einem periodenbezogenen Betrag für Abschreibungen von 470 TDM. Unter Berücksichtigung der Abschreibungen errechnet sich für die erste Periode ein negativer

Cash-flow von ca. 405 TDM. Der positive Cash-flow der zweiten Periode liegt bei 128 TDM und er steigt bis zur fünften Periode bis zu kanpp 1 Mio DM an.

Mit der Berücksichtigung der Kosten für RFS-begleitende Maßnahmen in Form von organisatorischen Anpassungen und Stillegungskosten für alte Maschinen wird der Cash-flow in den ersten beiden Perioden negativ. Die weiteren drei Perioden bleiben unverändert.

Das Maximum der Fehlbeträge mit 905 TDM wird in der ersten Periode bei der Berücksichtigung aller angeführten Kostenarten erreicht.

5.4. Investitionsbeurteilung mit der Kapitalwertmethode

Zur Beurteilung der Investition wird eine Kapitalwertrechnung durchgeführt. Grundlage der Berechnung sind die in der Cash-flow Betrachtung aufgeführten Szenarien.

Die dynamische Investitionsrechnung für RFS3 wird für einen Zeitraum von 5 Perioden für eine Auftragsstruktur mit einer Losgröße von 10 Werkstücken P37402 (2-Produkt-Szenario mit 32 Absatzaufträgen) erstellt.

Die Investitionssumme errechnet sich als Summe der Kosten der einzelnen Komponenten für RFS3. Wie bereits vorher beschrieben, besteht RFS3 aus zwei Fertigungsanlagen inclusive umfangreicher Peripherieanlagen, zu denen insbesondere die Werkstückpufferung zur Überbrückung von Pausenzeiten und der mitarbeiterarmen Schicht zu zählen ist. Weiteres Ausstattungsmerkmal von RFS3 ist ein Fertigungsleitsystem. Mit dem Fertigungsleitsystem ergibt sich die direkte Verbindung zum unternehmungsübergreifenden Informationssystem. Die direkte Anbindung an das PPS-System (Produktionsplanungs- und -steuerungssystem) ermöglicht die Umsetzung der gröberen vom PPS-System vorgenommenen Planungsbestandteile in die differenzierte anlagenbezogene Planung. Damit wird eine Umsetzung der Jahres- oder Tagesplanung in eine fertigungsangepaßte, minutengenaue Planung erreicht.

Mit der Beschaffung von maschinenindividuellem Zubehör, Werkzeugspeicher und einer Grundausstattung mit Werkzeugen, Vorrichtungen und NC-Programmen wird eine Investitionssumme von 2.270 Mio DM erreicht.

Der Diskontierungsfaktor ermittelt sich aus einem jährlichen Zinssatz von 6%.

Periode	0	1	2
Investitionssumme	2350000		
laufende Auszahlungen		29072833	35816291
laufende Einzahlungen		29137500	36414000
Nettozahlungsstrom	-2350000	64667	597709
Diskontierungsfaktor	100%	106%	112%
Kapitalwert	-2350000	61007	531959
Periode	3	4	5
laufende Auszahlungen	39549533	43674216	47424934
laufende Einzahlungen	40419540	44849303	48871812
Nettozahlungsstrom	870007	1175087	1446878
Diskontierungsfaktor	119%	126%	134%
Kapitalwert	730474	930779	1081192
Summe Kapitalwerte	985410		
interner Zinsfuß	17%		

Tabelle 26: Ermittlung des Kapitalwertes der Investition; Werte in DM/Periode

Der Nettozahlungsstrom ist in allen Perioden positiv. Nach 5 Jahren ergibt sich ein Kapitalwert von 985.410 DM. Das entspricht einer internen Verzinsung von 17%. Bei einer Investitionssumme von 2,35 Mio DM ergibt sich ohne Berücksichtigung RFS-begleitender Maßnahmen nach dem Beurteilungskriterium Kapitalwert eine positive Investitionsbeurteilung.

Werden die zusätzlichen Kosten für die Stillegung von Anlagen mit in die Betrachtung einbezogen, so ergibt sich folgendes Bild.

Periode	0	1	2
Nettozahlungsstrom	-2350000	64667	97709
Diskontierungsfaktor	100%	106%	112%
Kapitalwert,Still	-2350000	61007	86960
Periode	3	4	5
Nettozahlungsstrom	670007	1175087	1446878
Diskontierungsfaktor	119%	126%	134%
Kapitalwert,Still	562551	930779	1081192
Summe Kapitalwerte	372488		
interner Zinsfuß	10%		

Tabelle 27: Kapitalwerte bei Kosten incl. Stillegung; Werte in DM/Periode

Mit der Berücksichtigung der Stillegungkosten für alte Anlagen in der zweiten und dritten Periode sinkt der Kapitalwert auf 373 TDM und die interne Verzinsung auf

10%. Der positive Kapitalwert führt jedoch weiterhin zu einer positiven Investitionsbeurteilung.

Periode	0	1	2
Nettozahlungsstrom	-2350000	-435333	-402291
Diskontierungsfaktor	100%	106%	112%
Kapitalwert Still+org	-2350000	-410691	-358038
Periode	3	4	5
Nettozahlungsstrom	670007	1175087	1446878
Diskontierungsfaktor	119%	126%	134%
Kapitalwert Still+org	562551	930779	1081192
Summe Kapitalwerte	-544208		
interner Zinsfuß	1%		

Tabelle 28: Kapitalwerte bei Kosten incl. Stillegung und organisatorische Maßnahmen; Werte in DM/Periode

Werden zusätzlich zu den Stillegungskosten auch die Kosten für die organisatorischen Maßnahmen berücksichtigt, so wird der Kapitalwert negativ bei einem angenommenen Zinsfuß von 6% und der interne Zinsfuß sinkt auf 1%. Aufgrund der Kapitalwertmethode ist also mit dieser Datenkonstellation von der Investition abzuraten.

Anhand der Kostensituation unter Berücksichtung der Stillegungskosten und der organisatorischen Maßnahmen soll die Robustheit der Datenkonstellation weiter getestet werden.[406]

Die Höhe der Kosten für Stillegung alter Anlagen und organisatorische Maßnahmen haben einen starken Einfluß auf den Kapitalwert der Investition.

Werden in den ersten beiden Perioden die Kosten der organistorischen Maßnahmen halbiert, so bleibt der Kapitalwert negativ, bei -85860. Werden zusätzlich die Stillegungskosten in der zweiten Periode halbiert, so wird der Kapitalwert positiv, Kapitalwert = 136.639.

Fallen bei halbierten Kosten der organisatorischen Maßnahmen Stillegungskosten in Höhe von 0,5 Mio DM nur in der zweiten Periode an, so bleibt der Kapitalwert positiv. Die Einsparung der Kosten von 200TDM in der dritten Periode in Zusammen-

[406] Methode zur Bestimmung der Robustheit wäre eine Monte-Carlo-Simulation über die beiden Kostenarten Stillegung und organistorische Maßnahmen. Im vorliegenden Beispiel werden ausgesuchte Szenarien mit ihren Ergebnissen für die Kapitalwerte dargestellt.

hang mit der Erhöhung der Kosten für die Stillegung in der zweiten Periode führen jedoch zu einem deutlich geringeren Kapitalwert in Höhe von 82064 DM.

Kapitalwert	Szenarien; Kosten in TDM	Periode 1	Periode 2	Periode 3
-544208	Stillegung	0	500	200
	Organisation	500	500	0
-85860	Stillegung	0	500	200
	Organisation	250	250	0
136639	Stillegung	0	250	200
	Organisation	250	250	0
82064	Stillegung	0	500	0
	Organisation	250	250	0
184	Stillegung	0	500	0
	Organisation	250	342	0
273	Stillegung	0	250	0
	Organisation	415	417	0

Tabelle 29: Kapitalwerte bei Variation zweier Kostenarten; Werte in DM/Periode

Ein positiver Kapitalwert nahe 0 wird erreicht unter Berücksichtigung von 0,5 Mio DM Stillegungskosten und Kosten von 250 TDM in der ersten und 342 TDM in der zweiten Periode.

Werden die Kosten für die Stillegung in der zweiten Periode auf 250 TDM festgelegt, so stehen für die organisatorischen Maßnahmen in der ersten Periode 415 TDM und in der zweiten Periode 417 TDM zu Verfügung. Mit diesen Werten wird ein positiver Kapitalwert erreicht.

Mit dieser Wertekonstellation stehen für die Einführung von RFS3 ausreichend Mittel für RFS-begleitende Maßnahmen zur Verfügung. Die Investition in RFS3 ist sinnvoll.

Einige Einflußfaktoren wurden bei der Bewertung von RFS3 nicht berücksichtigt. So vernachlässigt die isolierte Betrachtung von RFS und RFS-bezogenen Maßnahmen, daß einige Anlagen aufgrund ihres hohen Alters routinemäßig ersetzt werden müssen. Werden deren Aufgaben durch RFS3 übernommen, so können diese Ersatzleistungen als positive Faktoren bei der Bewertung von RFS3 berücksichtigt werden.

Weitere unberücksichtigte Einflußfaktoren sind beispielsweise die Reduzierung von Lagermengen sowie die Berücksichtigung der Flexibilitätserhöhung. Der Einfluß der erhöhten Flexibilisierung wird nur indirekt über die Mengensteigerungen der Produkte berücksichtigt, die ohne rechnerunterstützte Fertigung nicht realisiert werden könnten.

5.5. Bewertung von RFS über das Aktivitätennetzmodell

In den vorherigen Abschnitten wurden die Wirtschaftlichkeitsbetrachtungen auf der Kostenseite im wesentlichen auf der Maschinenstundensatzberechnung bei PRODU aufgebaut. Mit dieser Rechnung werden viele Faktoren, die die Kostenseite beeinflussen, nicht oder nur pauschal berücksichtigt.

Mit der Kenntnis der individuellen Kosten aller Mitarbeiter und der unterschiedlichen Kostenkomponenten der Anlagen kann eine detailliertere Betrachtung unter Anwendung des Unternehmungsmodells PRODU durchgeführt werden.

Mit dieser Vorgehensweise können unterschiedliche Lohnsysteme beispielsweise Akkord- oder Schichtlohn beim Personal berücksichtigt werden.

Werden dem Auftrag als zusätzliche Objektmerkmale Kosten- und Erlösattribute hinzugefügt, so kann bei Vorliegen externer Dateien mit den detaillierten Kosten- und Erlösdaten, eine individuelle, auftragsbezogene Kosten- und Erlösbetrachtung durchgeführt werden.[407] Ein interessanter Aspekt wäre in dieser Betrachtung auch die Berücksichtigung von innerbetrieblichen Verrechnungspreisen.[408]

Die Berücksichtigung der Gemeinkosten kann durch die Anwendung der Prozeßkostenrechnung detaillierter erfolgen. Voraussetzung ist die Umstrukturierung der Gemeinkostenbereiche "in sachlich zusammengehörige, kostenstellenübergreifende Prozeßketten"[409]. Diese Berechnungsmethode kann durch die Anwendung des R-Zyklus unterstützt werden. Damit wird die Gemeinkostenermittlung in das Aktivitätennetz integriert und eine angemessene Gesamtkostenermittlung erreicht.

---

[407] Zu kalkulatorischen Preisen
vgl. Matthes/Grundmodell/21.
Für die vorliegende Arbeit konnte diese detaillierte Betrachtung wegen fehlender Daten nicht realisiert werden. So unterliegen insbesondere die Personaldaten einem strengen Datenschutz und aus Wettbewerbsgründen werden die individuellen Anlagedaten von PRODU nicht zur Verfügung gestellt.

[408] Vgl. auch Kilger/Plankostenrechnung/passim
u.a. mit dem Hinweis auf Schmalenbachs "Pretiale Lenkung", der vorschlägt, die Preise auch gezielt zur Steuerung von Unternehmungsteilen einzusetzen;
vgl Kilger/Plankostenrechnunng/83.

[409] Horvath/Prozeßkostenrechnung/612.

Auch der Zugang zu Wirtschaftlichkeitsbetrachtungen, die um weitere Komponenten angereichert werden, ist mit dem Aktivitätennetz auf differenzierterer Grundlage möglich. So lassen sich schwer quantifizierbare Faktoren[410] über Methoden wie die sehr gebräuchliche Nutzwertanalyse, mit entsprechenden Punktwerten[411] oder auch eine Argumentenbilanz[412] mit Auflistung nur der tatsächlich eintretenden Effekte in die Betrachtung einbeziehen.

6. Direkte Wirkungen Rechnerunterstützter Fertigungssysteme

Ausgangspunkt der Wirkungsanalyse waren die Ziele des Fertigungsbereichs zur Verbesserung der Ressourcenauslastung, Reduktion der Liegezeiten und Verringerung der Durchlaufzeiten von Aufträgen. Daran anschließend wurde auf dieser Basis eine Wirtschaftlichkeitsbetrachtung Rechnerunterstützter Fertigungssysteme durch eine Kosten- und Cash-flow-Analyse sowie eine dynamische Investitionsrechnung durchgeführt.[413]

Die Analyse der Wirkungen bezogen auf die Fertigungsziele zeigt deutlich, daß bei einer isolierten Betrachtung der mit RFS gefertigten Teilprodukte, insbesondere in den betroffenen Fertigungsstufen, eine Reduktion der Veränderungszeiten und teilweise der TLZ-Liegezeiten zu beobachten ist. Diese ergibt sich aus der Zusammenführung mehrerer Fertigungsstufen zu einem Fertigungsschritt.

Betrachtet man die Fertigung eines Teilproduktes über alle Fertigungsstufen oder den Produktionsauftrag, also die Fertigung über alle Teilprodukte von der Teilproduktfertigung bis zur Montage, so wird zum einen der Einfluß der veränderten Fertigungsstruktur und zum anderen der Einfluß der RFS-unabhängigen Teilprodukte deutlich.

Die veränderte Fertigungsstuktur kann dazu führen, daß ein Rechnerunterstütztes Fertigungssystem zum Engpaßfaktor wird, so daß trotz hoher Einsparungen in der Fertigungszeit einzelner Stufen eine Erhöhung der Durchlaufzeiten eines Teilproduktauftrages zu beobachten ist.

Der Einfluß der RFS-unabhängigen Fertigungszeiten zeigt sich insbesondere bei der Betrachtung der Produktionsaufträge, also unter Berücksichtigung der Montage.

---

[410] Vgl. Wildemann/Produktion/50.

[411] Vgl. Zangemeister/Nutzwertanalyse/passim;
vgl. Bechmann/Nutzwertanalyse/20ff.

[412] Vgl. Wildemann/FFS/161ff.

[413] Vgl. Abschnitte VII.4. und VII.5.

Die Montagezeit beispielweise der Produktgruppe 3 umfaßt 66% der Gesamtdurchlaufzeiten eines Produktionsauftrages.[414] Neben der Umstellung auf rechnerunterstützte Fertigung liegen hier große Einsparungspotentiale für die Durchlaufzeiten der Aufträge.

Bei unverändertem Montageverlauf führt der hohe Anteil der Montagezeit an der Gesamtdurchlaufzeit zu einer Nivellierung der Einsparungen durch Fertigung-RFS in der Teilproduktfertigung bezogen auf den Gesamtauftrag.

Eine Analyse der Montage bei PRODU zeigt, daß die optimale Montagelosgröße für die Produktgruppe 3 bei 5-20 Werkstücken liegt. Diese Losgrößen werden auch mit der Teilproduktfertigung bei Einführung von RFS aus fertigungstechnischer Sicht der Teilprodukte als optimal angesehen.[415] Mit der zeit- und mengenmäßigen Abstimmung der Teilproduktfertigung auf die Montage wird ein durchgängiges Fertigungskonzept erstellt, daß zu einer Durchlaufzeitreduzierung und Lagerminimierung[416] des Gesamtauftrages führt.[417]

Kostenwirkungen der Rechnerunterstützten Fertigungssysteme sind, unter Einbeziehung der Abschreibung, Erhöhungen der Fertigungskosten pro Werkstück. Zu berücksichtigen ist dabei jedoch, daß die bei PRODU angewandten Kostenverfahren über Maschinenstundensätze die Besonderheiten der Rechnerunterstützten Fertigungssysteme nicht berücksichtigt.[418]

Bei der Betrachtung der Wirkungen auf den Cash-flow wird der Einfluß der RFS-begleitenden Maßnahmen deutlich. Hier führt die Berücksichtigung der begleitenden Maßnahmen in den ersten Perioden zu einer Verschlechterung des Cash-flow. Dieses Ergebnis muß jedoch unter dem Gesichtspunkt gesehen werden, daß die in den folgenden Perioden erreichten positiven Cash-flows nur unter Einbeziehung der RFS-begleitenden Maßnahmen zu erreichen sind.

Einen ähnlichen Einfluß haben die RFS-begleitenden Maßnahmen auf den Kapitalwert der Investition in RFS. Während bei der isolierten Betrachtung der Investition in RFS die Investition uneingeschränkt zu befürworten ist, wird mit der schrittweisen Einbeziehung der Kosten für die begleitenden Maßnahmen der Barwert geringer, bis

---

[414] 2-Produkt/2-Auftrags-Szenario; vgl. Tabelle 12 Abschnitt VII.4.2.1.

[415] Vgl. Abschnitt VII.4.2.3.

[416] Zur Beziehung Lagerbestand und Durchlaufzeiten vgl. Tempelmeier/Lagerungsplanung/48ff.

[417] Vgl. auch Projekt CATENA der Zellweger Uster AG in Richi/JIT/224ff.

[418] Zur Einschätzung der Kostenbetrachtung über Maschinenstundensätze vgl. Abschnitt VII.5.2.

zum Extremfall eines negativen Barwertes. Die Variation der Kosten (Auszahlungen) für die begleitenden Maßnahmen führt jedoch für die Investition in RFS3 insgesamt zu einem positiven Ergebnis.

7. Wirkungsketten

Ausgehend vom Fertigungsbereich als Einsatzort der Rechnerunterstützten Fertigungssysteme können vielfältige Wirkungsketten ermittelt werden. Einige Aspekte werden hier zusammenfassend aufgeführt.

Die Verkürzung der Lieferzeiten und eine bessere Termineinhaltung waren die maßgeblichen Ziele der Einführung von RFS bei PRODU. Die Reduktion der Durchlaufzeiten insbesondere im Zusammenhang mit der Einführung eines unternehmungsübergreifenden Informationssystems sind ein wichtiger Baustein zur Erreichung dieser Ziele.

Die Umstellung der Fertigung auf Rechnerunterstützte Fertigungssysteme führt zu Änderungen in der Mitarbeiterstruktur. Rechnerunterstützte Fertigung bei PRODU verlangt einerseits hochqualifizierte Mitarbeiter, die neben den Aufgaben der Kontrollfunktion fähig sind, Störungen zu beheben. Andererseits werden für Bestükkungs- und Entladeaktivitäten Hilfskräfte benötigt. Die Anpassung der Mitarbeiterstruktur an die neuen Erfordernisse wird bei PRODU durch Weiterbildung und Umschulung der Mitarbeiter erreicht. Betriebsfremdes Know-how wird durch Neueinstellungen oder befristete Beschäftigung von Beratern extern beschafft. Der Umgang mit den Rechnerunterstützten Fertigungssystemen wird großteils durch learning-by-doing erlernt. Umschulungs- und Weiterbildungsmaßnahmen werden hausintern, vor Ort durch Berater der Lieferfirmen der RFS oder beim Hersteller durchgeführt.

Die Umstellung der Fertigung auf Rechnerunterstützte Fertigungssysteme beeinflußt auch die Verfahren des Rechnungswesens der Unternehmung PRODU. So ist beispielsweise bei der Kostenermittlung die Berücksichtigung der Gemeinkosten nicht mehr situationsgerecht.

Bei den herkömmlichen Fertigungstechniken fällt der überwiegende Anteil der primären (Gemein-)Kosten auch in den primären Kostenstellen an. Die Verrechnung der Kosten der indirekten Leistungsbereiche auf die Produkte hat nur einen geringen Einfluß auf die Produktkosten und wird deshalb über einfache oder differenzierte Zuschlagsrechnungen durchgeführt.[419]

---

[419] Vgl. Müller/Entwicklungstendenzen/334.

Mit steigender Automatisierung erhalten die indirekten Leistungsbereiche, also Konstruktion, Planung, Steuerung und Kontrolle des Produktionsvollzuges sowie der Logistikbereiche, wie Beschaffung, Lagerhaltung und Vertrieb, stärkere Bedeutung im Prozeß der Produkterstellung. Ein Beispiel hierfür ist die just-in-time-Produktion, die einen starken Wandel in den Beschaffungs- und Lageraktivitäten mit sich bringt. Die steigenden Kosten der indirekten Bereiche müssen also bei der Kostenverrechnung auf die Produkte detaillierter, also prozeßbezogen erfolgen.[420]

Die neueren Ansätze der Kostenrechnung, die als "konsequente Weiterentwicklungen der bestehenden Abrechnungssysteme"[421] zu verstehen sind, versuchen diese Änderungsprozesse im Unternehmungsprozeßverbund durch Anpassungen der Kostenrechnungssysteme Rechnung zu tragen. Die Ansätze der Prozeßkostenrechnung, prozeßorientierten Kostenrechnung, Logistik-Controlling, Target Costing oder Activity Based Costing sind in der Praxis bisher nur vereinzelt im Einsatz.[422]

Ein weiterer Einfluß ist bei den Wirtschaftlichkeitsrechnungen Rechnerunterstützter Fertigungssysteme zu beobachten. Beipielsweise erlangt die Berücksichtigung nicht oder schwer quantifizierbarer Faktoren in der Wirtschaftlichkeitsbetrachtung eine immer stärkere Bedeutung.

8. Potentiale zur Realisation indirekter Wirkungen

In den bisherigen Wirkungsbetrachtungen wurde die Prämisse eines konstanten Zielsystems beibehalten. Mit der Betrachtung der indirekten Wirkungen wird diese Prämisse aufgegeben. Bei den indirekten Wirkungen werden die aus einer Aktion eröffneten Potentiale einer Nutzung zugeführt.[423] Im folgenden werden einige Maßnahmen, die aus der Nutzung neu eröffneter Potentiale resultieren können, vorgestellt.

Die Einführung von Rechnerunterstützten Fertigungssystemen im Zusammenhang mit den Veränderungen in der Mitarbeiterstruktur führt zu der Forderung nach lokaler Integration unterschiedlicher Fertigungsstufen. Die Prinzipien der Mehrmaschinenbedienung und der technologischen Gruppenarbeit haben einen entscheidenden Einfluß auf die organisatorische Gestaltung der Fertigung.

Die Realisation der RFS-begleitenden Maßnahmen durch produktbezogene, lokale Konzentration der Anlagen führt zu einer Veränderung der Arbeitsorganisation. Mitarbeiter werden nicht mehr einzelnen Fertigungsanlagen zugeordnet, sondern es kön-

---

420 Vgl. Müller/Entwicklungstendenzen/335.

421 Müller/Entwicklungstendenzen/330.

422 Vgl. Müller/Entwicklungstendenzen/335.

423 Vgl. Abschnitt VI.1.3.

nen Teams gebildet werden, die mehrere Arbeitsgänge zur Produktfertigung übernehmen. Die Mitarbeiter erhalten einen erhöhten Überblick über den Werdegang eines Produktes und damit die Möglichkeit ihre eigenen Tätigkeiten in einen größeren Zusammenhang einzuordnen.

Die Integration der Mitarbeiter und die verbesserte Informationslage über die eigene Rolle innerhalb der organisatorischen Umwelt führt zu einer vermehrten Identifikation mit den Zielen der Unternehmung.[424] Damit verbunden ist eine Verbesserung der Arbeitsmotivation und die Verringerung von Akzeptanzschwierigkeiten bei größeren Veränderungsmaßnahmen, wie sie beispielsweise die Einführung Rechnerunterstützter Fertigungssysteme darstellen. Ebenfalls sind der Ausfall oder momentane Überlastungen einzelner Mitarbeiter besser ausgleichbar.

Mit der Nutzung des so eröffneten Informationspotentials durch hochmotivierte Mitarbeiter können zukünftige Projekte unter Beachtung des speziellen Wissens der Mitarbeiter vor Ort besser geplant werden. Fehler bei der Realisation von Investitionen, die auf fehlendes Spezialwissen zurückzuführen sind, können so verringert werden.[425]

Mit der Reduktion der Durchlaufzeiten wird eine größere Flexibilität in der Fertigung erreicht. In Zusammenhang mit der hohen Losgrößenflexibilität der Fertigung-RFS wird die Möglichkeit zu einer verstärkten kundenorientierten Fertigung erreicht. Die Erfüllung von Kundenwünschen, beispielsweise die zuverlässige Fertigung von Sonderaufträgen, eröffnet die Möglichkeit zur Nutzung neuer Märkte und Marktnischen, insbesondere auf gesättigten Märkten.

Mit den durchgeführten Maßnahmen zur ganzheitlichen Fertigungsgestaltung werden Potentiale eröffnet, die bei Realisation zusätzlicher Fertigungsanpassungen einer Fertigung mit der "Losgröße 1" erheblich näher kommen.

---

[424] Vgl. Gaitanides/Arbeitsorganisation/117.

[425] Vgl. Dauber/Fertigungssysteme/350f.

VIII. Rechnerunterstützte Fertigungssysteme im Unternehmungsprozeßverbund

Aus der Vielzahl der bei PRODU beobachteten und auf der Basis von Simulationen des Unternehmungsmodells analysierten Wirkungen soll in diesem Kapitel eine Erkenntnis hervorgehoben werden.

Die Effektivität einer Fertigung wird nicht nur von der technischen Ausbaustufe der Fertigungseinrichtungen bestimmt.[426] Der weitaus größte Teil des ökonomischen Nutzens neuer Produktionssysteme resultiert aus deren Integration in das vorhandene Systemumfeld.[427]

Die isolierte Betrachtung Rechnerunterstützter Fertigungssysteme, insbesondere bei alleiniger Berücksichtigung der von der Fertigungsumstellung betroffenen Fertigungsstufen, verführt zu einer optimistischen Bewertung dieser Fertigungssysteme.

Erst die Analyse der Rechnerunterstützten Fertigungssysteme in Zusammenhang mit ihrem Umfeld führt zu realistischen Bewertungen, die dann auch in der Realität zu beobachten sind.

Die technologische Innovation kann also nicht als isoliertes Ereignis betrachtet werden. Sie ist ein umfassender Prozeß.[428]

Eine Folge dieser Erkenntnis war bei PRODU die Realisation RFS-begleitender Maßnahmen, die zum einen in eine lokale Integration mehrerer Fertigungsstufen eines Teilproduktes führte. Zum anderen wurde die Fertigung bisher RFS-unabhängiger Produkte auf die Rechnerunterstützte Fertigung abgestimmt.

Bei Unternehmungen mit einem hohen Anteil an RFS-unabhängigen Fertigungsschritten liegt gerade in diesen Bereichen ein hohes Einsparungspotential an Durchlaufzeit, die im Zusammenhang mit der Fertigungsumstellung realisiert werden können.

---

426 Vgl. Spur u.a./Planung/16ff.

427 Brödner/Personalentwicklung/572.

428 Vgl. Tornatzky, Fleischer/Process/27f.

IX. Schlußbetrachtungen und Ausblick

Die Wirkungsanalyse Rechnerunterstützter Fertigungssysteme bedarf eines Modells, das die Unternehmungskomplexität mit ihren vielfältigen Prozeßverbünden, Prozessen, Teilprozessen[429] und deren Verbindungen untereinander sowie mit der evolutionären Umwelt darstellbar und damit analysierbar macht.

"Although at present, net theory seems to be the most advanced theory of concurrency, modularity and abstraction concepts that allow an incremental definition and stepwise implementation and verification of large systems, are not fully developed."[430]

Die gewählten Abstraktions- und Abgrenzungsprinzipien der Transformation und der Translation im R-Zyklus, der Modularisierung und der Hierarchisierung haben in ihrem Mix mit Hilfe der Allgemeinen Netztheorie zu einem offenen und evolutionären Unternehmungsmodell geführt.

Hinsichtlich der rechnerunterstützten Realisation sowie der praktischen Umsetzung des Unternehmungsmodells PRODU sind vielfältige Erweiterungen erforderlich. Zu nennen sind hier beispielsweise Erweiterungen der Fertigungsmodule im Hinblick auf die Fertigungssteuerung und -durchführung, die Einbeziehung von verschiedenen Formen der Einplanung (Heuristiken, Optimierungen und andere auf ausgewählte Einzelfragestellungen bezogene Methoden und Techniken) sowie die Entwicklung der Module bisher nicht betrachteter Unternehmungsbereiche.

Bis zur Vervollständigung des Unternehmungsmodells auf den gesamten Unternehmungsprozeßverbund sind jedoch vielfältige Vorarbeiten zu leisten, die nicht zuletzt in der Anpassung und Weiterentwicklung des benutzten Software-Produktes CPN liegen.

Der Vorteil von CPN liegt in der stringenten Umsetzung der Allgemeinen Netztheorie.

Einschränkungen für die vorliegende Modellierung ergaben sich durch Engpässe in den grafischen Darstellungsmöglichkeiten von Stellen und insbesondere in den langen Laufzeiten der Simulationen bei großen Modellen auf umfangreicher, realitätsnaher Datenbasis.

---

[429] Vgl. Abschnitt II.1.1.

[430] Schmidt/Specification/2.

Neben der Modellanpassung im Hinblick auf die softwaretechnischen Gegebenheiten von CPN liegt eine Lösung des Laufzeitproblems im Wechsel der Rechnerwelten von den Ein-Prozessor-Anlagen zu Mehr-Prozessor-Anlagen. Das Unternehmungsmodell PRODU ist mit seiner Modularisierungstechnik für den Umstieg auf Parallelrechner geeignet.

Mit dem Einzug von Fuzzy-Logic und Fuzzy-Control in verfahrenstechnische Prozesse, beispielsweise der Prozeßleitsysteme[431], von wissensbasierten Systemen (Expertensystemen), unter anderem zur Diagnoseunterstützung[432], oder ähnlichen Ansätzen[433] liegen Erweiterungsmöglichkeiten vor.

Die Erkenntnis, daß verbesserte Informationen nur genutzt und die daraus resultierende verbesserte Entscheidung in der Unternehmung durchgesetzt wird,[434] wenn der Entscheidungsträger sie akzeptiert, führt zu der Forderung, daß Entscheidungsunterstützungsmodelle auf die Belange des Entscheidungsträgers zugeschnitten sein müssen. Im Prinzip muß der Entscheidungsträger in seinem Verhalten mit modelliert werden. Eine Möglichkeit der Modellierung von Entscheidungsverhalten liegt in der Umsetzung von handlungstheoretischen Forschungsergebnissen.[435]

Das Unternehmungsmodell PRODU unterstützt eine multidimensionale Wirkungsanalyse, wie sie für Rechnerunterstützte Fertigungssysteme erforderlich ist.

Bei der Diskussion der Wirkungen zeigte sich, daß in einem großen Datenvolumen (sowohl als Eingangsdaten als auch aus den Simulationen) nach ihnen zu suchen ist. Die relevanten Fälle herauszufiltern und von uninteressanten Tatbeständen zu unterscheiden, bedarf der intensiven Unterstützung. Hierzu können die Ansätze der Forschungsrichtung "knowledge discovery in databases" einen Beitrag leisten.[436]

Mit der Analyse der vorgestellten Szenarien wurde aus der Fülle der Wirkungen Rechnerunterstützter Fertigungssysteme eine Auswahl bezogen auf die Fertigungsziele bei PRODU und die Wirtschaftlichkeitsbetrachtungen von RFS subjektiv ausge-

---

431 Vgl. Müller-Nehler, Weber/System/34.

432 Vgl. Müller-Nehler, Weber/System/36.

433 Zur Beschreibung von Werkzeugen zur Produktionssteuerung
vgl. Fischer/Werkzeug/passim;
vgl. Lipp/Wissensbasiert/passim.

434 Grochla/Wirtschaftlichkeit/32.

435 Vgl. Bamberg, Coenenberg/Entscheidungslehre/passim;
vgl. Dinkelbach/Entscheidungsmodelle/passim;.
vgl. Genrich/Handlungslogik/18ff und passim;
vgl. Rutsch/Handeln/224 und passim.

436 Vgl. Gebhardt/Interessantheit/passim.

wählt. Die Erkenntnis, daß eine isolierte RFS-Einführung nicht zu den erwarteten Ergebnissen führt, untermauert die Ernüchterung bei CIM-Projekten.[437]

Zur Analyse der Flexibilität wurde das unternehmungsübergreifende Flexibilitätsmaß FLEX entwickelt. FLEX wurde an der Realität getestet und in den Gesamtzusammenhang der Wirkungsanalyse und -auswertung eingeordnet.

Die umfassenden Wirkungsanalysen auf der Basis des offenen, mehrdimensionalen und evolutionären Unternehmungsmodells PRODU wurden durch die Umsetzung mit der Allgemeinen Netztheorie ermöglicht.

[437] Vgl. Schacher/CIM/passim.

X. Anhänge

1. Zielsystem-Ausschnitt von PRODU

Der hier vorgestellte Ausschnitt des Unternehmungszielsystems entspricht im hierarchischen Aufbau und der Darstellungsform dem Zielsystem bei PRODU

Überlebensfähigkeit der Unternehmung am Markt sichern

Marktbezogene Ziele erfüllen

-Marktanteile erhalten oder steigern
- Kundenwünsche erfüllen
  - Fertigung flexibilisieren
  - Beratungskompetenz erhöhen
  - Wartungsservice verbessern
  - Verkürzung der Entwicklungszeiten
  - Qualitätsgerechte Preise ermitteln
- Marktentwicklungen rechtzeitig erkennen
- Technologischen Vorsprung erhalten

- Unternehmungsimage steigern
  - Qualitätsführerschaft erhalten
  - Preisführerschaft erhalten und ausbauen
- Neue Märkte erschließen
  - Innovative Produkte anbieten

Produktionswirtschaftliche Ziele erfüllen

- Dynamische Nachfragebefriedigung
  - Variantenfertigung ermöglichen
    - Fertigung flexibilisieren
      - Durchlaufzeiten verringern
        - Beschaffungs-, Fertigungs- und Liegezeiten minimieren
      - Ausschußquoten verringern
      - Losgrößen verringern bis hin zu Losgröße 1
- Technische Entwicklungen umsetzen
  - Fertigungsstruktur zukunftsorientiert ausrichten (Organisation)
  - Maschinenpark zukunftsorientiert ausrichten
- Qualitätsstandards einhalten
  - Liefertermine einhalten
  - Ausschußquote verringern
    - Fertigungsqualität erhöhen
      - Anlagenausstattung
      - Mitarbeiterqualifikation

- Produkt- und Fertigungsqualität einhalten oder erhöhen
    - Serviceangebot verbessern
    - Informationslage verbessern
- Fertigung kostengünstig gestalten
    - Produktivität steigern
    - Lagerbestände reduzieren
    - Kapazität auslasten
    - Mitarbeiter aufgaben-, intensitäts- und leistungsgerecht einsetzen
- Fertigungszeiten verringern
- Beschaffungsaktionen dem Fertigungsablauf anpassen

Personalbezogene Ziele erfüllen

- Mitarbeiterstruktur den Gegebenheiten anpassen
- Know-how zukunftsorientiert ausrichten

Finanzwirtschaftliche Ziele erfüllen

- Positiven Cash-Flow erreichen
    - Kostengünstig fertigen
- Erfolgsbeiträge steigern
    - Absatzmengen erhöhen
        - Kundenwünsche erfüllen
    - Preise marktgerecht kalkulieren
        - Kostengünstig produzieren
        - Marktteilnehmer beobachten
    - Fertigungsproduktivität steigern
- Verlustbeiträge verringern
    - Kostengünstig fertigen
- Kapitalstruktur gestalten
    - Fristenkongruent finanzieren
- Kostenstruktur verbessern
    - Personalkosten flexibilisieren
        - Mitarbeiter mit multifunktionalem Know-how schaffen
    - Sachkosten anpassen
        - Multifunktionale Maschinen anschaffen
            - Umrüstzeiten verringern
        - Störanfälligkeit verringern
            - Stillstandzeiten minimieren

2. Datenquellen, externe Dateien

2.1. Baukastenstücklisten der vier Produkte von PRODU

(Sachnummer Produkt, Sachnummer Teilprodukt, Anzahl Teilprodukt)

```
FRBKS :=
[[("P12862","TP16150",1),
  ("P12862","TP1Sonst",21)],
 [("P27232","TP28004",1),
  ("P27232","TP28116",1),
  ("P27232","TP28320",1),
  ("P27232","TP2Sonst",19)],
 [("P37402","TP33818",1),
  ("P37402","TP33858",1),
  ("P37402","TP33887",1),
  ("P37402","TP33888",1),
  ("P37402","TP33583",1),
  ("P37402","TP3Sonst",8)],
 [("P45075","TP47448",1),
  ("P45075","TP41168",1),
  ("P45075","TP47819",1),
  ("P45075","TP47436",1),
  ("P45075","TP47447",1),
  ("P45075","TP4Sonst",55)]];
```

2.2. Fertigungsablaufpläne

2.2.1. Fertigung-alt

Fertigungsablaufpläne der 4 Produkte von PRODU vor Einführung RFS

Eine Fertigungsstufe wird dargestellt durch das Tupel:
(Sachnummer (Teil-)Produkt, Fertigungsstufe, Kostenstelle, Belegungsgruppe, Rüstzeit Anlage, Fertigungszeit pro Werkstück, Transport- und Liegezeit zur nächsten Fertigungsstufe, Kennung für Gutquote)
Mit der Angabe der Kostenstelle und Belegungsgruppe wird der Arbeitsplatz bzw. die Anlage beschrieben.
Die Kennung der Gutquote ist ein Platzhalter für eine Verteilung der durchschnittlichen Ausschuß-, Nacharbeits- und Gutstücke eines Fertigungsschrittes in Abhängigkeit von der Anlagenart.

FRFAB :=
```
[[("P12862" , 1, "115", "908", 40,    0.9 ,   0, "OA"),
  ("P12862" , 2, "115", "900", 45,   20.0 ,   0, "OA"),
  ("P12862" , 3, "115",  "28", 10,   12.8 ,   0, "PA"),
  ("P12862" , 4, "115",  "25",  0,   2.04,    0, "PA"),
  ("P12862" , 5, "115", "908", 30,   11.6,    0, "OA"),
  ("P12862" , 6, "139",  "10",  0,   0.0,     0, "OA"),
  ("P12862" , 7, "139",  "10",  0,   0.0,     0, "OA")],
 [("TP16150", 1, "311", "229", 50,   0.0,   480, "OA"),
  ("TP16150", 2, "311", "229", 10,   2.1,   960, "NC"),
  ("TP16150", 3, "311", "944", 25,   0.0,   480, "OA"),
  ("TP16150", 4, "311", "537", 175,  0.0,     0, "OA"),
  ("TP16150", 5, "311", "537", 10,   2.6,   480, "NC"),
  ("TP16150", 6, "311", "531", 200,  0.0,   480, "OA"),
  ("TP16150", 7, "311", "531", 10,   5.1,   480, "KO"),
  ("TP16150", 8, "311", "909", 10,   1.75,1920, "OA"),
  ("TP16150", 9, "136", "981",  5,   0.3,     0, "OA"),
  ("TP16150",10, "112",   "0",  0,   0.0,     0, "OA")],
 [("P27232" , 1, "116", "908", 15,   2.7,   480, "OA"),Hilfsmontage
  ("P27232" , 2, "116", "977", 10,   1.0,   480, "OA"),Ultraschall
  ("P27232" , 3, "116", "906", 30,  11.5,   480, "OA"),Montage
  ("P27232" , 4, "116",  "22", 15,   6.5,   960, "PB"),Sichtprüfung
  ("P27232" , 5, "139",  "11",  0,   0.0,     0, "OA")],Ablieferung
  ("P27232" , 6, "139",  "10",  0,   0.0,     0, "OA")],Beistellteile
 [("TP28004", 1, "109", "940", 20,   1.6,  1920, "OA"),Schneiden
  ("TP28004", 2, "110", "945", 50,   0.0,   480, "OA"),Einstellplatz
  ("TP28004", 3, "110", "236", 160,  0.0,     0, "OA"),NC-Drehmaschine
  ("TP28004", 4, "110", "236", 15,   7.4,   960, "NC"),NC-Drehmaschine
  ("TP28004", 5, "117", "603", 30,   4.0,  1920, "KO"),Reihenbohrmaschine
  ("TP28004", 6, "110", "945", 70,   0.0,   480, "OA"),Einstellplatz
  ("TP28004", 7, "110", "231", 185,  0.0,     0, "OA"),CNC-Drehmaschine
  ("TP28004", 8, "110", "231", 20,  10.5,   960, "NC"),CNC-Drehmaschine
  ("TP28004", 9, "116", "908", 10,   3.0,  1920, "OA"),Hilfsmontage
```

```
 ("TP28004",10, "118", "976",   5,  0.45, 960, "OA"),Reinigungsanlage
 ("TP28004",11, "114", "970",  10,   5.4, 960, "OA"),Lackiererei
 ("TP28004",12, "136",   "3",   0,   0.0, 480, "PB"),Sichtprüfung
 ("TP28004",13, "136",   "0",   0,   0.0,   0, "OA")],Fertig.kontrolle
[("TP28116", 1, "112",   "0",  20,   0.8, 1920, "OA"),Absaugplatz
 ("TP28116", 2, "111", "111",  70,  14.7, 1920, "KO"),Zangenspannung
 ("TP28116", 3, "117", "603",  55,  10.8, 1920, "KO"),Reihenbohrmaschine
 ("TP28116", 4, "116", "908",  20,   2.4, 1920, "OA"),Hilfsmontage
 ("TP28116", 5, "136",   "3",   0,   0.0, 1920, "NC"),Fertig.kontrolle
 ("TP28116", 6, "118", "976",   5,  0.45, 960, "OA"),Reinigung
 ("TP28116", 7, "114", "970",  10,   4.5,   0, "OA"),Lackiererei
 ("TP28116", 8, "112",   "0",   0,   0.0,   0, "OA")],Absaugplatz
[("TP28320", 1, "111", "111",  30,   1.5, 1920, "OA"),Zangenspannung
 ("TP28320", 2, "116", "977",  10,   1.0, 960, "OA"),Ultraschall
 ("TP28320", 3, "151", "811",  20,   7.0, 480, "KO"),Schweißanlage
 ("TP28320", 4, "151",  "24",  10,   1.7, 960, "OA"),Schweißerei
 ("TP28320", 5, "116", "908",  10,   2.0,   0, "OA"),Hilfsmontage
 ("TP28320", 6, "112",   "0",   0,   0.0,   0, "OA")],Absaugplatz
[("P37402" , 1, "118", "976",   5,   0.3, 960, "OA"),
 ("P37402" , 2, "114", "970",  10,   3.6, 960, "OA"),
 ("P37402" , 3, "118", "909",  60,  12.0, 480, "OA"),
 ("P37402" , 4, "118", "901", 120,  71.3, 480, "OA"),
 ("P37402" , 5, "118", "901",  60,  17.0, 480, "OA"),
 ("P37402" , 6, "118", "901",  80,  30.0, 480, "OA"),
 ("P37402" , 7, "118",  "29",  40, 27.50, 480, "PB"),
 ("P37402" , 8, "118",  "25",   0,   6.4, 960, "PB"),
 ("P37402" , 9, "114", "970",  10,  10.3, 960, "OA"),
 ("P37402" ,10, "118", "908",  35,   0.8, 480, "OA"),
 ("P37402" ,11, "118", "908",  30,  14.3,   0, "OA"),
 ("P37402" ,12, "139",  "10",   0,   0.0,   0, "OA")],
[("TP33818", 1, "112", "946", 255,   0.0,   0, "OA"),Einstellplatz
 ("TP33818", 2, "112", "590", 215,  89.0, 480, "NC"),CNC-Zentrum
 ("TP33818", 3, "112", "909",  10,   5.0,   0, "OA"),
 ("TP33818", 4, "112",   "0",   0,   0.0,   0, "OA")],
[("TP33858", 1, "112", "505", 135,  18.7, 960, "KO"),
 ("TP33858", 2, "112", "607", 120,  42.0, 960, "KO"),
 ("TP33858", 3, "112", "909",  30,  16.0, 480, "OA"),
 ("TP33858", 4, "112",  "38",  10,   4.5, 480, "OA"),
 ("TP33858", 5, "112", "909",  10,   4.5,   0, "OA"),
 ("TP33858", 6, "112",   "0",   0,   0.0,   0, "OA")],
[("TP33887", 1, "112", "946", 280,   0.0, 480, "OA"),Einstellplatz
 ("TP33887", 2, "112", "590", 240,   7.0, 480, "NC"),CNC-Zentrum
 ("TP33887", 3, "112", "909",  10,   3.0, 480, "OA"),
 ("TP33887", 4, "112",   "0",   0,   0.0,   0, "OA")],
[("TP33888", 1, "112", "946", 280,   0.0, 480, "OA"),Einstellplatz
 ("TP33888", 2, "112", "590", 240,   7.0, 480, "NC"),CNC-Zentrum
 ("TP33888", 3, "112", "909",  10,   6.0, 480, "OA"),
 ("TP33888", 4, "112",  "38",  10,   4.0, 480, "OA"),
 ("TP33888", 5, "112", "909",  10,   3.0, 480, "OA"),
 ("TP33888", 6, "112",   "0",   0,   0.0,   0, "OA")],
[("TP33583", 1, "117", "944", 105,   0.0, 480, "OA"),Einstellplatz
 ("TP33583", 2, "117", "536", 190,   0.0,   0, "OA"),CNC-Bohrmaschine
 ("TP33583", 3, "117", "536",  10,  27.0, 960, "NC"),Bohrmaschine
 ("TP33583", 4, "110", "945",  35,   0.0, 480, "OA"),Einstellplatz
```

```
("TP33583", 5, "110", "240", 185,  0.0,    0, "OA"), CNC-Drehmaschine
("TP33583", 6, "110", "240",  15, 41.2,  960, "NC"), CNC-Drehmaschine
("TP33583", 7, "117", "944",  55,  0.0,  480, "OA"), Einstellplatz
("TP33583", 8, "117", "670",  95,  0.0,    0, "OA"), CNC-Bohrzentrum
("TP33583", 9, "117", "670",  10, 14.0,  960, "NC"), CNC-Bohrzentrum
("TP33583",10, "112", "909",  10,  9.0,  480, "OA"), Montagevorbereitung
("TP33583",11, "112",  "38",  10,  5.0,  960, "OA"), Absaugplatz
("TP33583",12, "118", "976",   5,  1.2,  960, "OA"),
("TP33583",13, "114", "970",  10, 13.5,  960, "OA"),
("TP33583",14, "112", "909",  10,  2.5,    0, "OA"),
("TP33583",15, "112",   "0",   0,  0.0,    0, "OA")],
[("P45075" , 1, "116", "908",  10,  9.0,    0, "OA"),
("P45075" , 2, "116", "977",   5,  6.0,    0, "OA"),
("P45075" , 3, "116", "906",  75, 10.6,    0, "OA"),
("P45075" , 4, "116", "906",   0,  0.0,    0, "OA"),
("P45075" , 5, "116", "908",  10,  8.4,    0, "OA"),
("P45075" , 6, "116", "906",  45, 28.5,    0, "OA"),
("P45075" , 7, "116", "906",  15,  5.0,    0, "OA"),
("P45075" , 8, "116", "906",  20,  6.3,    0, "OA"),
("P45075" , 9, "116", "908",  20,  4.5,    0, "OA"),
("P45075" ,10, "116",  "27",  15,  4.4,    0, "PA"),
("P45075" ,11, "116", "908",  50,  9.6,    0, "OA"),
("P45075" ,12, "902", "996",   0,  0.0,    0, "OA"),
("P45075" ,13, "139",  "10",   0,  0.0,    0, "OA")],
[("TP47448", 1, "109", "940",  20,  2.9, 1920, "OA"),
("TP47448", 2, "110", "945",  40,  0.0,  480, "OA"),
("TP47448", 3, "110", "245",  75,  0.0,    0, "OA"),
("TP47448", 4, "110", "245",  15,  6.3,  960, "NC"),
("TP47448", 5, "117", "944",  70,  0.0,  480, "OA"),
("TP47448", 6, "117", "535", 180,  0.0,    0, "OA"),
("TP47448", 7, "117", "535",  10,  6.5,  960, "NC"),
("TP47448", 8, "110", "945", 170,  0.0,  480, "OA"),
("TP47448", 9, "110", "245", 480,  0.0,    0, "OA"),
("TP47448",10, "110", "245",  25,  7.8,  960, "NC"),
("TP47448",11, "117", "944", 140,  0.0,  480, "OA"),
("TP47448",12, "117", "670", 345,  0.0,    0, "OA"),
("TP47448",13, "117", "670",  25,  5.80, 960, "NC"),
("TP47448",14, "115", "978",   5,  1.5, 1920, "OA"),
("TP47448",15, "116", "908",  25,  6.0,  480, "OA"),
("TP47448",16, "116", "977",   0,  1.5,  480, "OA"),
("TP47448",17, "116", "908",  40,  4.9,  480, "OA"),
("TP47448",18, "116", "21",   10,  3.0,  960, "OA"),
("TP47448",19, "136",   "3",   0,  0.0,    0, "PB"),
("TP47448",20, "112",   "0",   0,  0.0,    0, "OA")],
[("TP41168", 1, "109", "940",  20,  0.15,1920, "OA"),
("TP41168", 2, "110", "945",  20,  0.0,  480, "OA"),
("TP41168", 3, "110", "255", 220,  0.0,    0, "OA"),
("TP41168", 4, "110", "255",  15,  0.8,  480, "NC"),
("TP41168", 5, "110", "974",   5,  0.1,  480, "OA"),
("TP41168", 6, "110", "845",  55,  0.0,  480, "CH"),
("TP41168", 7, "110", "846",   5,  0.0,  480, "OA"),
("TP41168", 8, "110", "945",  20,  0.0,  480, "OA"),
("TP41168", 9, "110", "255", 300,  0.0,    0, "OA"),
("TP41168",10, "110", "255",  15,  3.6,  480, "NC"),
```

```
 ("TP41168",11, "110", "604",  30,   0.6,  480, "OA"),
 ("TP41168",12, "136",   "3",   0,   0.0,    0, "PB"),
 ("TP41168",13, "112",   "0",   0,   0.0,    0, "OA")],
[("TP47819", 1, "110", "945", 125,   0.0,  480, "OA"),
 ("TP47819", 2, "110", "245", 275,   0.0,    0, "OA"),
 ("TP47819", 3, "110", "245",  25,  14.5, 1920, "NC"),
 ("TP47819", 4, "112", "603",  30,   9.0,  960, "KO"),
 ("TP47819", 5, "117", "508",  40,   8.0, 1920, "KO"),
 ("TP47819", 6, "136",   "3",   0,   0.0, 1920, "PB"),
 ("TP47819", 7, "116", "908",  15,   2.0, 1920, "OA"),
 ("TP47819", 8, "151", "974",   5,   0.7,  480, "OA"),
 ("TP47819", 9, "151", "811",  30,   3.0,  480, "KO"),
 ("TP47819",10, "151",  "24",  10,   2.5,  960, "OA"),
 ("TP47819",11, "154", "974",   5,   1.1,  480, "OA"),
 ("TP47819",12, "154", "920",   5,   5.0,    0, "OA"),
 ("TP47819",13, "112",   "0",   0,   0.0,    0, "OA")],
[("TP47436", 1, "109", "940",  20,   0.9, 1920, "OA"),
 ("TP47436", 2, "111", "111",  30,   2.5, 1920, "KO"),
 ("TP47436", 3, "117", "670",  80,  12.0, 1920, "NC"),
 ("TP47436", 4, "111", "111", 160,   4.5, 1920, "KO"),
 ("TP47436", 5, "117", "725", 110,  11.0, 1920, "SO"),
 ("TP47436", 6, "136",   "3",   0,   0.0, 1920, "PB"),
 ("TP47436", 7, "117", "603",  20,   2.0, 1920, "KO"),
 ("TP47436", 8, "136",   "3",   0,   0.0, 1920, "NC"),
 ("TP47436", 9, "116", "908",  40,   3.15,1920, "OA"),
 ("TP47436",10, "111", "111",  35,   2.5, 1920, "KO"),
 ("TP47436",11, "117", "705",  40,   2.1,  480, "KO"),
 ("TP47436",12, "117", "725", 350,  12.0,  480, "SO"),
 ("TP47436",13, "117", "414",  20,   2.0, 1920, "OA"),
 ("TP47436",14, "154", "885",   5,   0.6, 1920, "KO"),
 ("TP47436",15, "136",   "3",   0,   0.0, 1920, "PB"),
 ("TP47436",16, "116", "906",  85,   7.0,    0, "OA"),
 ("TP47436",17, "112",   "0",   0,   0.0,    0, "OA")],
[("TP47447", 1, "245",   "1",   0,   0.0, 1920, "OA"),
 ("TP47447", 2, "110", "945", 100,   0.0,  480, "OA"),
 ("TP47447", 3, "110", "245", 165,   0.0,    0, "OA"),
 ("TP47447", 4, "110", "245",  15,  15.9,  480, "NC"),
 ("TP47447", 5, "110", "945",  25,   0.0,  480, "OA"),
 ("TP47447", 6, "110", "255", 480,   0.0,    0, "OA"),
 ("TP47447", 7, "110", "255",  20,   4.6,  480, "NC"),
 ("TP47447", 8, "110", "470", 150,   0.0,  480, "OA"),
 ("TP47447", 9, "110", "470",  10,  13.4,  480, "ER"),
 ("TP47447",10, "110", "908",  15,  11.2,  480, "KO"),
 ("TP47447",11, "110", "974",   5,   0.6,  480, "OA"),
 ("TP47447",12, "110", "845",  45,   0.25, 480, "CH"),
 ("TP47447",13, "110", "846",  60,   0.0, 1920, "OA"),
 ("TP47447",14, "136",   "3",   0,   0.0, 1920, "PB"),
 ("TP47447",15, "154", "979",  20,   4.5, 1920, "OA"),
 ("TP47447",16, "117", "944",  50,   0.0,  480, "OA"),
 ("TP47447",17, "117", "535", 160,   0.0,    0, "OA"),
 ("TP47447",18, "117", "535",  10,   8.0,  480, "NC"),
 ("TP47447",19, "116", "977",  10,   1.5, 1920, "OA"),
 ("TP47447",20, "136",   "3",   0,   0.0,    0, "PB"),
 ("TP47447",21, "112",   "0",   0,   0.0,    0, "OA")]];
```

2.2.2. Fertigung-RFS

Fertigungsablaufpläne der Teilprodukte, die mit RFS2 oder RFS3 gefertigt werden

RFS3 wird in zwei Ausbaustufen installiert, im Endzustand bilden zwei gleiche Fertigungsanlagen den Kern des RFS3. Während der 1. Ausbaustufe werden alle Teile über eine Fertigungsanlage in RFS3 gefertigt, nach Vollendung von RFS3 werden 3 Teilprodukte über die Fertigungsanlage 2 gefertigt und 1 Teilprodukt über die Fertigungsanlage 1.

```
[("TP28004", 1, "109", "940", 20,  1.6, 1920, "OA"),
 ("TP28004", 2, "301", "480", 50,  0.0,    0, "NC"), RFS2
 ("TP28004", 3, "301", "480",  0, 14.8, 1920, "NC"), RFS2
 ("TP28004", 4, "118", "976",  5,  0.45, 960, "OA"),
 ("TP28004", 5, "114", "970", 10,  5.4,  960, "OA"),
 ("TP28004", 6, "136",   "3",  0,  0.0,  480, "PB"),
 ("TP28004", 7, "136",   "0",  0,  0.0,    0, "OA")],

[("TP33818", 1, "301", "481", 50,  0.0,    0, "NC"), RFS3 Anlage1,
                                                      später Anlage2
 ("TP33818", 2, "301", "481",  0, 53.3, 1920, "NC"), RFS3 Anlage1,
                                                      später Anlage2
 ("TP33818", 3, "112", "909", 10,  5.0,    0, "OA"),
 ("TP33818", 4, "112",   "0",  0,  0.0,    0, "OA")],

[("TP33887", 1, "301", "481", 50,  0.0,    0, "NC"), RFS3 Anlage1,
                                                      später Anlage2
 ("TP33887", 2, "301", "481",  0,  4.3, 1920, "NC"), RFS3 Anlage1,
                                                      später Anlage2
 ("TP33887", 3, "112", "909", 10,  3.0,  480, "OA"),
 ("TP33887", 4, "112",   "0",  0,  0.0,    0, "OA")],

[("TP33888", 1, "301", "481", 50,  0.0,    0, "NC"), RFS3 Anlage1,
                                                      später Anlage2
 ("TP33888", 2, "301", "481",  0,  4.3, 1920, "NC"), RFS3 Anlage1,
                                                      später Anlage2
 ("TP33888", 3, "112", "909", 10,  6.0,  480, "OA"),
 ("TP33888", 4, "112",  "38", 10,  4.0,  480, "OA"),
 ("TP33888", 5, "112", "909", 10,  3.0,  480, "OA"),
 ("TP33888", 6, "112",   "0",  0,  0.0,    0, "OA")],

[("TP33583", 1, "301", "481", 50,  0.0,    0, "NC"), RFS3 Anlage 1
 ("TP33583", 2, "301", "481",  0, 57.3, 1920, "NC"), RFS3 Anlage 1
 ("TP33583", 3, "118", "976",  5,  1.2,  960, "OA"),
 ("TP33583", 4, "114", "970", 10, 13.5,  960, "OA"),
 ("TP33583", 5, "112", "909", 10,  2.5,    0, "OA"),
 ("TP33583", 6, "112",   "0",  0,  0.0,    0, "OA")],
```

2.3. Wahrscheinlichkeitsverteilung der Gutquoten der Fertigungsschritte

Gutquoten in Abhängigkeit der Anlage

Angabe der Anzahl Lose der Fertigung ohne Ausschuß und Nacharbeit (Fertigungsausstoß = 100%) und Angabe der Anzahl Lose der Fertigung, in denen Nacharbeit und/oder Ausschuß enthalten ist (Fertigungsausstoß < 100%)
Anzahl Lose = 100

Beispiel FRgko: Gutquote konventionelle Fertigung
Von 100 Losen werden 96 Lose mit einem Ausstoß von 100% gefertigt, bei 4 Losen fällt Ausschuß oder Nacharbeit von im Durchschnitt 10% an, also Ausstoß = 90%.
Die Aufteilung zwischen Nacharbeit und Ausschuß wird über eine gleichartige Wahrscheinlichkeitsverteilung angegeben. Angegeben wird der Anteil der Nacharbeit an den fehlerhaften Losen.

Gutquoten:
```
FRgoa := 100`100;      (* Gutquote Lose ohne Ausschuss *)
FRgko := 96`100+4`90;  (* Gutquote konventionelle Fertigung *)
FRgnc := 98`100+2`90;  (* Gutquote NC-/CNC-Fertigung *)
FRgpa := 96`100+4`90;  (* Gutquote Pruefen a *)
FRgpb := 98`100+2`90;  (* Gutquote Pruefen b *)
FRgch := 99`100+1`50;  (* Gutquote Chargen-Fertigung *)
FRgso := 98`100+2`90;  (* Gutquote sonstige Fertigung *)
FRger := 99`100+1`95;  (* Gutquote Erodieren *)
FRgtr := 100`100;      (* Gutquote Transport *)
```

Anteil Nacharbeit:
```
FRako := 96`100+4`90;  (* konventionelle Fertigung *)
FRanc := 98`100+2`90;  (* NC-/CNC-Fertigung *)
FRapa := 96`100+4`90;  (* Pruefen konventionelle Fertigung *)
FRapb := 98`100+2`90;  (* Pruefen NC-CNC-Fertigung *)
FRach := 99`100+1`50;  (* Chargen-Fertigung *)
FRaso := 98`100+2`90;  (* sonstige Fertigung *)
FRaer := 99`100+1`95;  (* Erodieren *)
FRatr := 98`100+2`90;  (* Transport *)
```

2.4. Personalpool

(* Festlegung der Standardwochenarbeitszeit 1. und 2. Schicht *)
fun PFA1S (ZLWOC:ZCWOC) = [
```
(ZLWOC,Mo,7,00,Mo,23,00),
(ZLWOC,Di,7,00,Di,23,00),
(ZLWOC,Mi,7,00,Mi,23,00),
(ZLWOC,Do,7,00,Do,23,00),
(ZLWOC,Fr,7,00,Fr,23,00)];
```

(* Personalpool Fertigung; Personalnummer, Mitarbeiterstellung, Kostenstelle(n), Belegtzeitlisten *)
Die Mitarbeiterstellung entspricht der Mitarbeiterqualifikation.
Mitarbeiterqualifikationen:
TE (Techniker), FA (Facharbeiter), HK (Hilfskraft)

fun PFPFL (PLbe1:PCBEL,PLbe2:PCBEL,PLban:PCBEL) =
```
    [("0000016","TE",["110"],PLbe1),
     ("0000018","TE",["112"],PLbe1),
     ("0000020","TE",["117"],PLbe1),
     ("0000022","TE",["117","115"],PLbe1),
     ("0000142","TE",["301"],PLbe1),  (* RFS *)
     ("0000024","TE",["311"],PLbe1),
     ("0000028","FA",["110"],PLbe1),
     ("0000030","FA",["112"],PLbe1),
     ("0000032","FA",["112"],PLbe1),
     ("0000034","FA",["115"],PLbe1),
     ("0000035","FA",["116"],PLbe1),
     ("0000037","FA",["117"],PLbe1),
     ("0000039","FA",["117"],PLbe1),
     ("0000041","FA",["117"],PLbe1),
     ("0000043","FA",["117"],PLbe1),
     ("0000045","FA",["118"],PLbe1),
     ("0000046","FA",["118"],PLbe1),
     ("0000047","FA",["136"],PLbe1),
     ("0000048","FA",["151"],PLbe1),
     ("0000050","FA",["154"],PLbe1),
     ("0000052","FA",["154"],PLbe1),
     ("0000054","FA",["245"],PLbe1),
     ("0000140","FA",["301"],PLbe1),  (* RFS *)
     ("0000055","FA",["311"],PLbe1),
     ("0000057","FA",["311"],PLbe1),
     ("0000073","HK",["109"],PLbe1),
     ("0000074","HK",["110"],PLbe1),
     ("0000076","HK",["110"],PLbe1),
     ("0000078","HK",["110"],PLbe1),
     ("0000080","HK",["111"],PLbe1),
     ("0000082","HK",["112"],PLbe1),
     ("0000084","HK",["112"],PLbe1),
     ("0000086","HK",["112"],PLbe1),
```

```
("0000088","HK",["114"],PLbel),
("0000090","HK",["115"],PLbel),
("0000091","HK",["116"],PLbel),
("0000092","HK",["116"],PLbel),
("0000093","HK",["117"],PLbel),
("0000095","HK",["117"],PLbel),
("0000097","HK",["117"],PLbel),
("0000099","HK",["118"],PLbel),
("0000100","HK",["118"],PLbel),
("0000101","HK",["118"],PLbel),
("0000102","HK",["122"],PLbel),
("0000104","HK",["122"],PLbel),
("0000106","HK",["122"],PLbel),
("0000108","HK",["122"],PLbel),
("0000110","HK",["122"],PLbel),
("0000112","HK",["122"],PLbel),
("0000114","HK",["136"],PLbel),
("0000115","HK",["139"],PLbel),
("0000116","HK",["151"],PLbel),
("0000118","HK",["154"],PLbel),
("0000120","HK",["311"],PLbel),
("0000130","HK",["902"],PLbel),
("0000132","HK",["902"],PLbel),
("0000134","HK",["902"],PLbel),
("0000136","HK",["902"],PLbel)];
```

2.5. Personalbedarf der Anlagen

(Belegungsgruppe, Kostenstelle, Liste der benötigten Mitarbeiter (Mitarbeiterstellung, Zeitanteil))

PRPAN :=

```
[("940","109",[("HK",1.0)]),
("231","110",[("TE",0.2),("FA",0.2),("HK",0.5)]),
("236","110",[("TE",0.2),("FA",0.2),("HK",0.5)]),
("240","110",[("TE",0.2),("FA",0.2),("HK",0.5)]),
("245","110",[("TE",0.2),("FA",0.2),("HK",0.5)]),
("255","110",[("TE",0.2),("FA",0.2),("HK",0.5)]),
("470","110",[("HK",1.0)]),
("604","110",[("HK",1.0)]),
("845","110",[("HK",1.0)]),
("846","110",[("HK",1.0)]),
("908","110",[("HK",1.0)]),
("945","110",[("HK",1.0)]),
("974","110",[("HK",1.0)]),
("111","111",[("HK",1.0)]),
(  "0","112",[("HK",1.0)]),
( "38","112",[("HK",1.0)]),
("505","112",[("FA",1.0)]),
("590","112",[("TE",0.5),("FA",0.5)]),
("603","112",[("HK",1.0)]),
("607","112",[("HK",1.0)]),
("909","112",[("HK",1.0)]),
("946","112",[("HK",1.0)]),
("970","114",[("HK",1.0)]),
( "25","115",[("TE",0.5),("FA",0.5)]),
( "28","115",[("FA",0.5),("HK",0.5)]),
("900","115",[("HK",1.0)]),
("908","115",[("HK",1.0)]),
("978","115",[("HK",1.0)]),
( "21","116",[("FA",0.5),("HK",0.5)]),
( "22","116",[("FA",0.5),("HK",0.5)]),
( "27","116",[("FA",0.5),("HK",0.5)]),
("906","116",[("HK",1.0)]),
("908","116",[("HK",1.0)]),
("977","116",[("HK",1.0)]),
("414","117",[("HK",1.0)]),
("508","117",[("FA",1.0)]),
("535","117",[("TE",0.5),("FA",0.5)]),
("536","117",[("TE",0.5),("FA",0.5)]),
("603","117",[("HK",1.0)]),
("670","117",[("FA",0.5)]),
("705","117",[("FA",1.0),("HK",0.5)]),
("725","117",[("TE",0.2),("FA",0.2)]),
("944","117",[("HK",1.0)]),
( "25","118",[("FA",1.0)]),
( "29","118",[("FA",1.0)]),
("901","118",[("HK",1.0)]),
```

```
("908","118",[("HK",1.0)]),
("909","118",[("HK",1.0)]),
("976","118",[("HK",1.0)]),
("843","122",[("HK",1.0)]),          (* Transportzeuge *)
("844","122",[("HK",1.0)]),
("867","122",[("HK",1.0)]),
("877","122",[("HK",1.0)]),
("878","122",[("HK",1.0)]),
("879","122",[("HK",1.0)]),
("886","122",[("HK",1.0)]),
("887","122",[("HK",1.0)]),
("890","122",[("HK",1.0)]),
(  "0","136",[("FA",1.0)]),
(  "3","136",[("FA",1.0)]),
("981","136",[("HK",1.0)]),
( "10","139",[("HK",1.0)]),
( "11","139",[("HK",1.0)]),
( "24","151",[("FA",1.0)]),
("811","151",[("HK",1.0)]),
("974","151",[("HK",1.0)]),
("885","154",[("FA",1.0)]),
("920","154",[("FA",1.0)]),
("974","154",[("HK",1.0)]),
("979","154",[("FA",1.0)]),
(  "1","245",[("FA",1.0)]),
("480","301",[("TE",0.5),("FA",0.5)]),
("481","301",[("TE",0.5),("FA",0.5)]),
("229","311",[("TE",0.5),("FA",0.5)]),
("531","311",[("FA",1.0)]),
("537","311",[("TE",0.5),("FA",0.5)]),
("909","311",[("HK",1.0)]),
("944","311",[("HK",1.0)]),
("996","902",[("HK",1.0)])];
```

2.6. Absatzprogramme

Absatzprogramme				
Auftrags-nummer	Produkte	Anzahl Aufträge	Los-größe	Starttermin Auftragspaar
64 Absatzaufträge				
"1A"	"P27232"	1	20	
"2A"	"P37402"	1	5	floor 0.0*10080.0
"3A"	"P27232"	1	20	
"4A"	"P37402"	1	5	floor 0.25*10080.0
"5A"	"P27232"	1	20	
"6A"	"P37402"	1	5	floor 0.5*10080.0
"7A"	"P27232"	1	20	
"8A"	"P37402"	1	5	floor 0.75*10080.0
"9A"	"P27232"	1	20	
"10A"	"P37402"	1	5	floor 1.0*10080.0
"11A"	"P27232"	1	20	
"12A"	"P37402"	1	5	floor 1.25*10080.0
"13A"	"P27232"	1	20	
"14A"	"P37402"	1	5	floor 1.5*10080.0
"15A"	"P27232"	1	20	
"16A"	"P37402"	1	5	floor 1.75*10080.0
"17A"	"P27232"	1	20	
"18A"	"P37402"	1	5	floor 2.0*10080.0
"19A"	"P27232"	1	20	
"20A"	"P37402"	1	5	floor 2.25*10080.0
"21A"	"P27232"	1	20	
"22A"	"P37402"	1	5	floor 2.5*10080.0
"23A"	"P27232"	1	20	
"24A"	"P37402"	1	5	floor 3.0*10080.0
"25A"	"P27232"	1	20	
"26A"	"P37402"	1	5	floor 3.25*10080.0
"27A"	"P27232"	1	20	
"28A"	"P37402"	1	5	floor 3.5*10080.0
"29A"	"P27232"	1	20	
"30A"	"P37402"	1	5	floor 3.75*10080.0
"31A"	"P27232"	1	20	
"32A"	"P37402"	1	5	floor 4.0*10080.0
"33A"	"P27232"	1	20	
"34A"	"P37402"	1	5	floor 4.25*10080.0
"35A"	"P27232"	1	20	
"36A"	"P37402"	1	5	floor 4.5*10080.0

Auftrags- nummer	Produkte	Anzahl Aufträge	Los- größe	Starttermin Auftragspaar
Fortsetzung 64 Absatzaufträge				
"37A"	"P27232"	1	20	
"38A"	"P37402"	1	5	floor 4.75*10080.0
"39A"	"P27232"	1	20	
"40A"	"P37402"	1	5	floor 5.0*10080.0
"41A"	"P27232"	1	20	
"42A"	"P37402"	1	5	floor 5.25*10080.0
"43A"	"P27232"	1	20	
"44A"	"P37402"	1	5	floor 5.5*10080.0
"45A"	"P27232"	1	20	
"46A"	"P37402"	1	5	floor 5.75*10080.0
"47A"	"P27232"	1	20	
"48A"	"P37402"	1	5	floor 6.0*10080.0
"49A"	"P27232"	1	20	
"50A"	"P37402"	1	5	floor 6.25*10080.0
"51A"	"P27232"	1	20	
"52A"	"P37402"	1	5	floor 6.5*10080.0
"53A"	"P27232"	1	20	
"54A"	"P37402"	1	5	floor 6.75*10080.0
"55A"	"P27232"	1	20	
"56A"	"P37402"	1	5	floor 7.0*10080.0
"57A"	"P27232"	1	20	
"58A"	"P37402"	1	5	floor 7.25*10080.0
"59A"	"P27232"	1	20	
"60A"	"P37402"	1	5	floor 7.5*10080.0
"61A"	"P27232"	1	20	
"62A"	"P37402"	1	5	floor 7.75*10080.0
"63A"	"P27232"	1	20	
"64A"	"P37402"	1	5	floor 8.0*10080.0

Auftrags-nummer	Produkte	Anzahl Aufträge	Los-größe	Starttermin Auftragspaar
32 Absatzaufträge				
"1A"	"P27232"	1	45	
"2A"	"P37402"	1	10	floor 0.0*10080.0
"3A"	"P27232"	1	45	
"4A"	"P37402"	1	10	floor 0.5*10080.0
"5A"	"P27232"	1	45	
"6A"	"P37402"	1	10	floor 1.0*10080.0
"7A"	"P27232"	1	45	
"8A"	"P37402"	1	10	floor 1.5*10080.0
"9A"	"P27232"	1	45	
"10A"	"P37402"	1	10	floor 2.0*10080.0
"11A"	"P27232"	1	45	
"12A"	"P37402"	1	10	floor 2.5*10080.0
"13A"	"P27232"	1	45	
"14A"	"P37402"	1	10	floor 3.0*10080.0
"15A"	"P27232"	1	45	
"16A"	"P37402"	1	10	floor 3.5*10080.0
"17A"	"P27232"	1	45	
"18A"	"P37402"	1	10	floor 4.0*10080.0
"19A"	"P27232"	1	45	
"20A"	"P37402"	1	10	floor 4.5*10080.0
"21A"	"P27232"	1	45	
"22A"	"P37402"	1	10	floor 5.0*10080.0
"23A"	"P27232"	1	45	
"24A"	"P37402"	1	10	floor 5.5*10080.0
"25A"	"P27232"	1	45	
"26A"	"P37402"	1	10	floor 6.0*10080.0
"27A"	"P27232"	1	45	
"28A"	"P37402"	1	10	floor 6.5*10080.0
"29A"	"P27232"	1	45	
"30A"	"P37402"	1	10	floor 7.0*10080.0
"31A"	"P27232"	1	45	
"32A"	"P37402"	1	10	floor 7.5*10080.0

Auftrags-nummer	Produkte	Anzahl Aufträge	Los-größe	Starttermin Auftragspaar
16 Absatzaufträge				
"1A"	"P27232"	1	90	
"2A"	"P37402"	1	20	floor 0.0*10080.0
"3A"	"P27232"	1	90	
"4A"	"P37402"	1	20	floor 0.5*10080.0
"5A"	"P27232"	1	90	
"6A"	"P37402"	1	20	floor 1.0*10080.0
"7A"	"P27232"	1	90	
"8A"	"P37402"	1	20	floor 1.5*10080.0
"9A"	"P27232"	1	90	
"10A"	"P37402"	1	20	floor 2.0*10080.0
"11A"	"P27232"	1	90	
"12A"	"P37402"	1	20	floor 2.5*10080.0
"13A"	"P27232"	1	90	
"14A"	"P37402"	1	20	floor 3.0*10080.0
"15A"	"P27232"	1	90	
"16A"	"P37402"	1	20	floor 3.5*10080.0
8 Absatzaufträge				
"1A"	"P27232"	1	175	
"2A"	"P37402"	1	40	floor 0.0*10080.0
"3A"	"P27232"	1	175	
"4A"	"P37402"	1	40	floor 1.0*10080.0
"5A"	"P27232"	1	175	
"6A"	"P37402"	1	40	floor 2.0*10080.0
"7A"	"P27232"	1	175	
"8A"	"P37402"	1	40	floor 3.0*10080.0
4 Absatzaufträge				
"1A"	"P27232"	1	350	
"2A"	"P37402"	1	75	floor 0*10080
"3A"	"P27232"	1	350	
"4A"	"P37402"	1	75	floor 1*10080
2 Absatzaufträge				
"1A"	"P27232"	1	700	
"2A"	"P37402"	1	150	floor 0*10080

3. Grafiken der Module des Unternehmungsmodells PRODU

3.1. Modellinitialisierung: Einlesen externer Daten

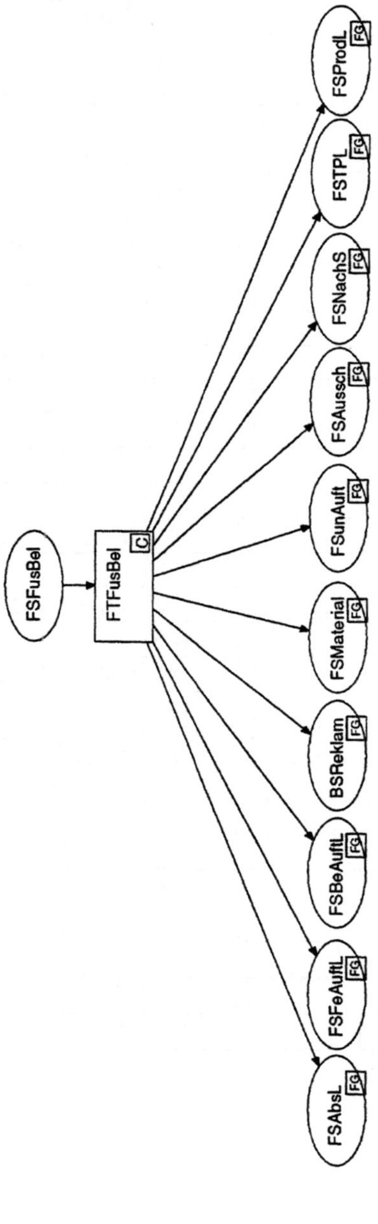

3.2. Beschaffung

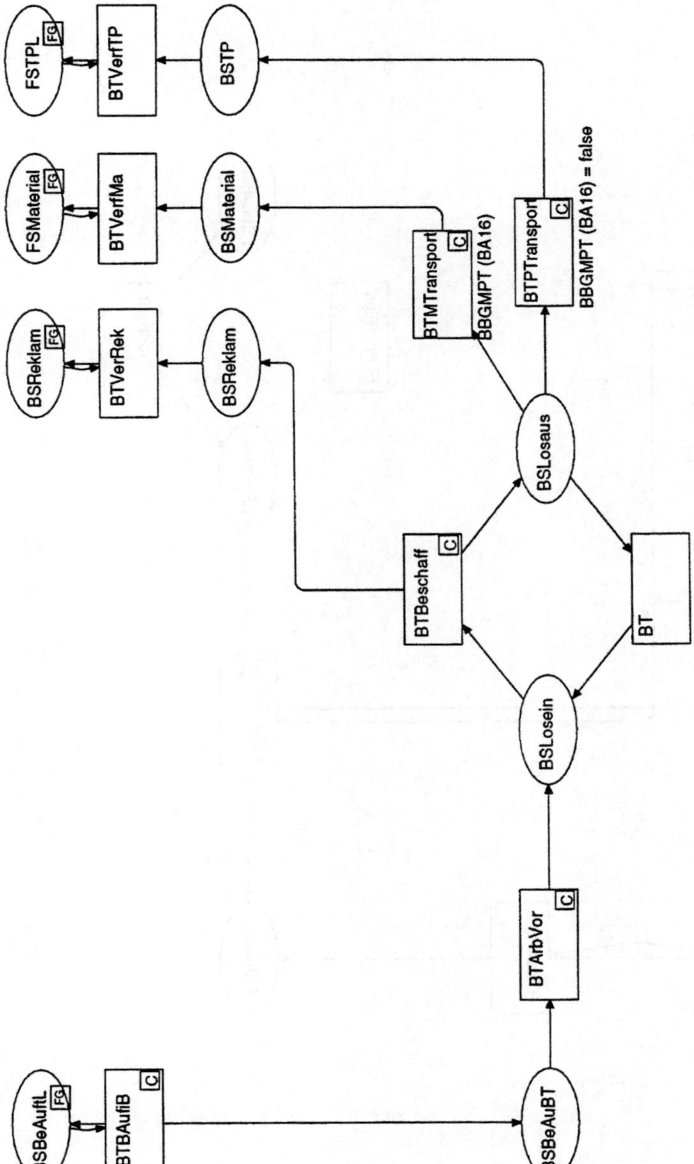

3.3. Produktionsplanung

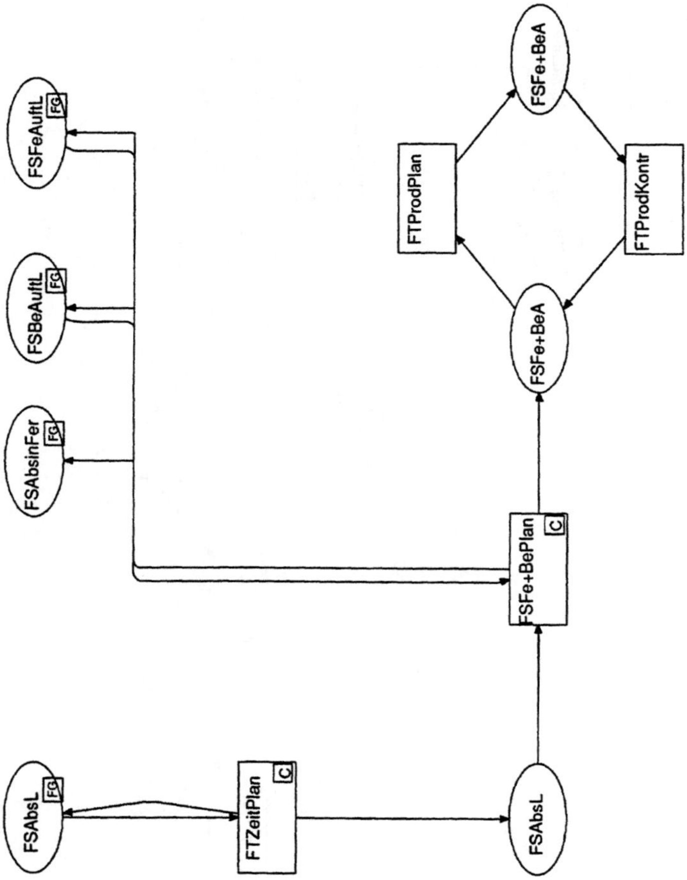

3.4. Teilproduktfertigung

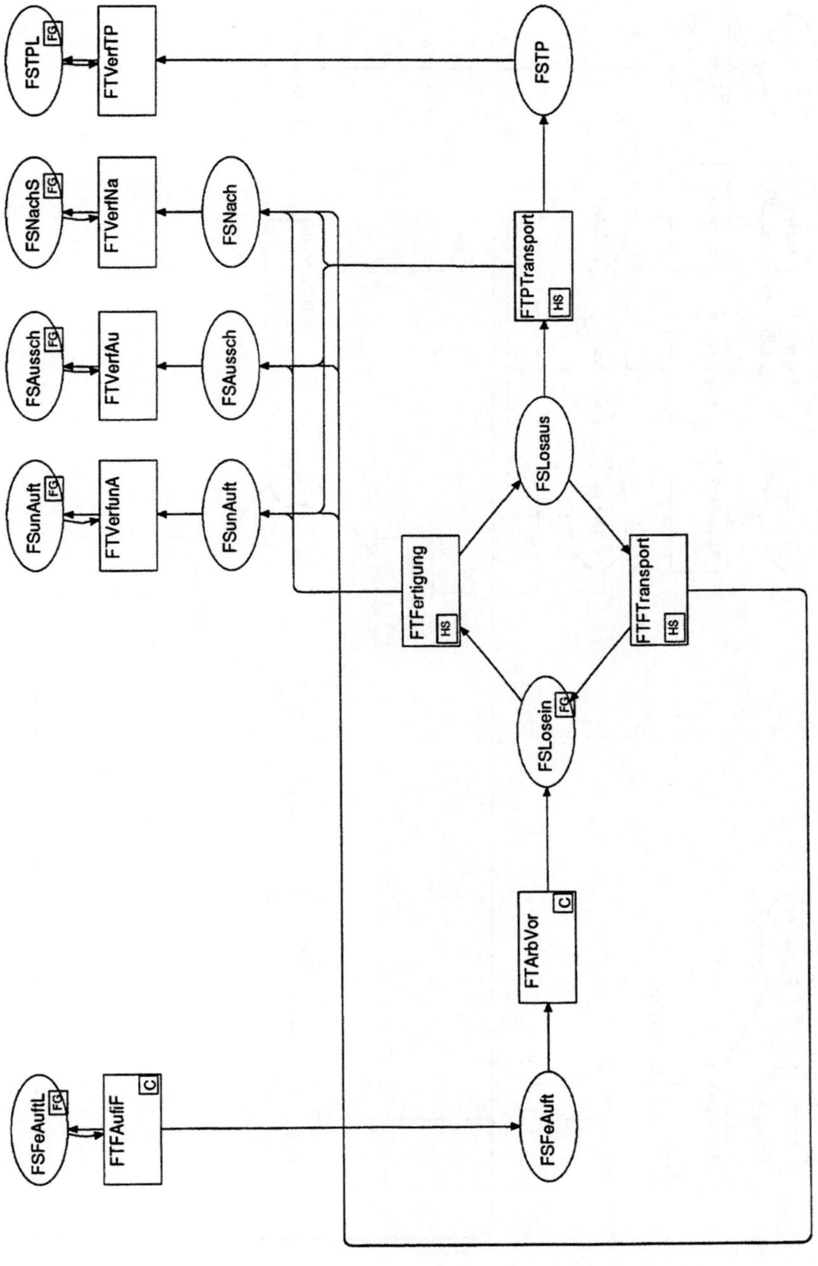

3.5. Montage

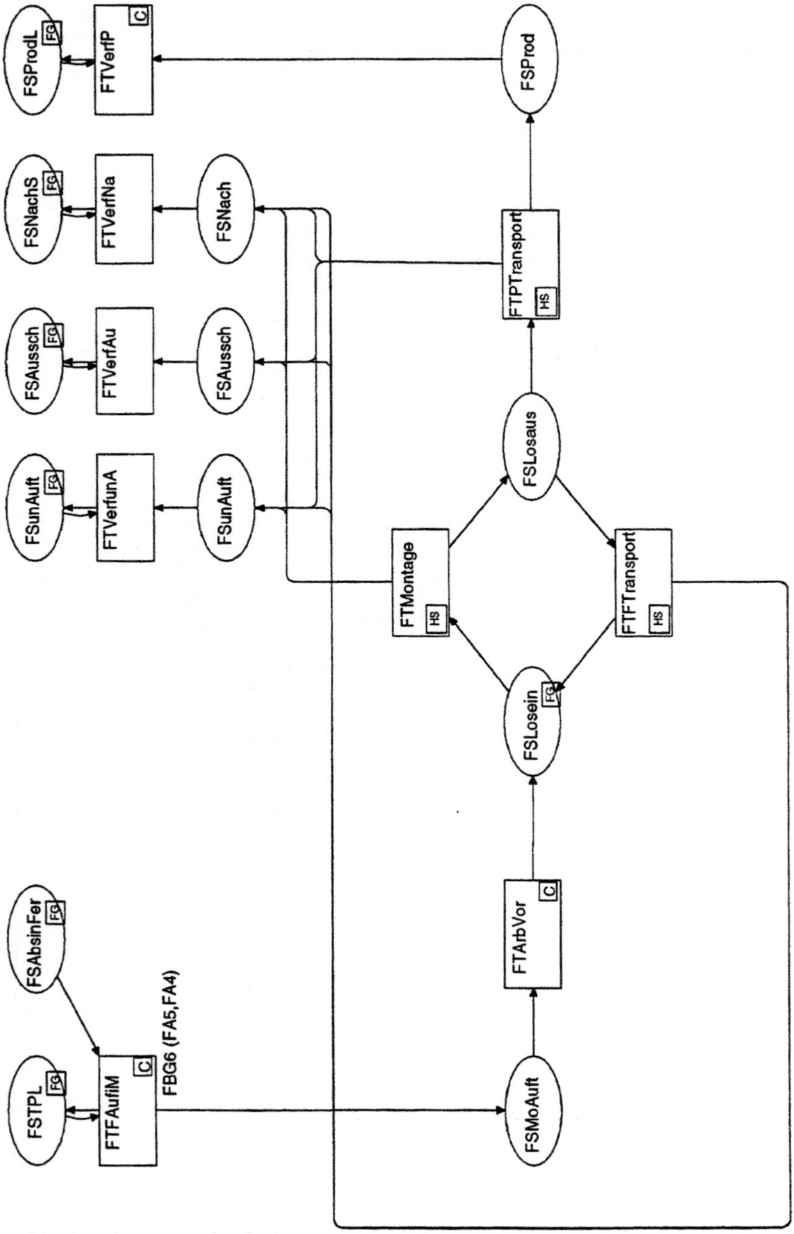
FSProdL
FG
FTVerfP
C
FSProd
FSNachS
FG
FTVerfNa
FSNach
FTPTransport
HS
FSAussch
FG
FTVerfAu
FSAussch
FSunAuft
FG
FTVerfunA
FSunAuft
FSLosaus
FTMontage
HS
FTFTransport
HS
FSLosein
FG
FTArbVor
C
FSAbsinFer
FG
FSTPL
FG
FTFAufiM
C
FBG6 (FA5,FA4)
FSMoAuft

3.6. Ressourcenzuteilung und Fertigung/Montage I

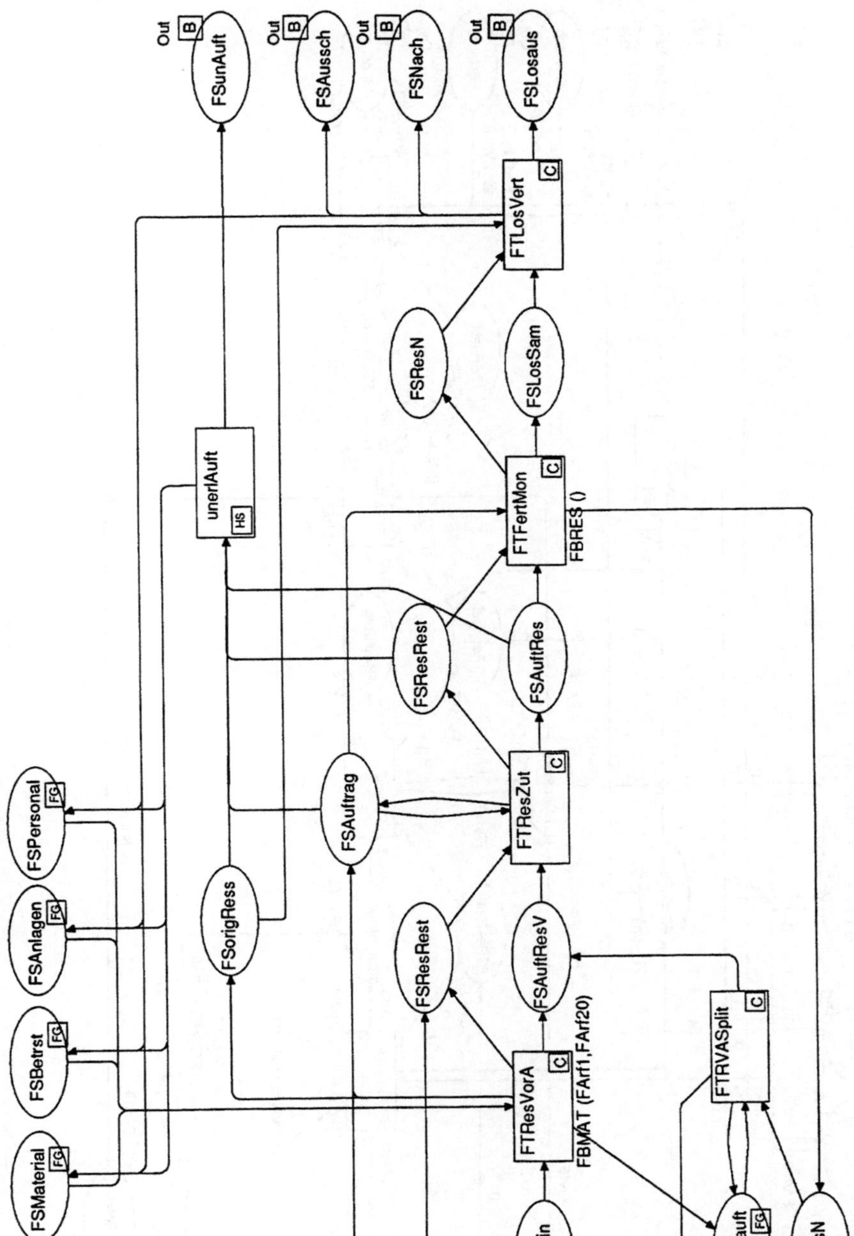

3.7. Ressourcenzuteilung und Fertigung/Montage II

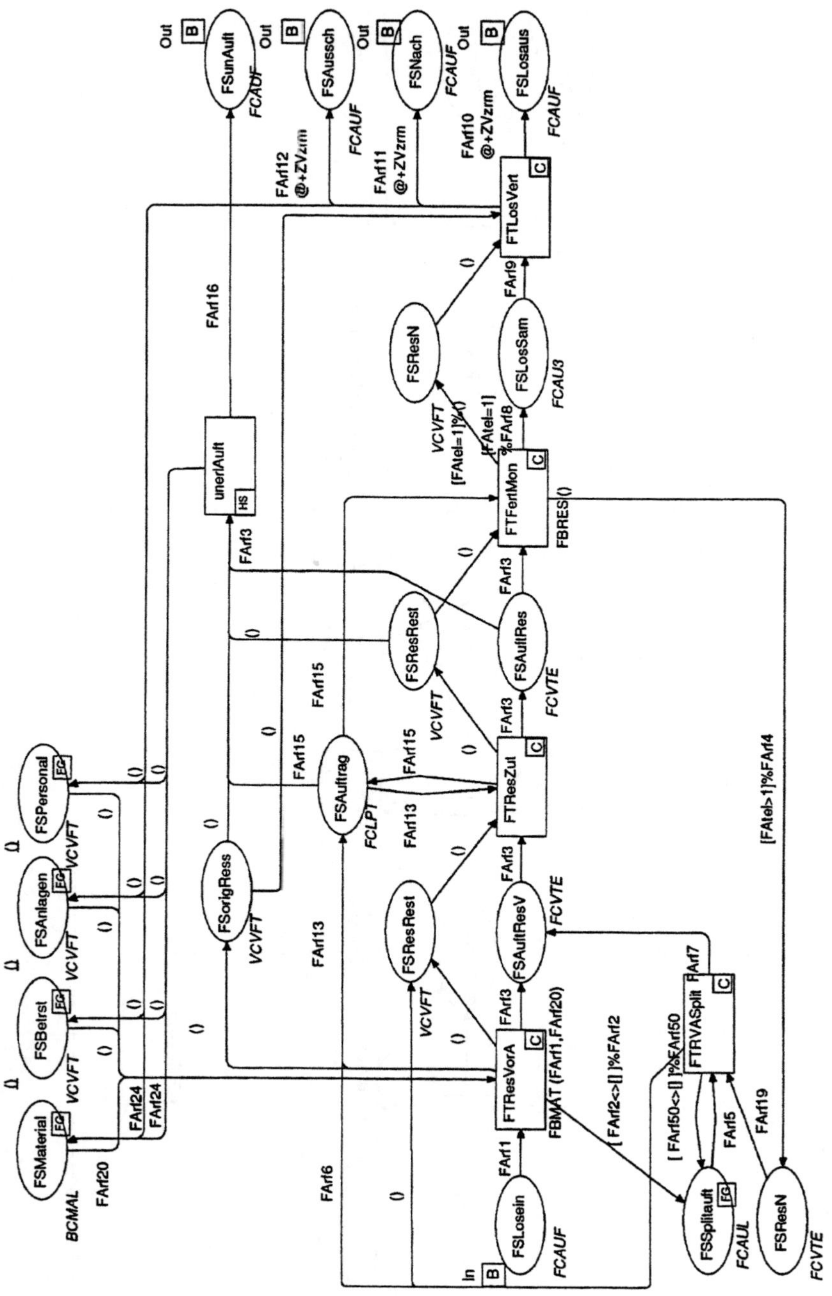

3.8. Ressourcenzuteilung und Fertigung/Montage III

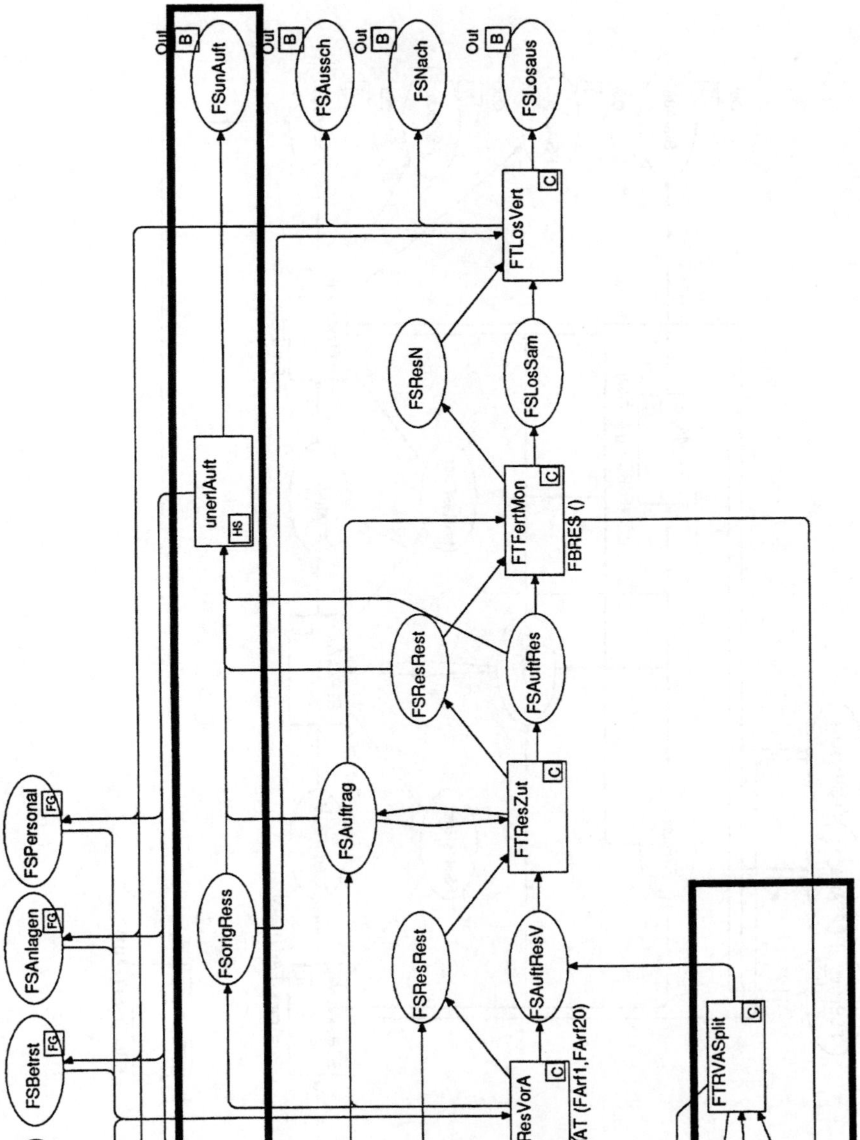

3.9. Ressourcenzuteilung und Transport

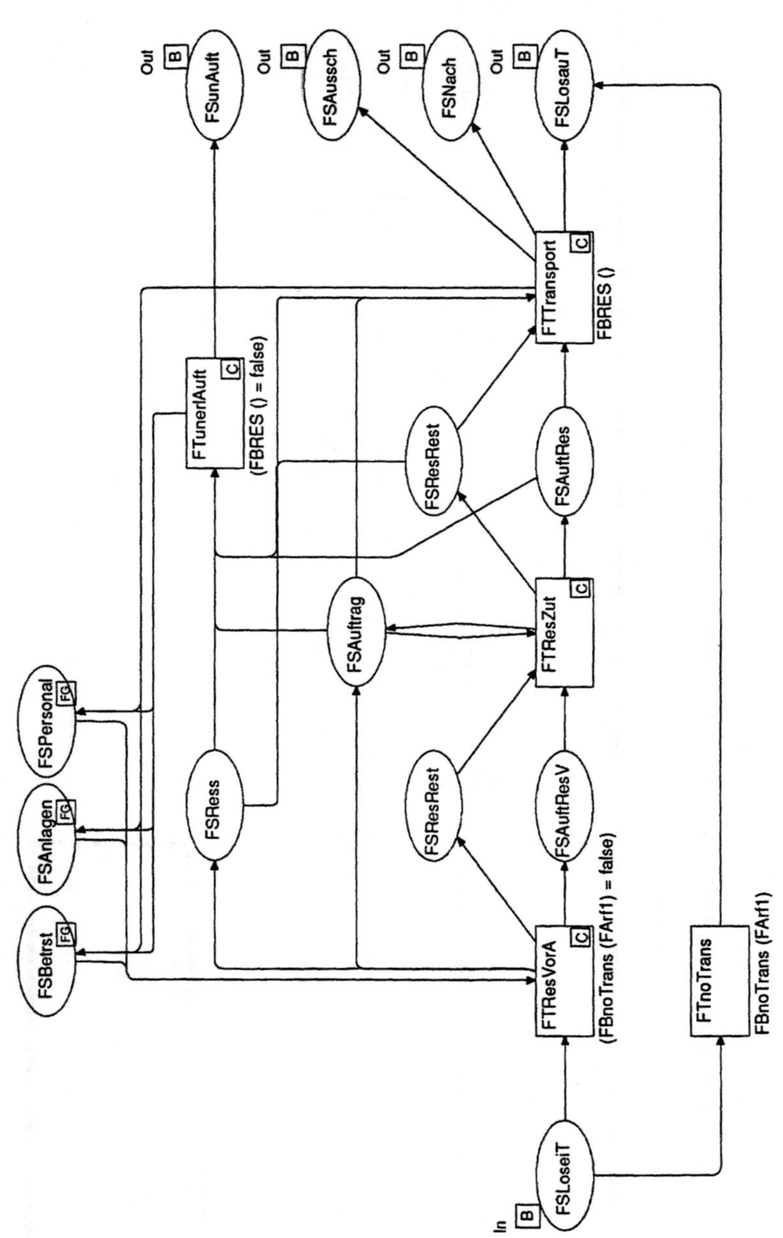

4. Analysegrundlagen

4.1. Fertigung-alt, 2 Aufträge

Prozeßverlaufsliste Auftrag "2A" Produkt "P37402"			
Beginn [Min]	Ende [Min]	Aktivität	Zeitdauer [Min]
137449	137449	"Fert.stufe:12SP:1"	0
137449	137449	"Liegezeit"	0
137220	137449	"Fert.stufe:11SP:4"	229
136738	137220	"Liegezeit"	482
135780	136738	"Fert.stufe:11SP:3"	958
135298	135780	"Liegezeit"	482
134340	135298	"Fert.stufe:11SP:2"	958
133672	134340	"Liegezeit"	668
133642	133672	"Fert.stufe:11SP:1"	30
133642	133642	"Liegezeit"	0
133192	133642	"TLZ-Liegezeit Fert.stufe:10"	450
133162	133192	"Transport Fert.stufe:10"	30
133162	133162	"Liegezeit"	0
133007	133162	"Fert.stufe:10SP:1"	155
133007	133007	"Liegezeit"	0
132077	133007	"TLZ-Liegezeit Fert.stufe:9"	930
132047	132077	"Transport Fert.stufe:9"	30
132047	132047	"Liegezeit"	0
131460	132047	"Fert.stufe:9SP:3"	587
128098	131460	"Liegezeit"	3362
127140	128098	"Fert.stufe:9SP:2"	958
125710	127140	"Liegezeit"	1430
125700	125710	"Fert.stufe:9SP:1"	10
125220	125700	"Liegezeit"	480
124290	125220	"TLZ-Liegezeit Fert.stufe:8"	930
124260	124290	"Transport Fert.stufe:8"	30
123780	124260	"Liegezeit"	480
122820	123780	"Fert.stufe:8SP:1"	960
122245	122820	"Liegezeit"	575
121795	122245	"TLZ-Liegezeit Fert.stufe:7"	450
121765	121795	"Transport Fert.stufe:7"	30
121765	121765	"Liegezeit"	0
121380	121765	"Fert.stufe:7SP:6"	385

Fortsetzung Auftrag "2A" Produkt "P37402"			
Beginn [Min]	Ende [Min]	Aktivität	Zeitdauer [Min]
117995	121380	"Liegezeit"	3385
117060	117995	"Fert.stufe:7SP:5"	935
116555	117060	"Liegezeit"	505
115620	116555	"Fert.stufe:7SP:4"	935
115115	115620	"Liegezeit"	505
114180	115115	"Fert.stufe:7SP:3"	935
113675	114180	"Liegezeit"	505
112740	113675	"Fert.stufe:7SP:2"	935
111340	112740	"Liegezeit"	1400
111300	111340	"Fert.stufe:7SP:1"	40
108120	111300	"Liegezeit"	3180
107670	108120	"TLZ-Liegezeit Fert.stufe:6"	450
107640	107670	"Transport Fert.stufe:6"	30
107640	107640	"Liegezeit"	0
106980	107640	"Fert.stufe:6SP:6"	660
106500	106980	"Liegezeit"	480
105540	106500	"Fert.stufe:6SP:5"	960
105060	105540	"Liegezeit"	480
104100	105060	"Fert.stufe:6SP:4"	960
103620	104100	"Liegezeit"	480
102660	103620	"Fert.stufe:6SP:3"	960
102180	102660	"Liegezeit"	480
101220	102180	"Fert.stufe:6SP:2"	960
96980	101220	"Liegezeit"	4240
96900	96980	"Fert.stufe:6SP:1"	80
96586	96900	"Liegezeit"	314
96136	96586	"TLZ-Liegezeit Fert.stufe:5"	450
96106	96136	"Transport Fert.stufe:5"	30
96106	96106	"Liegezeit"	0
95460	96106	"Fert.stufe:5SP:4"	646
94972	95460	"Liegezeit"	488
94020	94972	"Fert.stufe:5SP:3"	952
93532	94020	"Liegezeit"	488
92580	93532	"Fert.stufe:5SP:2"	952
91200	92580	"Liegezeit"	1380

Fortsetzung Auftrag "2A" Produkt "P37402"			
Beginn [Min]	Ende [Min]	Aktivität	Zeitdauer [Min]
91140	91200	"Fert.stufe:5SP:1"	60
87799	91140	"Liegezeit"	3341
87349	87799	"TLZ-Liegezeit Fert.stufe:4"	450
87319	87349	"Transport Fert.stufe:4"	30
87319	87319	"Liegezeit"	0
86820	87319	"Fert.stufe:4SP:13"	499
86307	86820	"Liegezeit"	513
85380	86307	"Fert.stufe:4SP:12"	927
84867	85380	"Liegezeit"	513
83940	84867	"Fert.stufe:4SP:11"	927
83427	83940	"Liegezeit"	513
82500	83427	"Fert.stufe:4SP:10"	927
81987	82500	"Liegezeit"	513
81060	81987	"Fert.stufe:4SP:9"	927
77667	81060	"Liegezeit"	3393
76740	77667	"Fert.stufe:4SP:8"	927
76227	76740	"Liegezeit"	513
75300	76227	"Fert.stufe:4SP:7"	927
74787	75300	"Liegezeit"	513
73860	74787	"Fert.stufe:4SP:6"	927
73347	73860	"Liegezeit"	513
72420	73347	"Fert.stufe:4SP:5"	927
71907	72420	"Liegezeit"	513
70980	71907	"Fert.stufe:4SP:4"	927
67587	70980	"Liegezeit"	3393
66660	67587	"Fert.stufe:4SP:3"	927
66147	66660	"Liegezeit"	513
65220	66147	"Fert.stufe:4SP:2"	927
63900	65220	"Liegezeit"	1320
63780	63900	"Fert.stufe:4SP:1"	120
63660	63780	"Liegezeit"	120
63210	63660	"TLZ-Liegezeit Fert.stufe:3"	450
63180	63210	"Transport Fert.stufe:3"	30
63180	63180	"Liegezeit"	0
62340	63180	"Fert.stufe:3SP:3"	840

Fortsetzung Auftrag "2A" Produkt "P37402"			
Beginn [Min]	Ende [Min]	Aktivität	Zeitdauer [Min]
61860	62340	"Liegezeit"	480
60900	61860	"Fert.stufe:3SP:2"	960
56710	60900	"Liegezeit"	4190
56650	56710	"Fert.stufe:3SP:1"	60
56650	56650	"Liegezeit"	0
55720	56650	"TLZ-Liegezeit Fert.stufe:2"	930
55690	55720	"Transport Fert.stufe:2"	30
55690	55690	"Liegezeit"	0
55140	55690	"Fert.stufe:2SP:1"	550
55095	55140	"Liegezeit"	45
54165	55095	"TLZ-Liegezeit Fert.stufe:1"	930
54135	54165	"Transport Fert.stufe:1"	30
54135	54135	"Liegezeit"	0
54085	54135	"Fert.stufe:1SP:1"	50
54085	54085	"Liegezeit"	0
54085	54085	"Beginn Montage"	0

Prozeßverlaufsliste Auftrag "2ATP3" Teilprodukt "TP33887"			
Beginn [Min]	Ende [Min]	Aktivität	Zeitdauer [Min]
54085	54085	"Ende TP-Fertigung"	0
42180	42180	"Fert.stufe:4SP:1"	0
42076	42180	"Liegezeit"	104
41626	42076	"TLZ-Liegezeit Fert.stufe:3"	450
41596	41626	"Transport Fert.stufe:3"	30
41596	41596	"Liegezeit"	0
41136	41596	"Fert.stufe:3SP:1"	460
35551	41136	"Liegezeit"	5585
35101	35551	"TLZ-Liegezeit Fert.stufe:2"	450
35071	35101	"Transport Fert.stufe:2"	30
35071	35071	"Liegezeit"	0
34980	35071	"Fert.stufe:2SP:3"	91
34830	34980	"Liegezeit"	150
33871	34830	"Fert.stufe:2SP:2"	959
33871	33871	"Liegezeit"	0
33631	33871	"Fert.stufe:2SP:1"	240
1715	33631	"Liegezeit"	31916
1265	1715	"TLZ-Liegezeit Fert.stufe:1"	450
1235	1265	"Transport Fert.stufe:1"	30
1235	1235	"Liegezeit"	0
955	1235	"Fert.stufe:1SP:1"	280
0	955	"Liegezeit"	955
0	0	"BeginnTP-Fertigung"	0

Belegtzeitliste Anlage ("590","112"),CNC-Bearbeitungszentrum			
Beginn [Min]	Ende [Min]	Aktivität	Zeitdauer [Min]
0	0	"BRACHZEIT"	0
955	1170	"1&2ATP1FWS2"	215
1180	1420	"1&2ATP4FWS2"	240
1860	2750	"2&2ATP1FWS2"	890
3300	4190	"3&2ATP1FWS2"	890
4740	5630	"4&2ATP1FWS2"	890
6180	7070	"5&2ATP1FWS2"	890
10080	10080	"BRACHZEIT"	0
10080	10080	"BRACHZEIT"	0
10500	11390	"6&2ATP1FWS2"	890
11940	12830	"7&2ATP1FWS2"	890
13380	14270	"8&2ATP1FWS2"	890
14820	15710	"9&2ATP1FWS2"	890
16260	17150	"10&2ATP1FWS2"	890
20160	20160	"BRACHZEIT"	0
20160	20160	"BRACHZEIT"	0
20580	21470	"11&2ATP1FWS2"	890
22020	22910	"12&2ATP1FWS2"	890
23460	24350	"13&2ATP1FWS2"	890
24900	25790	"14&2ATP1FWS2"	890
26340	27230	"15&2ATP1FWS2"	890
30240	30240	"BRACHZEIT"	0
30240	30240	"BRACHZEIT"	0
30660	31550	"16&2ATP1FWS2"	890
32100	33059	"2&2ATP4FWS2"	959
33540	33631	"3&2ATP4FWS2"	91
33631	33871	"1&2ATP3FWS2"	240
33871	34830	"2&2ATP3FWS2"	959
34980	35071	"3&2ATP3FWS2"	91
40320	40320	"BRACHZEIT"	0

4.2. Fertigung-RFS

Prozeßverlaufliste Auftrag "2ATP1" Teilprodukt "TP33818"			
Beginn [Min]	Ende [Min]	Aktivität	Zeitdauer [Min]
43075	43075	"Ende TP-Fertigung"	0
41490	41490	"Fert.stufe:4SP:1"	0
41490	41490	"Liegezeit"	0
40740	41490	"Fert.stufe:3SP:1"	750
37220	40740	"Liegezeit"	3520
35330	37220	"TLZ-Liegezeit Fert.stufe:2"	1890
35300	35330	"Transport Fert.stufe:2"	30
35300	35300	"Liegezeit"	0
34980	35300	"Fert.stufe:2SP:10"	320
34499	34980	"Liegezeit"	481
33540	34499	"Fert.stufe:2SP:9"	959
33059	33540	"Liegezeit"	481
32100	33059	"Fert.stufe:2SP:8"	959
31619	32100	"Liegezeit"	481
30660	31619	"Fert.stufe:2SP:7"	959
27299	30660	"Liegezeit"	3361
26340	27299	"Fert.stufe:2SP:6"	959
25859	26340	"Liegezeit"	481
24900	25859	"Fert.stufe:2SP:5"	959
24419	24900	"Liegezeit"	481
23460	24419	"Fert.stufe:2SP:4"	959
22979	23460	"Liegezeit"	481
22020	22979	"Fert.stufe:2SP:3"	959
21539	22020	"Liegezeit"	481
20580	21539	"Fert.stufe:2SP:2"	959
571	20580	"Liegezeit"	20009
571	571	"Fert.stufe:2SP:1"	0
571	571	"Liegezeit"	0
521	571	"Fert.stufe:1SP:1"	50
0	521	"Liegezeit"	521
0	0	"BeginnTP-Fertigung"	0

5. Maschinenstundensatzermittlung bei PRODU

Maschinenstundensatz-Ermittlung
Stand: 01.01.19xx

Kostenstelle	301	Belegungsgruppe	481
Benennung	RFS3	Inventar-Nummer	
Hersteller		Anschaffungsjahr	19xx
Typ		Nennleistung kW	9,00
Raumbedarf Grundfläche	158,00 qm	Gewicht	

Grundpreis	1790000,00 DM	Arbeitsstunden/Tag	24,00
Zubehör	480000,00 DM	FKT/Jahr	240,00
Installation	80000,00 DM	Zeitgrad	1,00
Sonstiges	0,00 DM	Nutzungsfaktor	0,80
Gesamt-Investition	2350000,00 DM	Soll-Laufstunden	4608,00

Kostenarten	Grundlagen	DM/h	Anteil (DM/h) fix	var
Kalk. Abschreibung	5,00 Jahre	102,00	102,00	0,00
Kalk. Zinsen	6,00 %	15,30	15,30	0,00
Instandhaltung	2,00 %	10,20	2,04	8,16
Raum-/Klimakosten	411,65 DM/qm	14,11	14,11	0,00
Stromkosten (eta=0,2)	0,24 DM/kWh	0,43	0,22	0,22
Wasserkosten	0,00 DM/cbm	0,00	0,00	0,00
Gask oder Sonst	0,00 DM/cbm	0,00	0,00	0,00
Werkzeugkosten	0,00 DM/Std	0,00	0,00	0,00
Hilfs- u. Betr.st.	0,00 DM/Std	0,00	0,00	0,00
Summe 1		142,04	133,67	8,38
Schichtzulage	15,00 %			
Lohn	25,20 DM/h	28,98	0,00	28,98
Lohnnebenkosten	84,40 %	24,46	0,00	24,46
Summe 2		53,44	0,00	53,44
Restfert.-GK.		28,38	0,00	0,00
Summe 1 + 2 + RFGK		223,86	133,67	61,81
gewählter MSTS		**223,86**		
Anteil fix/var in % vom MSTS			59,71	27,61

Bemerkungen:
3. mannarme Schicht für RFS 3 berücksichtigt
Raumkosten inclusive Klimazuschlag

6. Software und Hardware-Voraussetzungen

Softwareprodukt zur Darstellung und Simulation von Petri-Netzen:
Design/CPN
Hersteller: Meta Software Corporation, Cambridge, USA
Systemvoraussetzungen:
Sun-4 (SPARC),
UNIX v.4.3, X-Windows v11 (rel.4), SUN OS 4.1 oder höher,
16 MB Hauptspeicher
Apple Macintosh Plus, SE, Macintosh II, Quadra,
20 MB Hauptspeicher

7. Verzeichnis der Abbildungen

8. Verzeichnis der Tabellen

9. Verzeichnis der Abkürzungen

ADV	Automatisierte Datenverarbeitung
BDE	Betriebsdatenerfassung
bzw.	beziehungsweise
ca.	circa
CAD	Computer Aided Design
CAM	Computer Aided Manufacturing
CAP	Computer Aided Planning
CIM	Computer Integrated Manufacturing
CNC	Computerized Numerical Controlled
CPN	Design/CPN (eingesetzte Software)
d.h.	das heißt
DNC	Direct Numerical Controlled
etc.	et cetera
FFS	Flexibles Fertigungssystem
FMS	Flexible Manufacturing System
i.e.S.	im engeren Sinn
NC	Numerical Control
PPS	Produktionsplanungs- und -steuerungssystem
RFS	Rechnerunterstützes Fertigungssystem
u.a.	unter anderem
usw.	und so weiter
z.B.	zum Beispiel

XI. Literaturverzeichnis

Alioth, Andreas	[Technik] Technik - kein Sachzwang; in: Duell, Werner; Frei, Felix (Hrsg.); Arbeit gestalten - Mitarbeiter beteiligen, Eine Heuristik qualifizierender Arbeitsgestaltung; Schriftenreihe "Humanisierung des Arbeitslebens"; Band 77; Frankfurt, New York; Campus; 1986
An, Ung	[Aktivitätspfeilnetzwerke] Aktivitätspfeilnetzwerke als Weiterentwicklung aktivitätsanalytischer Produktionsnetzwerke; Dissertation Universität Frankfurt; 1990
Baccelli, Francois; Makowski, Armand M.	[Models] Queueing Models for Systems with Synchronization Constraints; in: Ho, Yu-Chi (Hrsg.); Discrete Event Dynamic Systems, Analysing Complexity and Performance in the modern World; New York; IEEE Press; 1992; S. 136-158
Bamberg, Günter; Coenenberg, Adolf Gerhard	[Entscheidungslehre] Betriebswirtschaftliche Entscheidungslehre; WiSo-Kurzlehrbücher Reihe Betriebswirtschaft; 6. Auflage; München; Vahlen; 1991
Bamberg, Ingolf	[Lager] Lager und Lagerhaltung; in: Grochla, Erwin; Wittmann, Waldemar (Hrsg.); Handwörterbuch der Betriebswirtschaft; Band 2; 4. Auflage; Stuttgart; Poeschel; 1975; Sp. 2423-2443
Baumgarten, Bernd	[Petri-Netze] Petri-Netze, Grundlagen und Anwendungen; Mannheim, Wien, Zürich; BI-Wissenschaftsverlag; 1990
Baumgarten, R.	[Maslow] Das Maslow-Konzept: Wunschbild oder Wirklichkeit?; In: Zeitschrift für Organisation ZfO, Heft 2, 1975, S. 72 - 78
Bechmann, Arnim	[Nutzwertanalyse] Nutzwertanalyse, Bewertungstheorie und Planung; Stuttgart; 1978
Bleicher, Kurt	[Organisation] Organisation, Formen und Modelle; Wiesbaden; Gabler; 1981
Boctor, F.F.	[Heuristics] Heuristics for scheduling projects with resource restrictions and several resource-duration modes; in: International Journal Production Research; Jg. 31; No. 11; 1993; S. 2547 - 2558
Bösenberg, Dirk; Metzen, Heinz	[Lean Management] Lean Management, Vorsprung durch schlanke Konzepte; Landsberg/Lech; Moderne Industrie; 1992

Brause, Rüdiger	[Netze] Neuronale Netze, Eine Einführung in die Neuroinformatik; Stuttgart; Teubner; 1991
Brenneke, Rudolf; Schuster, Günter	[Physik] Physik, Mittelstufe; 3. Auflage; Düsseldorf, Kiel, Braunschweig; Bagel, Hirt, Vieweg; 1972
Brödner, Peter	[Fabrik] Fabrik 2000 - Alternative Entwicklungspfade in die Zukunft der Fabrik; Berlin; Edition Sigma Bohn; 1985
Brödner, Peter	[Personalentwicklung] Personalentwicklung im Umbruch der Fabrikentwicklung; in: Produktionsforum '88, Die CIM-fähige Fabrik, Zukunftssichernde Planung und erfolgreiche Praxisbeispiele; 8. IAO-Arbeitstagung; hrsg. von Bullinger, H.-J.; IPA-IAO Forschung und Praxis; Warnecke, H.J. und Bullinger, H.-J. (Hrsg.); Band 9; Stuttgart 1988
Comelli, Gerhard	[Training] Training als Beitrag zur Organisationsentwicklung; Handbuch der Weiterbildung für die Praxis in Wirtschaft und Verwaltung, Band 4; München u.a.; Hanser; 1985
Dauber, Rainer	[Fertigungssysteme] Flexible Fertigungssysteme - werden die Erwartungen der Praxis erfüllt? Ein Erfahrungsbereicht der Steyr Daimler Puch AG; in: Wildemann, Horst (Hrsg.); Einführungsstrategien für neue Technologien; 3. Fertigungswirtschaftliches Kolloquium der Universität Passau; Band 1; München; gfmt; 1989; S.341-359
Dederichs, Jürgen	[Basismodul] Ein computergestütztes Basismodul kollektiver strategischer Controllingsysteme; Bergisch Gladbach; Eul; 1993; zugleich Dissertation Universität/GHS Wuppertal; 1993
Degenhardt, Ulrich	[Auswirkungen] Planung und Steuerung indirekter Bereiche, Auswirkungen neuer Technologien auf die indirekten Bereiche der Produktion; in: Hackstein Rolf (Hrsg.); Einsatz Neuer Technologien aus arbeits- und betriebsorganisatorischer Sicht, Fortschritte und Hemmnisse; (Aachener Rationalisierungs-Kongress 21./22. Oktober 1987); Köln; TÜV Rheinland; 1987
Delfmann, Werner	[Netzwerkprinzip] Das Netzwerkprinzip als Grundlage integrierter Unternehmensführung; in: Delfmann, Werner (Hrsg.); Der Integrationsgedanke in der Betriebswirtschaftslehre; Wiesbaden; Gabler; 1989
Dinkelbach, Werner	[Entscheidungsmodelle] Entscheidungsmodelle; Berlin u.a.; W. de Gruyter; 1982

Durchholz, Reiner; Richter, Gernot
[Stellen]
Stellen und Orte in kompositionellen Datenstrukturen; in: Informatik, Forschung und Entwicklung; Band 8; Heft 3; 1993; S. 120 -127

Ebel, Bernd
[Erfolgsfaktor]
Erfolgsfaktor Kundennutzen: Die Logistik-Strategie MODULO bei Berger Lahr; in: Wildemann, Horst (Hrsg.); Kundennahe Produktion und Zulieferung durch Just-In-Time; 9. Just-In-Time Tagungsbericht; Sindelfingen 1990; München; gfmt; 1990; S. 635-662

Eberlein, Edelgard
[Kompetent]
Kompetent und wirtschaftlich; in: Business Computing; 11/1993; S. 92-94

Elbracht, Dietrich; Pfeiffer, Günter; Plim, Walter
[Fließliniensystem]
Das flexible Fließliniensystem in der Fabrik der Zukunft; in: Wildemann, Horst (Hrsg.); Fahrerlose Transportsysteme (FTS), Konzepte und Fallbeispiele zur Ver- und Entsorgung der Produktion; München; gfmt; o.J.; 72ff

Faßnacht, Karl
[Ziel]
Ziel-Mittel-Schema und Planung; in: Szyperski, Norbert (Hrsg.); Handwörterbuch der Planung; 1989; Sp. 2296-2301

Federmann, Rudolf
[Betriebswirtschaftslehre]
Allgemeine Betriebswirtschaftslehre - Grundlagen in visueller Form; Wiesbaden; Gabler; 1975

Feldbrugge, F. Jensen, K.
[Tools]
Computer Tools for High-level Petri Nets; in: Jensen, Kurt; Rozenberg, Grzegorz; High-level Petri Nets, Theory and Applications; Berlin u.a.; Springer; 1991

Ferstl, Otto K.; Sinz, Elmar J.
[Geschäftsprozeßmodellierung]
Geschäftsprozeßmodellierung; in: Wirtschaftsinformatik; Jg. 35; Heft 6; Dezember 1993; S. 589-592

Fischbach, D.; Nullmeier, E.
[Nutzen]
Nutzen von Arbeitsanalyseverfahren in Abhängigkeit von der theoretischen Konzeption; in: Dürholt, Eva u.a.; Qualitative Arbeitsanalyse, Neue Verfahren zur Beurteilung von Tätigkeiten; Schriftenreihe "Humanisierung des Arbeitslebens"; Band 36; Frankfurt,New York; Campus; 1983; S. 59-77

Fischer, B.
[Werkzeug]
Ein Werkzeug zur auftragsbezogenen Generierung von Fuzzy-Petri-Netz-Modellen einer Fertigungssteuerung; in: VDI-Berichte 1035 Fuzzy: Mehr Flexibilität in der Produktionslogistik; Düsseldorf; VDI; 1993

Franz, Klaus-Peter	[Prozeßkostenrechnung] Die Prozeßkostenrechnung im Vergleich mit der Grenzplankostenrechnung und Deckungsbeitragsrechnung; in: Horvath, Peter (Hrsg.); Strategieunterstützung durch das Controlling: Revolution im Rechnungswesen; Stuttgart; Poeschel; 1990; S. 195-210.
Frese, Erich	[Grundlagen] Grundlagen der Organisation. Die Organisationsstruktur der Unternehmung; Wiesbaden; 1980
Frese, Herbert	[Mitarbeiterführung] Mitarbeiterführung; 6. Auflage; Würzburg; Vogel; 1992
Friedrichs, Jürgen	[Methoden] Methoden empirischer Sozialforschung; 13. Auflage; Opladen; Westdeutscher Verlag; 1980
Gälweiler, Aloys	[Unternehmenssicherung] Unternehmenssicherung und strategische Planung; in: ZfbF; 1976; Jg. 28; S. 362-379
Gälweiler, Aloys	[Unternehmensplanung] Unternehmensplanung, Grundlagen und Praxis; Neuausgabe bearbeitet und ergänzt von Markus Schwaninger; Frankfurt, New York; Campus; 1986
Gälweiler, Aloys	[Determinanten] Determinanten des Zeithorizontes in der Unternehmungsplanung; in: angewandte Planung 1, 1977, pp. 95-106; wieder abgedruckt in: Hahn, Dietger; Taylor, Bernard (Hrsg.); Strategische Unternehmungsplanung: Stand und Entwicklungstendenzen; 4. Auflage; Heidelberg, u.a.; Physica; 1986; S. 209- 226
Gaitanides, Michael	[Arbeitsorganisation] Industrielle Arbeitsorganisation und technische Entwicklung, Produktionstechnische Möglichkeiten qualitativer Verbesserungen der Arbeitsbedingungen; Schriftenreihe Mensch und Organisation; Band 1; hrsgg. von Wolfgang H. Staehle; Berlin, New York; de Gruyter; 1976
Gaitanides, Michael	[Prozeßorganisation] Prozeßorganisation; Entwicklung, Ansätze und Programme prozeßorientierter Organisationsgestaltung; München; Vahlen; 1983
Gebhardt, Friedrich	[Interessantheit] Interessantheit als Kriterium für die Bewertung von Ergebnissen; in: Informatik - Forschung und Entwicklung; Jg. 9, 1994; S. 9 - 21

Genrich, Hartmann J.; Lautenbach, K.; Thiagarajan, P.S.	[Elements] Elements of General Net Theory; in: Brauer, Wilfried (Hrsg.); Net Theory and Applications; Proceedings of the Advanced Course on General Net Theory of Processes and Systems, Hamburg, October 8-19, 1979; Berlin u.a.; Springer; 1980; S. 21-163
Genrich, Hartmann J.; Shapiro, Robert M.	[Editor] A diagramm editor for line drawings with inscriptions; in: Pagnoni, Anastasia; Rozenberg, Grzegorz (Hrsg.); Applications and Theory of Petri Nets; Berlin u.a.; Springer; 1983; S. 112-131
Genrich, Hartmann J.	[Dictionary] A Dictionary of some basic Notions of the Net Theory; in: Brauer, Wilfried (Hrsg.); Net Theory and Applications; Proceedings of the Advanced Course on General Net Theory of Processes and Systems, Hamburg, October 8-19, 1979; Berlin u.a.; Springer; 1980; S.519-531
Genrich, Hartmann J.	[Transformations] Equivalence Transformations of PrT-Nets; in: Jensen, Kurt Rozenberg, Grzegorz; High-level Petri Nets, Theory and Applications; Berlin u.a. Springer; 1991
Genrich, Hartmann J.	[PrT Nets] Predicate/Transition Nets; in: Brauer, W., Reisig, W.; Rozenberg, G. (Hrsg.); Petri Nets: Central Models and Their Properties; Advances in Petri Nets 1986, Part I; Berlin u.a.; Springer; 1987; S. 207-247
Genrich, Hartmann J.	[Kalkül] Ein Kalkül des Planens und Handelns; in: Petri, Carl Adam (Hrsg.); Ansätze zur Organisationstheorie rechnergestützter Informationssysteme; München, Wien; Oldenbourg; 1979; S. 77-92
Genrich, Hartmann J.	[Handlungslogik] Ein systemtheoretischer Beitrag zur Handlungslogik; Interner Bericht 03/75-4-17 der Gesellschaft für Mathematik und Datenverarbeitung (GMD); St. Augustin; 1975; auch erschienen in: Lenk, Hans (Hrsg.); Handlungstheorien interdisziplinär I, Handlungslogik, formale und sprachwissenschaftliche Handlungstheorien; München; Fink; 1980; S. 107-136.
Gerwin, Donald	[Flexibility] Manufacturing Flexibility: A Strategic Perspective; in: Management Science; Jg. 39; Nr. 4; April 1993; S. 395-410

Geschka, H.; Hammer, R.	[Szenario-Technik] Die Szenario-Technik in der strategischen Unternehmungsplanung; in: Hahn, Dietger; Taylor, Bernard; Strategische Unternehmungsplanung - Stand und Entwicklungstendenzen; 4. Auflage; Heidelberg, Wien; Physica; 1986; S. 238-263
Gesellschaft für Informatik (GI)	[Newsletter 41] Petri Net Newsletter 41, Special Volume: Petri Net Tools Overview 92; Bonn; 1992
Gomez, Peter; Probst, Gilbert J.B.	[Denken] Vernetztes Denken im Management; Eine Methodik des ganzheitlichen Problemlösens; Bern; Schweizerische Volksbank; 1987
Graumann, Mathias	[Anwendung] Die Anwendung neuerer Entwicklungen in Produktion und Logistik bei deutschen Herstellern von Personenkraftwagen 1981-1990; ZfB; 63. Jg.; 1993; S.443-470
Grochla, Erwin	[Ansätze] Ansätze der allgemeinen Organisationstheorie und deren Bedeutung für die Entwicklung einer speziellen Organisationstheorie rechnergestützter Informationssysteme; in: Petri, Carl Adam (Hrsg.); Ansätze zur Organisationstheorie rechnergestützter Informationssysteme; München, Wien; Oldenbourg; 1979; S. 9-35
Grochla, Erwin	[Wirtschaftlichkeit] Die Wirtschaftlichkeit automatisierter Datenverarbeitungssysteme; Wiesbaden; Gabler; o.J.
Grochla, Erwin	[Automatisierung] Der Einfluß der Automatisierung auf die Unternehmungsorganisation; in: Sonderdruck Zeitschrift für Betriebswirtschaft; Jg. 36; 1966; Nr.5; S. 272-288
Grochla, Erwin u.a.	[Personalentwicklung] Personalentwicklung in Groß- und Mittelbetrieben; Wissenschaftliche Arbeitsgemeinschaft für Technik und Wirtschaft des Landes Nordrhein-Westfalen; Dortmund; Sander; 1983
Gutenberg, Erich	[Produktion] Grundlagen der Betriebswirtschaftslehre; Band 1; Die Produktion; 23. Auflage; Berlin u.a.; Springer; 1979
Hackstein, Rolf (Hrsg.)	[Einsatz] Einsatz Neuer Technologien aus arbeits- und betriebsorganisatorischer Sicht, Fortschritte und Hemmnisse; (Aachener Rationalisierungs-Kongress 21./22. Oktober 1987); Köln; TÜV Rheinland; 1987

Hackstein, Rolf	[Einführung] Einführung in die Technische Ablauforganisation; 2. Auflage; hrsgg. v. REFA-Verband für Arbeitsstudien und Betriebsorganisation; München, Wien; Hanser; 1988
Hahn, Dietger; Laßmann, Gert	[Produktionswirtschaft1] Produktionswirtschaft - Controlling industrieller Produktion; Band 1; Heidelberg, Wien; Physica; 1986
Hahn, Dietger; Laßmann, Gert	[Produktionswirtschaft2] Produktionswirtschaft - Controlling industrieller Produktion; Band 2; Heidelberg, Wien; Physica; 1989
Hahn, Dietger	[PUK] Planungs- und Kontrollrechnung - PuK - Integrierte ergebnis- und liquiditätsorientierte Planungs- und Kontrollrechnung als Führungsinstrument in Industrieunternehmungen mit Massen- und Serienprodukten; 3. Auflage; Wiesbaden; Gabler; 1986
Hamel, Winfried	[Zielsysteme] Zielsysteme; in: Frese, Erich (Hrsg.); Handwörterbuch der Organisation; 3. Auflage; Stuttgart; Poeschel; Sp. 2634-2652
Hammann, Peter	[Qualitätskontrolle] Qualitätskontrolle; in:Grochla, Erwin; Wittmann, Waldemar (Hrsg.); Handwörterbuch der Betriebswirtschaft; Band 2; 4. Auflage; Stuttgart; Poeschel; 1975; Sp. 3289-3300
Hanisch, Hans-Michael	[Petri-Netze] Petri-Netze in der Verfahrenstechnik, Modellierung und Steuerung verfahrenstechnischer Systeme; München, Wien; Oldenbourg; 1992
Hars, Alexander; Scheer, August-Wilhelm	[Stand] Stand und Entwicklungstendenzen von Leitständen, in: Scheer, August-Wilhelm (Hrsg.); Fertigungssteuerung, Expertenwissen für die Praxis; München, Wien; Oldenbourg; 1991;S. 247-268
Hedley, B.	[Approach] A Fundamental Approach to Strategy Development; in: Hahn, Dietger; Taylor, Bernard; Strategische Unternehmungsplanung - Stand und Entwicklungstendenzen; 4. Auflage; Heidelberg, Wien; Physica; 1986; S. 101-105
Heeg, Franz-Josef	[Verfahren] Verfahren der partizipativen Gestaltung der Arbeitsorganisation; in: Below, Fritz von u.a.; Moderne Fabrikorganisation; Berlin, Springer; 1985; S. 394 ff
Heinen Edmund	[Industriebetriebslehre] Industriebetriebslehre, Entscheidungen im Industriebetrieb, 7. Auflage, Wiesbaden 1983

Hiller, Frederick; Liebermann, Gerald J.	[Operations Research] Operations Research, Einführung; 4. Auflage, München, Wien; Oldenbourg; 1988
Hinterhuber, Hans Hartmann	[Wettbewerbsstrategie] Wettbewerbsstrategie; Berlin, New York; de Gruyter; 1982
Horvath, Peter	[Controlling] Controlling; Vahlens Handbücher der Wirtschafts- und Sozialwissenschaften; 2. Auflage; München; Vahlen; 1986
Horvath, Peter	[Prozeßkostenrechnung] Prozeßkostenrechnung - oder wie die Praxis die Theorie überholt; in: DBW 53; Heft 5; 1993; S. 609-628
Horvath, Peter; Urban, Georg (Hrsg.)	[Qualität] Qualitäts-Controlling; Stuttgart; Poeschel; 1990
Hruschka, Harald; Natter, Martin	[Analyse] Analyse von Marktsegmenten mit Hilfe konnexionistischer Modelle; in: ZfB; 63. Jg.; 1993; S. 425-442
Jensen, Kurt	[Petri Nets] Coloured Petri Nets, Basic Concepts, Analysis Methods and Practical Use; Berlin u.a.; Springer; 1992
Kaluza, Bernd	[Flexibilität] Flexibilität, betriebliche; in: Wittmann, Waldemar u.a. (Hrsg.); Handwörterbuch der Betriebswirtschaft; Band 1; 5. Auflage; Stuttgart; Poeschel; 1993; Sp. 1173-1184
Kant, Immanuel	[Vernunft] Werke in zehn Bänden; Kritik der reinen Vernunft; Teil1; Band 3; Hrsg. von Wilhelm Weischedel; Sonderausgabe; Darmstadt; Wissenschaftliche Buchgesellschaft; 1983
Kilger, Wolfgang	[Plankostenrechnung] Flexible Plankostenrechnung und Deckungsbeitragsrechnung; 9. Auflage; Wiesbaden; Gabler; 1988
Kilger, Wolfgang	[Einführung] Einführung in die Kostenrechnung; 2. Auflage; Wiesbaden; Gabler; 1980
Kirsch, Werner	[Führungssysteme] Organisatorische Führungssysteme, Bausteine zu einem verhaltenswissenschaftlichen Bezugsrahmen; München; 1976
Kistner, Klaus-Peter; Schuhmacher, Stephan; Steven, Marion	[Production] Hierarchical production planning in group technologies; in: Fandel, Günter u.a.; New Directions for Operations Research in Manufacturing; Proceedings of a Joint US/German Conference 1991; Berlin u.a.; Springer; 1992; S 60-74.

Kloock, Josef; Sabel, Hermann; Schuhmann, Werner — [Erfahrungskurve]
Die Erfahrungskurve in der Unternehmenspolitik; in: Zeitschrift für Betriebswirtschaft; ZfB-Ergänzungsheft 2/87; Wiesbaden; Gabler; 1987; S. 3-51

Köhl, Eva u.a. — [Auswertung]
Auswertung der CIM - Expertenbefragung (Februar 1988); Forschungsinstitut für Rationalisierung an der Rheinisch-Westfälischen Technischen Hochschule Aachen; Aachen; o.J.

König, Rainer Quäck, Lothar — [Petri-Netze]
Petri-Netze in der Steuerungs- und Digitaltechnik; München, Wien; Oldenbourg; 1988

Kosiol, Erich — [Aufgabenanalyse]
Aufgabenanalyse und Aufgabensynthese; in: Grochla, Erwin (Hrsg.); Elemente der organistorischen Gestaltung; Reinbek; Rowohlt; 1978

Kratzer, Klaus Peter — [Netze]
Neuronale Netze, Grundlagen und Anwendungen; München, Wien; Hanser; 1990

Lawler, Edward E. — [Motivierung]
Motivierung in Organisationen; Übersetzung der Originalausgabe: Motivation in Work Organisations, Monterey/California, Brooks/Cole; 1973; Bern und Stuttgart; Paul Haupt; 1977

Lefrancois, Pierre; Jobin, Marie-Helene; Montreuil, Benoit — [Representation]
An object-oriented knowledge representation in real-time scheduling; Fandel, Günter u.a. (Hrsg.); New Directions for Operations Research in Manufacturing; Proceedings of a Joint US/German Conference 1991; Berlin u.a.; Springer; 1992; S. 263-279.

Lenk, Hans; Ropohl, Günter — [Intelligenz]
Technische Intelligenz im systemtechnologischen Zeitalter; Düsseldorf; VDI; 1976

Leszak, M.; Eggert, H. — [Methoden]
Petri-Netz-Methoden und -Werkzeuge, Hilfsmittel zur Entwurfsspezifikation und -validation von Rechensystemen; Berlin u.a.; Springer; 1988

Lipp, Hans-Peter — [Wissensbasiert]
Wissensbasierte Produktionsführung für flexible Fertigungsprozesse auf der Basis von zeitbewerteten Fuzzy-Petri-Netzen; in: Automatisierungstechnik; Jg. 41; Heft 8; 1993; S. 281-287

Löhr-Richter, Perdita	[Methodologie] Methodologie - Methodik - Methode. Was steckt dahinter?; in: EMISA FORUM; Mitteilungen der GI-Fachgruppe "Entwicklungsmethoden für Informationssysteme und deren Anwendung" Heft 1 1993; S. 39-41
Malik, Fredmund	[Strategie] Strategie des Managements komplexer Systeme: Ein Beitrag zur Management-Kybernetik evolutionärer Systeme; Unternehmung und Unternehmungsführung; Band 12; 2. Auflage; Bern u.a.; P. Haupt; 1986
Manske, Ekkard	[CIM] Mit CIM können betriebliche Prozesse vereinfacht werden; Computerwoche 37; 13.09.1991
Maslow, Abraham H.	[Motivation] Motivation and Personality, 2. Auflage, New York, Evanston, London 1970
Matthes, Winfried	[BWIO] Input-Output-Analyse, betriebswirtschaftliche; in: Wittmann, Waldemar u.a. (Hrsg.); Handwörterbuch der Betriebswirtschaft; Band 2; 5. Auflage; Stuttgart; Poeschel; 1993; Sp.1813-1826
Matthes, Winfried	[Systematik] Systematik und Beurteilung von Bewertungstechniken; Arbeitsbericht des Seminars für Allgemeine Betriebswirtschaftslehre und Betriebswirtschaftliche Planungslehre der Universität zu Köln; Nr. 74; Köln ; 1986
Matthes, Winfried	[Grundmodell] Grundmodell der Prozeßstruktur der Unternehmung; Berlin; 1972
Matthes, Winfried; Schmidt, A.	[Einzelprozeßrechnung] Integrierte Einzelprozeßrechnung (EPR/IPRS); Problemprämissen und Grundstruktur; in: Betriebswirtschaftlicher Arbeitsbericht Nr. 60; Planungsseminar der Universität zu Köln; 1985
Matthes, Winfried	[Phasen] Phasen des Managementprozesses; In: WISU 6/86; S. 283-290
Matthes, Winfried	[KOLLPROG] KOLLPROG - Module eines kollektiven Prognosesystems zur Entwicklungsplanung der Unternehmung; in: Beuermann, G.; Wolff, M. (Hrsg.); Mikrorechnereinsatz in den Wirtschaftswissenschaften, S.149-174; München, Wien; Oldenbourg; 1989

Mayer, Karl-Heinz	[Zeitmanagement] Zeitmanagement im Spannungsfeld von betrieblichen Anforderungen und Mitarbeiterinteressen - Lösungsansätze bei der Krauss-Maffei AG; in: Wildemann, Horst (Hrsg.); Flexible Arbeits- und Betriebszeiten, Gestaltung und Einführung; Tagungsbericht 90/1; München, Hudak; 1990; S.259-273
McClelland, David C.	[Society] The Achieving Society; Princeton u.a.; D. van Nostrand Company; 1961
Meffert, Heribert	[Wertkette] Die Wertkette als Instrument einer integrierten Unternehmensplanung; in: Delfmann, Werner (Hrsg.); Der Integrationsgedanke in der Betriebswirtschaft; Wiesbaden; Gabler; 1989
Müller, Heinrich	[Entwicklungstendenzen] Neue Entwickungstendenzen in der prozeßorientierten Kosten- und Leistungsrechnung; in: Risak, Johann; Deyhle, Albrecht (Hrsg.); Controlling, State of the Art und Entwicklungstendenzen; 2. Auflage; Wiesbaden; Gabler; 1992; S. 328-358
Müller-Merbach, H.	[Operations Research] Operations Research; 3. Auflage; München; Vahlen; 1973
Müller-Nehler; Weber, Richard	[Systeme] Wissensbasierte Systeme und Fuzzy-Control; in: Automatisierungstechnische Praxis; Jg. 35; Heft 1; 1993; S. 33-39
Nagel, Peter	[Zielformulierung] Zielformulierung, Techniken der; in: Frese, Erich (Hrsg.); Handwörterbuch der Organisation; 3. Auflage; Sp. 2626-2634
Neuberger, Oswald	[Arbeit] Arbeit, Begriff-Gestaltung-Motivation-Zufriedenheit; Stuttgart; Enke; 1985
Neumann, Klaus	[Scheduling] Nonpreemptive Scheduling with Stochastic Precedence Constraints; in: Fandel, Günter; Gehring, Hermann (Hrsg.); Operations Research - Beiträge zur quantitativen Wirtschaftsforschung; Berlin u.a.; Springer; 1991; 139-148
Neumann, Klaus; Morlock, Martin	[Operations Research] Operations Research; München, Wien; Hanser;1993
Nieschlag, Robert; Dichtl, Erwin; Hörschgen, Hans	[Marketing] Marketing; 15. Auflage; Berlin; Duncker und Humblot; 1988
o.V.	[Brockhaus] Brockhaus Enzyklopädie in 12 Bänden; 18. Auflage; Wiesbaden; 1977

o.V. [Duden]
Duden-Lexikon in 3 Bänden, Band 3, 5. Auflage, Mannheim u.a., Dudenverlag,1972

o.V. [Fremdwörterbuch]
Duden, Das Fremdwörterbuch; 3. Auflage; Mannheim u.a.; Bibliographisches Institut; 1974

o.V. [Lean-Welle]
IT dient der Kommunikationsverbesserung - SAG-Chef Neumeister: Die Lean-Welle ist keineswegs neu; in: Computerwoche vom 4.3.1994

o.V. [Manual]
Design/CPN - A Reference Manual; Version 1.9; Cambridge; Meta Software Corporation; 1992

Paulson, Laurence C. [ML]
ML for the Working Programmer; Cambridge; Cambridge University Press; 1991

Peters, Helmut [Lean Production]
Lean Production als neuer Denkansatz im Unternehmen; in: REFA-Nachrichten 2/1993; S. 22-27

Peterson, James L. [Petri]
Petri Nets; in: Computing Surveys; Vol. 9.; No. 3; September 1977

Petri, Carl Adam [Kommunikation]
Kommunikation mit Automaten; Schriften des Rheinisch-Westfälischen Institutes für instrumentelle Mathematik an der Universität Bonn; E. Oeschl, H. Unger (Hrsg.); Nr. 2; Dissertation; Bonn; 1962

Petri, Carl Adam [Concepts]
Concepts of Net Theory; in: Schriften des Institutes für Informationssystem-Forschung (ISF) der Gesellschaft für Mathematik und Datenverarbeitung (GMD); St. Augustin; 1973; S. 137-146

Petri, Carl Adam [Concurrency]
Concurrency Theory; in: Brauer, W., Reisig, W.; Rozenberg, G. (Hrsg.); Petri Nets: Central Models and Their Properties; Advances in Petri Nets 1986, Part I; Berlin u.a.; Springer; 1987; S. 4-24

Petri, Carl Adam [Anwendungen]
Über einige Anwendungen der Netztheorie; Interner Bericht GMD; St. Augustin; o.J.

Petri, Carl Adam [Theory]
General Net Theory; in: Shaw, B. (Hrsg.); Computing System Design; Proceedings of the Joint IBM University of Newcastle upon Tyne Seminar; 7.-10.09.1976; University of Newcastle upon Tyne; 1977; S. 131-169

Petri, Carl Adam — [Interpretations]
Interpretations of Net Theory; Interner Bericht GMD; 2. Auflage; St. Augustin; 1976

Pfeifer, Tilo; Stölben, Peter — [Networks]
Networks as a Basis for production-integrated Quality Management; in: Vio, R., Puymbroeck, W. van (Hrsg.); Computer Integrated Manufacturing; Proceedings; London u.a.; Springer; 1991; S.397-413

Pfohl, Hans-Christian — [Planung]
Planung und Kontrolle; Stuttgart u.a.; Kohlhammer; 1981

Popp, Werner — [Lagerhaltungsmodelle]
Lagerhaltungsmodelle; in:Grochla, Erwin; Wittmann, Waldemar (Hrsg.); Handwörterbuch der Betriebswirtschaft; Band 2; 4. Auflage; Stuttgart; Poeschel; 1975; Sp. 2443-2457

Porter, Michael E. — [National]
Nationale Wettbewerbsvorteile: Erfolgreich konkurrieren auf dem Weltmarkt The Competitive Advantage of Nations; München; Droemer Knaur; 1991

Porter, Michael E. — [Wettbewerbsvorteile]
Wettbewerbsvorteile: Spitzenleistungen erreichen und behaupten (Competitive advantage); Frankfurt/Main, New York; Campus; 1986

Pressmar, D.B. — [LP-Models]
LP-Models in Production Planning and Control; in: Fandel, Günter u.a. (Hrsg.); New Directions for Operations Research in Manufacturing; Proceedings of a Joint US/German Conference 1991; Berlin u.a.; Springer; 1992; S. 91-100

Price, Michael J.; Chen, E. Eva — [TQM]
Total Quality Management in a Small, High-technology Company; in: California Management Review; Jg. 35; Nr. 3: Spring 1993; S. 96-117

Pritsker, A. Alan B.; Sigal, C. Elliott; Hammesfahr, R.D. Jack — [SLAM]
SLAM II, Network Models for Decision Supports; Englewood Cliffs, New Jersey; 1989

Reisig, Wolfgang — [Systementwurf]
Systementwurf mit Netzen; Berlin u.a.; Springer; 1985

Reisig, Wolfgang — [Petrinetze]
Petrinetze, Eine Einführung; 2. Auflage; Berlin u.a.; Springer; 1986

Richi, Werner — [JIT]
JIT-gerechte Gestaltung der Montage und Teilefertigung in der Kleinserienfertigung, in: Wildemann, Horst (Hrsg.); Kundennahe Produktion und Zulieferung durch Just-In-Time; 9. Just-In-Time Tagungsbericht; Sindelfingen 1990; München; gfmt; 1990; 217-238

Riebel, Paul	[Einzelkostenrechnung] Einzelkosten- und Deckungsbeitragsrechnung, 5. Auflage, Wiesbaden 1985
Riebel, Paul	[Elastizität] Die Elastizität des Betriebes, Eine produktions- und marktwirtschaftliche Untersuchung; Köln, Opladen; Westdeutscher Verlag; 1954
Rötzer, Florian	[Chaos] Die Geometrie des Chaos - Ein Gespräch mit dem Mathematiker Heinz-Otto Peitgen; in: Frankfurter Rundschau vom 16.10.1994
Rosenstengel, Bernd	[Entwicklung] Entwicklung eines Netz-Modells zur Erfassung einer petrochemischen Produktion; Reihe: Planung-Information-Unternehmungsführung; Band 6; Dissertation Universität Köln; Bergisch Gladbach; Eul; 1985
Rosenstengel, Bernd; Winand, Udo	[Petri-Netze] Petri-Netze, Eine anwendungsorientierte Einführung; 2. Auflage; Braunschweig, Wiesbaden; Vieweg; 1983
Rosenstiel, Lutz von	[Grundlagen] Die motivationalen Grundlagen des Verhaltens in Organisationen. Leistung und Zufriedenheit; Band 2; Berlin; Duncker & Humblot; 1975
Rothey, Jürgen	[Durchlaufzeit] Rechner verkürzt Durchlaufzeit beim Spritzgießen; in: CAD CAM CIM; Dezember 1991; S. 304-309
Rutsch, Martin	[Handeln] Handeln in entscheidungstheoretischer Sicht; in: Lenk, Hans (Hrsg.); Handlungstheorien interdisziplinär I, Handlungslogik, formale und sprachwissenschaftliche Handlungstheorien; München; Wilhelm Fink; 1980; S. 223-247.
Schacher, Dieter	[CIM] CIM - ein Schlagwort kommt in die Jahre; in: CAD CAM CIM; März 1992; S. 10
Scharf, Peter	[Fertigungssysteme] Strukturen flexibler Fertigungssysteme, Gestaltung und Bewertung; Mainz; Otto Krausskopf; 1976
Scharioth, Joachim	[Prognosen] Prognosen - mehr als Spekulationen; In: Computer Magazin Jg. 16 Nr. 12, Dezember 1987, S. 20-25
Scheer, August-Wilhelm	[Fertigungssteuerung] Fertigungssteuerung, Expertenwissen für die Praxis; München, Wien; Oldenbourg; 1991

Scheer, August-Wilhelm	[Informationssysteme] Architektur integrierter Informationssysteme, Grundlagen der Unternehmensmodellierung; Berlin u.a.; Springer; 1991
Scheer, August-Wilhelm	[Architektur] Neue Architektur für EDV-Systeme zur Produktionsplanung und -steuerung; Veröffentlichung des Institutes für Wirtschaftsinformatik; Heft Nr. 53; Saarbrücken; 1986
Scheer, August-Wilhelm	[Planungssysteme] DV-gestützte Planungs- und Informationssysteme im Produktionsbereich; Veröffentlichungen des Instituts für Wirtschaftsinformatik; Heft Nr. 37; Saarbrücken; 1982
Scheer, August-Wilhelm	[CIM] CIM - Computer Integrated Manufacturing - Der computergesteuerte Industriebetrieb; 4. Auflage; Berlin u.a.; Springer; 1990
Scheer, August-Wilhelm	[EDV-BWL] EDV-orientierte Betriebswirtschaftslehre; 3. Auflage; Berlin u.a.; Springer;1987
Scheer, August-Wilhelm	[Wirtschaftsinformatik] Wirtschaftsinformatik, Informationssysteme im Industriebetrieb; Berlin u.a.; Springer, 1988
Scheer, August-Wilhelm (Hrsg.)	[Heft 30] Neue Chancen für eine sinnvoll integrierte Produktionsplanung und -steuerung; Veröffentlichungen des Instituts für Wirtschaftsinformatik IWI; Heft 30; 1982
Scheer, August-Wilhelm (Hrsg.)	[Heft 40] Strategische Entscheidungen bei der Gestaltung EDV-gestützter Systeme des Rechnungswesen; Veröffentlichungen des Instituts für Wirtschaftsinformatik IWI; Heft 40; 1983
Schimank, Christof	[Entscheidungsunterstützung] Strategische Entscheidungsunterstützung durch prozeßorientierte Kosteninformationen; in: Horvath, Peter (Hrsg.); Strategieunterstützung durch das Controlling: Revolution im Rechnungswesen; Stuttgart; Poeschel; 1990; S. 227-247
Schlüter, A. u.a.	[Objektorientiert] Objektorientierte Software-Entwicklung: Konzepte und Terminologie; in: Software-Trends; Mitteilungen der Fachgruppe Software-Engineering; Band 10; Heft 2; Oktober 1990; S. 22-44
Schmidt, Heinz Wilhelm	[Specification] Specification and Corect Implementation of Non-Sequential Systems Combining Abstract Data Types and Petri Nets; München, Wien; Oldenbourg; 1989

Schmitz, Paul; Seibt, Dietrich	[Informatik] Einführung in die anwendungsorientierte Informatik I - Systemtechnische Grundlagen; 3. Auflage; München; Vahlen 1985
Schmitz, Paul; Schönlein, Alfred	[Optimierungsmodelle] Lineare und nichtlinearisierbare Optimierungsmodelle sowie ihre ADV-gestützte Lösung; Braunschweig; 1978
Scholz, Christian	[Personalmangement] Personalmanagement, Informationsorientierte und verhaltenstheoretische Grundlagen; 3. Auflage; München; Vahlen; 1993
Schwarze, Jochen	[Netzplantechnik] Netzplantechnik; 5. Auflage; Herne, Berlin; Neue Wirtschaftsbriefe; 1986
Schwarze, Jochen	[Netzplantheorie] Netzplantheorie; Herne, Berlin; Neue Wirtschaftsbriefe; 1983
Seiwert, Lothar	[Zielsystem] Das Zielsystem der Unternehmung; WISU-Studienblatt 10; Oktober 1978
Sellien, R.; Sellien, H. (Hrsg.)	Dr. Gablers Wirtschafts-Lexikon, 2. Band, 9. Auflage, Wiesbaden 1976
Shapiro, Robert M.	[Methodology] Towards a Design Methodology for Information Systems; in: Petri, Carl Adam (Hrsg.); Ansätze zur Organisationstheorie rechnergestützter Informationssysteme; München, Wien; Oldenbourg; 1979; S. 107-118
Shephard, Ronald W.; Al-Ayat, Rokaya A. Leachman, Robert C. (Hrsg.)	[Shipbuilding] Shipbuilding Production Function: An Example of a Dynamic Production Function; in: Albach, Horst (Hrsg.); Quantitative Wirtschaftsforschung; Tübingen; Mohr/Siebeck; 1977
Silva, Manuel; Valette, Robert	[Petri Nets] Petri Nets and Flexible Manufacturing; in: Rozenberg, Grzegorz (Hrsg.); Advances in Petri Nets 1989; Berlin u.a.; Springer; 1989; S. 374-417
Simon, P.	[JIT] Just-In-Time in einer variantenreichen Industriemöbelproduktion; in: Wildemann, Horst (Hrsg.); Just-In-Time, Produktion+Zulieferung; Tagungsbericht; Band 2; München; gfmt; 1987; S. 644-658
Spur, Günter; u.a.	[Planung] Planung, Einführung und Steuerung eines Fertigungssysstems der mittleren Technologie; Forschungsbericht KfK-PFT 75; Kernforschungszentrum Karlsruhe GmbH; Karlsruhe; 1983

Spur, Günter — [Zeichnungserstellung]
Rechnerunterstützte Zeichnungserstellung und Arbeitsplanung; Sonderdruck aus ZWF; München, Wien; Hanser; 1980

Spur, Günter (Hrsg.) — [Industrieroboter]
Industrieroboter, Steuerung, Programmierung und Daten von flexiblen Handhabungseinrichtungen; München, Wien; Hanser; 1979

Staehle, Wolfgang H. — [Management]
Management - Eine verhaltenswissenschaftliche Einführung; 3. Auflage; München; Vahlen; 1987

Steckhan, H.; Paulik, R. — [Fertigungssteuerung]
Engpaßorientierte Fertigungssteuerung; Diskussionsbeitrag zur Wirtschaftswissenschaft Nr. 182; Regensburg; Universität; 1985

Stein, Wolfgang — [Analysemethoden]
Objektorientierte Analysemethoden - ein Vergleich; in: Informatik Spektrum; Jg. 16; 1993; S. 317-332

Steinmann, Horst; Heinrich; Michael — [Arbeitsteilung]
Arbeitsteilung und Motivation; in:Engels, Wolfram (Hrsg.); Neue Wege in der Arbeitswelt, Horst Knapp zum 60. Geburtstag; Frankfurt/Main, New York; Campus; 1978

Steven, Marion — [Strukturen]
Strukturen dynamischer Lagerhaltungsmodelle; in: WISU 5/90; S.287-293

Sturm, Siegfried — [Operations Research]
Operations Research; Suttgart u.a.; Kohlhammer; 1975

Szyperski, Norbert — [Setzen]
Das Setzen von Zielen - Primäre Aufgabe der Unternehmungsleitung; In: Zeitschrift für Beriebswirtschaft; Jg. 41 Nr. 10; Oktober 1971; S. 639 - 670; wieder abgedruckt in: Grochla, Erwin; Management - Aufgaben und Instrumente; Düsseldorf, Wien; Econ; 1974; pp. 30 - 54

Szyperski, Norbert; Winand, Udo — [Grundbegriffe]
Grundbegriffe der Unternehmensplanung; Sammlung Poeschel P91; Stuttgart; Poeschel; 1980

Taylor, Frederic Winslow — [Principles]
The Principles of Scientific Management; Special Edition for Confidential Circulation among the Members of the American Society of Mechanical Engineers; New York, London; Harper; January 1911

Tempelmeier, Horst — [Verfahren]
Ein heuristisches Verfahren zur Lösung des dynamischen mehrstufigen Mehrprodukt-Losgrößenproblems unter Kapazitätsbeschränkungen; in: Gaul, W. u.a. (Hrsg.); Operations Research Proceedings 1991; Berlin u.a.; Springer; 1991

Tempelmeier, Horst [Leistungsanalyse]
Leistungsanalyse für Flexible Fertigungssysteme mit begrenzten lokalen Pufferplätzen; in: Kistner, K.-P. u.a. (Hrsg.); Operations Research Proceedings 1989; Berlin u.a.; Springer; 1989; S. 189-196

Tempelmeier, Horst [Beschaffung]
Beschaffung, Materialwirtschaft, Logistik; in: Wittmann, Waldemar u.a. (Hrsg.); Handwörterbuch der Betriebswirtschaft; Band 1; 5. Auflage; Stuttgart; Poeschel; 1993; Sp. 312-325

Tempelmeier, Horst; [Lagerungsplanung]
Lieferzeit-orientierte Lagerungs- und Auslieferungsplanung; Würzburg, Wien; Physica; 1983

Tempelmeier, Horst [Material-Logistik]
Material-Logistik, Quantitative Grundlagen der Materialbedarfs- und Losgößenplanung; Berlin u.a.; Springer; 1988

Tornatzky, Louis G.; Fleischer, Mitchell [Process]
The Process of Technological Innovation; Lexington, Toronto; Lexington Books; 1990

Ulrich, Hans [Unternehmung]
Die Unternehmung als produktives soziales System, Grundlagen der allgemeinen Unternehmungslehre; 2. Auflage; Bern, Stuttgart; Haupt; 1970

Ulrich, H. [CIM-Elements]
CIM-Elements for a Market Oriented Production Planning and Control; in: Faria, L., Puymbroeck, W. van (Hrsg.); Computer Integrated Manufacturing; Proceedings; London u.a.; Springer; 1990; S. 133-139

Viefhues, Dieter [Projektplanung]
Mehrzielorientierte Projektplanung - Methodologie und Entscheidungskalküle zur Projektablauf- und -anpassungsplanung; Dissertation Köln; Frankfurt, Bern; Peter Lang; 1982

Völzgen, W. [Netzwerkverfahren]
Stochastische Netzwerkverfahren und deren Anwendung; in: Zimmermann, H.J. (Hrsg.); Operations Research; Berlin, New York; 1971

Wäscher, Dieter [Gemeinkostenmanagement]
Prozeßorientiertes Gemeinkostenmanagement; in: Horvath, Peter (Hrsg.); Strategieunterstützung durch das Controlling: Revolution im Rechnungswesen; Stuttgart; Poeschel; 1990; S. 211-225

Wagner, P. [Produktionssteuerung]
Produktionssteuerung; in:Grochla, Erwin; Wittmann, Waldemar (Hrsg.); Handwörterbuch der Betriebswirtschaft; Band 2; 4. Auflage; Stuttgart; Poeschel; 1975; Sp. 3121-3130

Walther, Horst [Orientierung]
Die Orientierung an Prozessen kann die Flexibilität steigern; in: Computerwoche 11; 18.03.1994; S. 89-91

Wicher, Hans [Technologiefolgenabschätzung]
Technologiefolgenabschätzung - Konzept und Probleme; in: WISU 1/89; S. 42-47

Wiendahl, Hans-Peter [Fertigungssteuerung]
Belastungsorientierte Fertigungssteuerung - Grundlagen, Verfahrensaufbau, Realisierung; München u.a.; Hanser; 1987

Wiendahl, Hans-Peter [Auftragsfreigabe]
Von der belastungsorientierten Auftragsfreigabe zur durchlauforientierten Fertigungssteuerung; in: Praxis der belastungsorientierten Fertigungssteuerung; Tagungsbericht; Wiendahl Hans-Peter (Hrsg.); 2. Auflage; Hannover; IFA-Institut für Fabrikanlagen; 1986

Wikström, Ake [Standard ML]
Functional Programming using Standard ML, London u.a., Prentice Hall, 1987

Wild, Jürgen [Grundlagen]
Grundlagen der Unternehmungsplanung, Reinbek bei Hamburg 1974/ 4. Auflage Opladen Physika 1982

Wildemann, Horst (Hrsg.) [Lean Management]
Lean Management, Strategien zur Erreichung wettbewerbsfähiger Unternehmen; Frankfurt; FAZ; 1993

Wildemann, Horst [Fabrik]
Die modulare Fabrik, Kundennahe Produktion durch Fertigungssegmentierung; München; gfmt; 1988

Wildemann, Horst [Steuerung]
Produktionssynchrone Steuerung von Zulieferungen; in: Kreikebaum, Hartmut u.a. (Hrsg.); Industriebetriebslehre in Wissenschaft und Praxis; Berlin; 1985; S. 179ff

Wildemann, Horst (Hrsg.) [Produktion]
Einführungsstrategien für die computerintegrierte Produktion; München; gfmt; 1990

Wildemann, Horst [Einführung]
Einführungsstrategien für neue Technologien in Produktion und Logistik; in: Wildemann, Horst (Hrsg.); Einführungsstrategien für neue Technologien; 3. Fertigungswirtschaftliches Kolloquium der Universität Passau; Band 1; München; gfmt; 1989; S.15-130

Wildemann; Horst [FFS]
Investitionsplanung und Wirtschaftlichkeitsrechnung für flexible Fertigungssysteme (FFS); Stuttgart; Schäffer; 1987

Wildemann, Horst [Wirkungen]
Betriebswirtschaftliche Wirkungen einer flexibel automatisierten Fertigung; in: BFuP 3/87; 39. Jahrgang; 1987; S. 209-224,

Wildemann, Horst; u.a. [Werkstattsteuerung]
Flexible Werkstattsteuerung durch Integration von KANBAN-Prinzipien; Computergestütztes Produktionsmanagement; Band 2; München; CW-Publikationen; 1984

Wildemann, Horst (Hrsg.) [Wirtschaftlichkeit]
Einführungsstrategien, Wirtschaftlichkeit und Wettbewerbswirkungen von Just-In-Time; in: Wildemann, Horst (Hrsg.); Just-In-Time, Produktion + Zulieferung; Tagungsbericht; Band 1; München; gfmt; 1987; S. 1-52

Wildemann, Horst [JIT]
Das Just-in-Time Konzept, Produktion und Zulieferung auf Abruf; 2. Auflage; München; gfmt; 1990

Wildemann, Horst [Fertigungssysteme]
Investitionsentscheidungsprozeß für numerisch gesteuerte Fertigungssysteme; Diss. Köln; 1977; neu erschienen 1985

Wildemann, Horst [Investitionsplanung]
Strategische Investitionsplanung, Methoden zur Bewertung neuer Produktionstechnologien; Wiesbaden; Gabler; 1987

Witte, Thomas [Simulation]
Informationelle Objektklassen zur Simulation von Planungsvorgängen am Beispiel der Produktionsplanung; in: Biethahn, Jörg u.a. (Hrsg.); Simulation als betriebliche Entscheidungshilfe; Band 2; Berlin, u.a.; Springer; 1990; S. 95-108.

Wittmann. W. [Ansätze]
Aktivitätsanalytische Ansätze dynamischer Produktionstheorie und ihre Beziehungen zur Planung; in: Mellwig, W. (Hrsg.); Unternehmenstheorie und Unternehmensplanung; Wiesbaden; 1979; S. 273-304

Zahn, Erich [Technology]
Technology Assessment; in: ZfB, 51. Jg.; 1981; S. 798-804

Zanakis, Stelios H.; Evans, James R. [Heuristic]
Heuristic "Optimization": why, when, and how to use it; in: Interfaces; Jg. 11; Nr. 5; Oktober 1981; S. 84-91

Zangemeister, Christof [Nutzwertanalyse]
Nutzwertanalyse in der Systemtechnik - Eine Methodik zur multidimensionalen Bewertung und Auswahl von Projektalternativen; 4. Auflage; München; Wittemannsche Buchhandlung; 1976

Zelewski, Stephan	[Fundierung] Netztheoretische Fundierung von parallelen Algorithmen für die Lösung linear-ganzzahliger OR-Modelle; Arbeitsbericht Nr. 12; Universität zu Köln; Seminar für Allgemeine Betriebswirtschaftslehre, Industriebetriebslehre und Produktionswirtschaft; 2. Auflage; 1986
Zelewski, Stephan	[Ansätze] Netztheoretische Ansätze zur Konstruktion und Auswertung von logisch fundierten Problembeschreibungen; Arbeitsbericht Nr. 11; Universität zu Köln; Seminar für Allgemeine Betriebswirtschaftslehre, Industriebetriebslehre und Produktionswirtschaft; 2. Auflage; 1986
Zimmermann, Hans Jürgen	[Ansätze] Wissensbasierte Ansätze in der Produktionssteuerung; in: Fandel, Gehring/Operations Research/437-450
Zuse, Konrad	[Anwendungen] Anwendungen von Petri-Netzen; Braunschweig, Wiesbaden; Vieweg; 1982

GPSR Compliance

The European Union's (EU) General Product Safety Regulation (GPSR) is a set of rules that requires consumer products to be safe and our obligations to ensure this.

If you have any concerns about our products, you can contact us on ProductSafety@springernature.com

In case Publisher is established outside the EU, the EU authorized representative is:

Springer Nature Customer Service Center GmbH
Europaplatz 3
69115 Heidelberg, Germany

Batch number: 10815974

Printed by Printforce, the Netherlands